高等教育质量工程信息技术系列教材

新概念 Python教程

张基温 编著

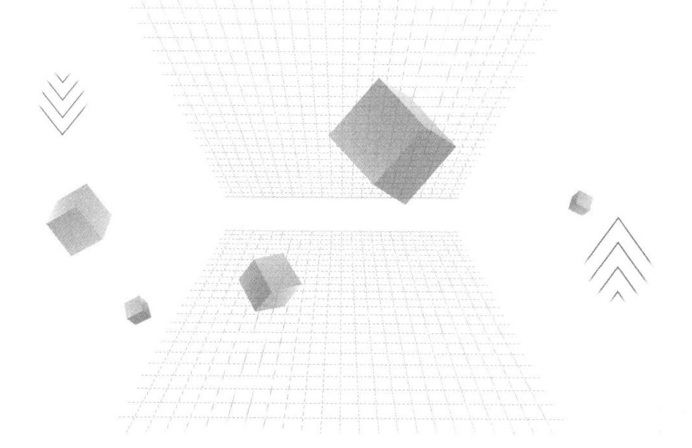

清華大学出版社
北京

内容简介

本书是一本关于 Python 的基础性教材，侧重于建立正确而严谨的 Python 语法体系。全书共 6 章，分为三篇：启蒙篇(第 1 章)，主要为读者介绍 Python 的对象和变量的正确概念，随后介绍运算符、模块与函数的基本概念和用法，为后面的学习打下一个良好的基础；核心篇(第 2～4 章)，介绍 Python 结构化编程(流程控制、函数、命名空间与作用域)、Python 函数式编程和 Python 面向对象编程；扩展篇(第 5、6 章)，介绍 Python 构造化数据类型的用法以及应用开发方法。

本书以凸显 Python 最本质化的特色为宗旨，力求结构合理、概念清晰、例题恰当，满足高等学校相关专业教学或自学需求，也可供相关技术人员参考和专业培训使用。

图书在版编目(CIP)数据

新概念 Python 教程/张基温编著. —北京：清华大学出版社，2023.11
高等教育质量工程信息技术系列教材
ISBN 978-7-302-64890-1

Ⅰ. ①新…　Ⅱ. ①张…　Ⅲ. ①软件工具－程序设计－高等学校－教材　Ⅳ. ①TP311.561

中国国家版本馆 CIP 数据核字(2023)第 204094 号

责任编辑：白立军　杨　帆
封面设计：杨玉兰
责任校对：韩天竹
责任印制：沈　露

出版发行：清华大学出版社
网　　址：https://www.tup.com.cn，https://www.wqxuetang.com
地　　址：北京清华大学学研大厦 A 座　　**邮　　编：**100084
社 总 机：010-83470000　　**邮　　购：**010-62786544
投稿与读者服务：010-62776969，c-service@tup.tsinghua.edu.cn
质量反馈：010-62772015，zhiliang@tup.tsinghua.edu.cn
课件下载：https://www.tup.com.cn，010-83470236
印 装 者：三河市铭诚印务有限公司
经　　销：全国新华书店
开　　本：185mm×260mm　　**印　　张：**15.5　　**字　　数：**378 千字
版　　次：2023 年 11 月第 1 版　　**印　　次：**2023 年 11 月第 1 次印刷
定　　价：59.00 元

产品编号：101511-01

前　言

一种程序设计语言日渐粲然，让许多红极一时的程序设计语言黯然失色，得到人们的空前青睐。这种程序设计语言就是 Python。

一

Python 之所以能够冉冉升起，在于其鲜明的特色。通常人们的看法是 Python 简单、易学。它虽然是用 C 语言写的，但是它摈弃了 C 语言中“任性不羁”的指针，降低了学习和应用的难度。或者说是，Python 明确、优雅。它的代码描述具有伪代码风格，使人容易理解；其强制缩进的规则，使得代码具有极佳的可读性。

不错，这些都是 Python 的优势。不过却仅仅是皮毛上的优势。Python 最关键的特点在于它集命令式编程、函数式编程及面向对象编程的优势于一身，形成了一套独特的语法体系。然而，它对于这些程序设计模式结合，不是简单拼凑，而是有机融合，从而形成 1＋1＋1>>3 的优势，把各种变更成模式的优点发挥得淋漓尽致。这不仅极大地方便了开发者，更重要的是这样的设计思想，对于计算机及其相关专业的学习者，具有深刻的启迪意义。

面对 Python 这样的发展景象，首要是要把 Python 的一套充满新意的语言体系，正确地、严谨地奉献给学习者，这就是本书写作的初衷。

二

本书的编写动机是正本清源，力求从基本理论出发，对 Python 的语法给出清晰的概念和解释，以此为基础快速地将读者带入 Python 应用开发领域。经过反复推敲，编者将本书按照三篇共 6 章编写。

启蒙篇(第 1 章)，核心内容是讲对象和变量。它们就像是爱情剧中作为主角的一对情侣，没有它们，不要说爱情大戏，就是小戏也会戏不成戏。任何程序设计语言所编写的程序都是这样，Python 也不例外。但是，Python 的这两个演员与其他程序设计语言有极大的不同。不了解这一点，就等于没有掌握好这门程序设计语言，就迈进不了真正的 Python 世界的大门。除此之外，作为启蒙，这一章还介绍了一些最基本的 Python 语法知识：运算符、表达式、数据的输入输出、函数与模块等，为后面的学习打下了良好的基础。

核心篇(第 2～4 章)，介绍 Python 结构化编程、Python 函数式编程和 Python 面向对象编程。这就是前面讨论的 Python 的第一大特征。只有掌握好这三章中的内容，才能称得上成为了 Python 人。

扩展篇(第 5、6 章)，介绍 Python 容器操作和应用开发。著名计算机科学家 N.沃斯有一本名著《数据结构＋算法＝程序》，他把数据结构放在了算法之前，说明了数据结构的重要性。这个思想对程序开发，乃至整个计算机科学产生了极大影响。本书第 5 章以“Python

容器操作”为题，把序列（字符串、列表、元组）、集合、字典和文件作为广义容器来讨论。其内容还算不上是现代数据结构的内容，只能说是实现现代数据结构的部件。因为，本书以介绍 Python 语法为主体，所以就把这部分内容当作扩展部分来介绍。本书的第 6 章介绍基于库（标准库或第三方库）进行软件开发的基本思路。编者认为，任何项目的软件开发，第一步都是弄清需求。而弄清需求就需要通晓项目的专业领域知识。在此基础上，基于库中的模块就非常简单了。并且不主张，初学 Python 就做大数据分析等课题，要做课题，还应从基础的数据库开发、网络操作、图形用户界面入手。

Python 博采众长，其独特的语法体系吸引着同行们的关注，其自由、开放的亲和力，更令有才华者感到这里是他们可以出成果的地方，纷纷成为它的盟军，开发出了极为丰富的资源库——第三方库，又吸引了更多用户，形成了良性循环。特别是它赶上了计算机网络以及大数据、人工智能的浪潮，不少人用它开发出了夺人眼球的时髦平台，也成为它的一个优势。作为一门打基础的课程，重点就要放到打基础上。对于应用开发，可以举一点简单的内容，并且要让初学者知道，做项目，首先要弄清项目所涉及领域的知识，知道如何进行需求分析。至于一个开发平台的使用，只要把 Python 的基础知识和技能掌握好了，并不困难。

三

教材是学习者学习环境的重要组成部分。为向学习者提供更好的学习环境，本书除了在正文中准确地介绍有关概念、方法，选择经典例题外，还配有习题，供学习者对学习成果进行测试。习题的题型有选择题、判断题、填空题、简答题、代码分析题、实践题和资料收集题。

除此之外，本书还在正文的有关部分插入了一些二维码，主要分为两种类型：一种是有关知识的扩展和深化内容；另一种是在纸质书中不便或条件不允许表示的内容，如彩色图片。为了便于查阅，书后的附录给出了二维码目录。

四

本书就要出版了。它的出版，使本人在程序设计教学改革工作中跨上了一个新台阶。本人衷心希望得到有关专家和读者的建议与批评，也希望能多结交一些志同道合者，以期本书能在矫正社会上存在的对 Python 的错误认识中发挥更大作用。

在本书出版之际，特别感谢清华大学出版社白立军等编辑在出版工作中付出的艰辛努力。此外，还要感谢我的外孙女，远在牛津大学的姚子萱为全书进行的程序校验工作。

编　者

2023 年 6 月于锡蠡溪苑

目　录

启　蒙　篇

核　心　篇

扩 展 篇

启　蒙　篇

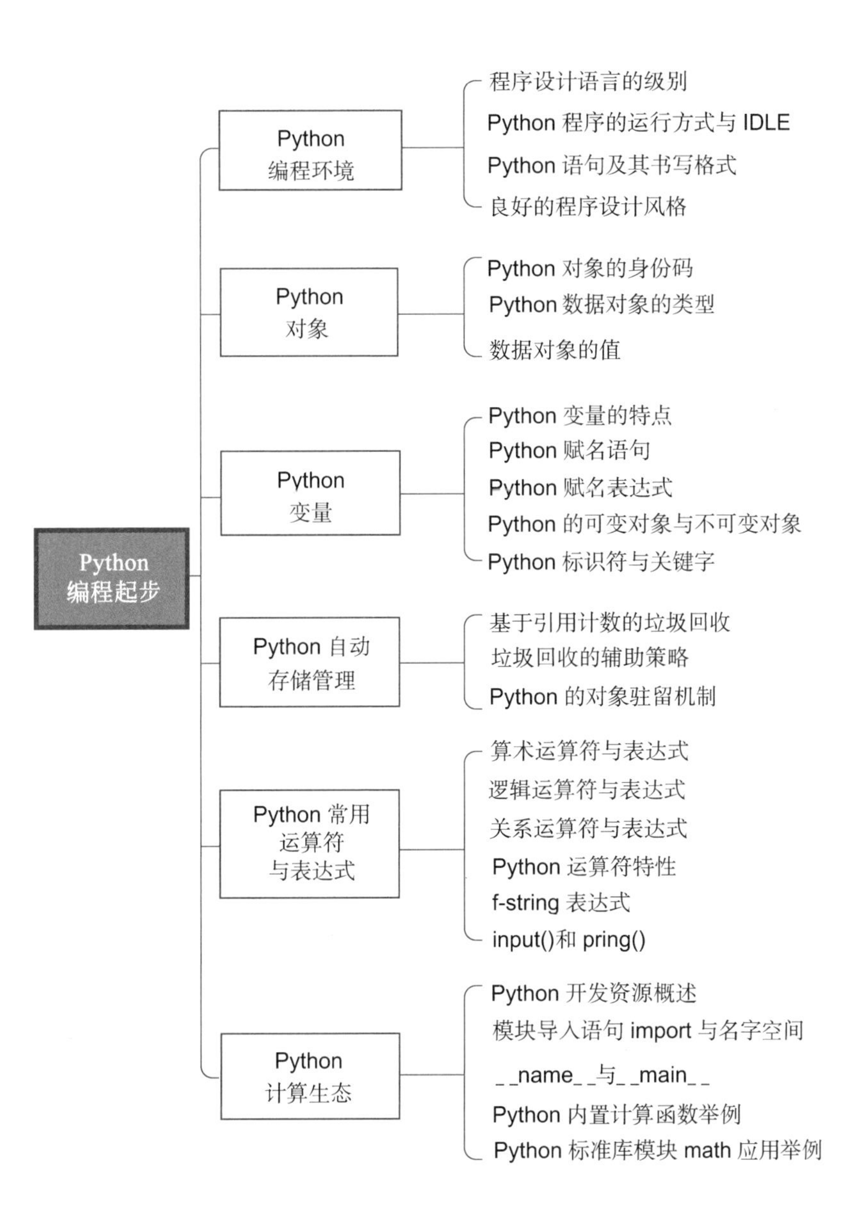

Python
编程起步
Python
编程环境
程序设计语言的级别
Python 程序的运行方式与 IDLE
Python 语句及其书写格式
良好的程序设计风格
Python
对象
Python 对象的身份码
Python 数据对象的类型
数据对象的值
Python
变量
Python 变量的特点
Python 赋名语句
Python 赋名表达式
Python 的可变对象与不可变对象
Python 标识符与关键字
Python 自动
存储管理
基于引用计数的垃圾回收
垃圾回收的辅助策略
Python 的对象驻留机制
Python 常用
运算符
与表达式
算术运算符与表达式
逻辑运算符与表达式
关系运算符与表达式
Python 运算符特性
f-string 表达式
input()和 pring()
Python
计算生态
Python 开发资源概述
模块导入语句 import 与名字空间
__name__与__main__
Python 内置计算函数举例
Python 标准库模块 math 应用举例

第1章 Python编程起步

电子数字计算机的成功在于它可以自动执行程序。程序是控制计算机工作的指令序列，并且都是用人机交流的工具——程序设计语言——编制的。随着计算机技术的发展和应用的不断扩大和深入，程序设计语言也在不断发展。迄今为止，人们针对不同的应用、根据不同的思维模式、按照不同的翻译形式、在不同的层次上，已经开发出了千余种程序设计语言。在这些语言中，有的时过境迁被淘汰，有的顺应潮流不断推陈出新，有的快速发展后来居上。Python就是一种近年在TIOBE程序设计语言排行榜与C、Java、C++等互争榜首的后起之秀。

TIOB近期排行榜

1.1 Python编程环境

1.1.1 程序设计语言的级别

从与机器工作的原理接近，还是与人的表达习惯接近角度看，计算机程序设计语言大体可以分为4个级别：机器语言、汇编语言、高级语言和脚本语言。

1. 机器语言

机器语言(machine language)是程序设计语言中最接近机器工作原理的语言。对于电子数字计算机来说，它虽然是一种非常复杂的机器，但其组成元件却是工作原理非常简单的开关元件。每个开关元件的工作状态，或者说控制其工作状态改变的指令只有两个：开与关或高点位与低点位。如果将两种状态抽象为0与1两个符号，则用众多开关元件形成的复杂操作就需要多个0或1组合表示。下面是某CPU指令系统中的两条指令：

```
10000000 (进行一次加法运算)10010000 (进行一次减法运算)
```

早期的计算机是用图1.1所示的穿孔卡片或穿孔纸带来向计算机输入指令的，用某个位置上有孔与无孔来表示0与1。这个想法最早来自英国著名数学家、发明家、机械工程师查尔斯·巴贝奇(Charles Babbage，1791—1871)。他的灵感来自他在法国所看到的用穿孔卡片存储花本并控制提花过程的杰卡德提花机。殊不知，提花机技术最早是由丝绸之路传到欧洲的，尽管中国提花机中的花本不是穿孔卡片，而是由丝线编制而成的，但将它称为程序存储之“椎轮大辂”也不为过。

使用机器语言编程不仅要考虑程序的算法，还需要把大量精力花费在记忆、打孔、校对有空和无孔，特别是要很费心思地去理解这些0、1码的意思，不仅效率低，而且出错率很高，目前已经几乎不用。

2. 汇编语言

为减轻人们在编程中的劳动强度，20世纪50年代中期人们开始用一些助记符号来代

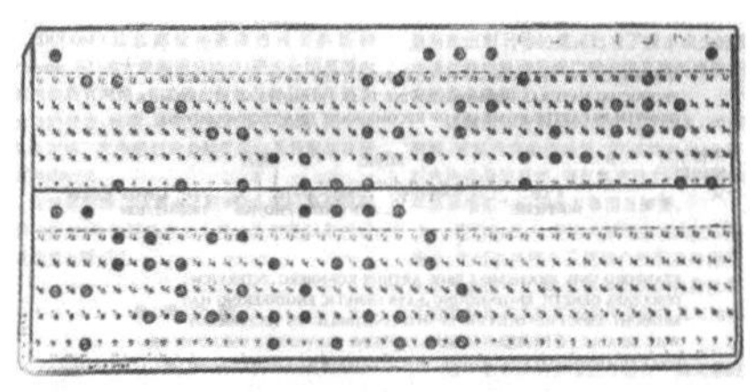
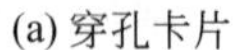

(a) 穿孔卡片

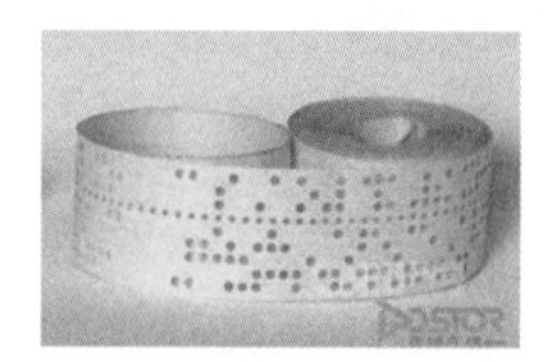

(b) 穿孔纸带

图 1.1 穿孔卡片与穿孔纸带

替 0、1 码编程。如前面的两条机器指令可以写为

```
A + B => A 或 ADD A,B
A - B => A 或 SUB A,B
```

这种用助记符号描述的指令系统，称为符号语言(semiotic language)。相对机器语言，用符号语言编程，效率及质量都得以大幅度提高。但是符号语言指令是机器不能直接识别、理解和执行的。用它编写的程序经检查无误后，要先翻译成机器语言程序才能被机器理解、执行，这个翻译转换过程称为代真——查表方式的汇编。所以，通常把符号语言称为汇编语言(assembly language，assembly programming language)。将符号语言程序汇编得到的机器语言程序称为目标程序(object program)，汇编之前的程序称为汇编源程序(source program)。

汇编语言与机器语言都依 CPU 的不同而异，因此将它们统称为面向机器的语言。用面向机器的语言编程，可以编出效率极高的程序。但它们都依附于具体的机器，不仅限制了程序的可移植性，还需要程序员在它们编程时熟悉机器的内部结构，并要手工进行存储器分配，编程劳动强度仍然很大，还几乎无可移植性，给计算机的普及推广造成了很大的障碍。

3. 高级语言

1954 年，人们开始开发接近人类自然语言习惯，但又消除了自然语言中二义性的程序设计语言，并将之称为高级程序设计语言(high-level language，high-level programming language)，简称高级语言。例如，前面介绍的加、减两条指令在高级语言中，常用人们熟悉的数学符号代替为“＋”和“－”。这样，就能使人们开始摆脱进行程序设计必须先熟悉机器的桎梏，把精力集中于解题思路和方法上。

高级语言编写的程序是机器不能识别与理解的，必须翻译成用 0、1 码描述的机器语言目标程序才能被机器识别与执行。将高级语言描述的源程序代码翻译成目标程序代码有两种途径：编译和解释。它们的不同点见表 1.1。当然，这些工作已经不需要人工进行了，用程序就可以实现。人们把进行编译的程序称为编译器，把进行解释的程序称为解释器。

表 1.1 编译与解释的不同点

翻译方式	执行程序名称	翻译单位	目标代码形态	执行控制权	运行效率
编译	编译器＋连接器	文件	可存储	用户	高
解释	解释器	语句(指令)	不存储	解释器	低

可见，编译是以文件为翻译单位，把源程序代码翻译成目标程序代码，再以目标程序文

件的形式存储起来，用户什么时候需要，就什么时候执行。而解释是以组成源程序的指令(语句)为单位一句一句地由解释器翻译并立即执行，即需要时才解释执行。所以从执行角度看，解释比编译要花费更多的时间，编译是事先已经翻译好的。但是若一个程序需要边编写、边执行，编译就不适合了。解释像口译，翻译一句就可以立即执行一句。而编译需要从翻译到连接的过程，先一一对组成程序的文件进行翻译，生成目标代码块，再对这些目标代码块以及要使用的其他资源进行连接，才能得到目标程序。

4. 脚本语言

脚本(script)原本是在影视剧创作或排练时，用于勾画剧情发展概况、人物活动线索及任务安排等的文字，并不涉及具体的时间、地点、对白、动作、情绪等细节。例如，下面是某故事中张三的活动线索。

张三：

① 走在大街上。

② 遇到童年玩伴。

③ 回忆小时候一起在幼儿园玩游戏。

④ 回忆一同结伴上小学。

⑤ 回忆一同商量高考报志愿。

……

在程序设计中引入脚本最初是用于描述批处理和工作控制的线索。为了避免在此过程中反复地进行编写—编译—链接—运行(edit-compile-link-run)，脚本语言(scripting language，scripting programming language)一般采用解释方式执行。

随着计算机应用的发展，目前许多脚本语言都超越了计算任务自动化的简单应用领域，成熟到可以编写精巧的程序。这时，脚本就成为一种使用特定的描述性语言、依据一定格式编写的可执行文件，可以由应用程序临时调用并执行。例如，在网页设计中，脚本不仅可以减小网页的规模和提高网页的浏览速度，而且可以丰富网页的呈现方式，如动画、声音等。

时至今日，高级语言和脚本语言之间互相交叉，已没有明确的界限。

1.1.2 Python 程序的运行方式与 IDLE

Python 是一种脚本语言。它可以提供两种基本的运行方式：交互运行方式和文件运行方式。

1. Python 程序的交互运行方式与 IDLE

交互运行方式指编写出一条源代码指令，就可以立即解释、执行，形成其与程序员之间的交互方式。为了方便用户开发，Python 自带了一个内置的集成开发与学习环境(integrated development and learning environment，IDLE)。Python 安装完成后，在其所在的文件夹中双击其内置的 IDLE 程序名，就可以启动该版本的 Python IDLE。图 1.2 为 Python 3.10.3 版本的 IDLE 脚本(命令式交互)开发界面。

在 IDLE 中，提示符“>>>”表示一个语句的开始，在其后输入一个 Python 指令(语句)后，一旦按 Enter 键，系统马上就可以对其进行解释执行；如果有错误，也会指出错误所在。

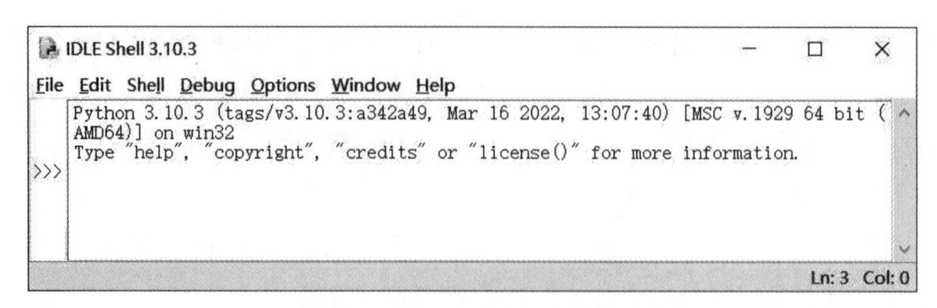

图 1.2　IDLE 脚本开发界面

这非常适合初学者学习练习、测试一个语法现象。现在，Python IDLE 也可以支持文件运行方式了。在 IDLE 中，单击菜单 File 选项，在弹出的菜单中选择 New 命令创建一个 Python 程序文件，再基于这个程序文件，用其他菜单中的命令进行程序的编辑、编译、运行等操作。

2. Python 程序的文件运行方式

如图 1.3 所示，一个 Python 程序经过编辑后，可以用.py 文件形式保存。Python 解释器扩充了编译功能，提供了对文件方式的编译机制，使每个源程序文件都可以独立编译，编译后形成一个字节码程序文件（以 pyc 为扩展名）的中间程序文件。用户需要该程序时，可以加载该字节码程序文件并由解释器进行解释。这样就能做到一次编程、多次运行，提高了程序的运行速度。基于这种编译与解释混合的情况，人们也常把这个过程概括地称为解析。

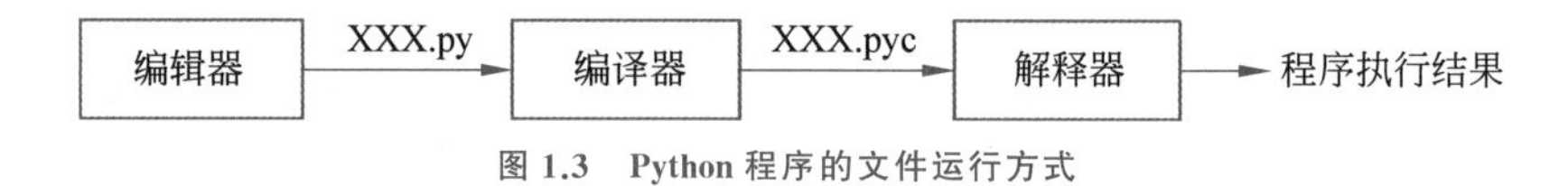

图 1.3　Python 程序的文件运行方式

1.1.3　Python 语句及其书写格式

按照结构，Python 语句分为简单语句和复合语句两大类。

1. Python 的简单语句

简单语句就是单个语句，它们在 IDLE 中一般单独占一行。表 1.2 列出了 Python 常用简单语句。

表 1.2　Python 常用简单语句

语句名称	说　明
表达式语句	主要用于计算一个表达式（对象）的值
赋名语句	用于将名称绑定到对象
函数调用语句	调用函数，包括 input()、print()的调用语句
pass 语句	空语句，不执行任何操作
return 语句	从调用的函数返回，可以返回一个值
import 语句	导入模块

注意：尽管 Python 允许在一行中写入多个用分号分隔的语句，但并不提倡。

2. Python 的复合语句

复合语句由一个以上的简单语句,按照规定的格式化框架封装而成,在语法上成为一个可独立解释的代码段。表 1.3 为 Python 的 6 种基本复合语句。

表 1.3　Python 的 6 种基本复合语句

语句名称	说　明	语句名称	说　明
if 语句	封装一个二选一结构	try 语句	异常处理
while 语句	封装一个要重复执行的语句块	def 语句	函数定义
for 语句	封装一个要重复执行的语句块	class 语句	类定义

说明:

(1) 每个 Python 复合语句,都由一个或多个语句块组成。其中,while、for、def 和 class 是单块结构,if 和 try 是多块结构。

(2) 每个语句块都由两部分组成:块头和块体,之间用冒号(:)分隔,形成两层。

(3) 在书写时,块体要缩进,通常是缩进 4 个字符,可以用制表键缩进,也可以按空格键缩进,但一个程序中要保持一致,不可空格与制表符混用。缩进表明了一种从属关系和层次关系,提高了程序的可读性。Python 强制性地要求程序用缩进格式,每输入一行,按一下回车键,就会自动将光标停在下一行该开始的位置。此外,还会对一段复制来的代码进行缩进格式检查。

这样,每个复合语句就都形成一个语句块封装框架。图 1.4 为表 1.3 中介绍的 6 种基本复合语句框架。

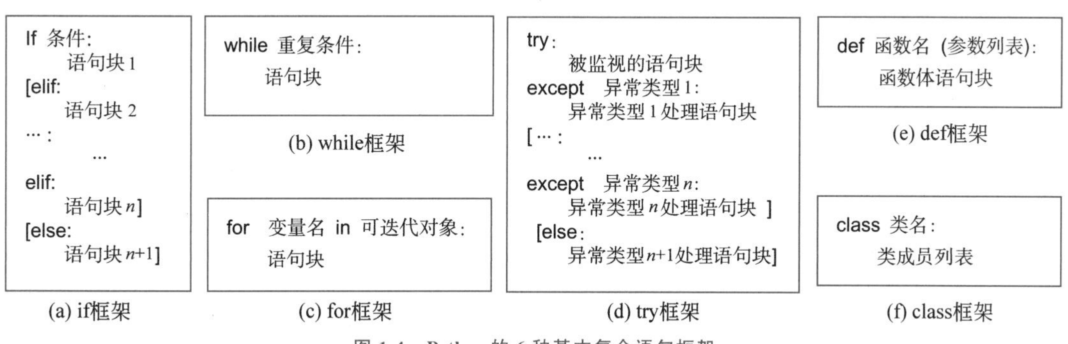

图 1.4　Python 的 6 种基本复合语句框架

1.1.4　良好的程序设计风格

20 世纪 30 年代,计算机技术由机械时代迈入电气时代。20 世纪 40 年代,计算机技术又迈入了电子时代。经过一段时间的酝酿,到了 20 世纪 50 年代后期,计算机技术开始风起云涌,不断向各个领域扩展。但好景不长,到 20 世纪 60 年代中期,一场以"没有不出错的程序""没有能按时交付的软件""没有不需要不断追加预算的计算机项目"为特征的第一次软件危机涌来。

面对这狂风骤雨般的危机，不屈的人们进行了认真反思，深刻反省，很快找到了应对思路：必须改变过分地追求技巧、追求效率的设计思想，树立“清晰第一，效率第二”的设计新风，让程序的结构清晰、规范、可读性高，并将这些称为结构化程序设计（structured programming，SP）或良好的程序设计风格。具体包括如下 5 方面。

1. 程序结构规范化

提倡模块化的程序结构，并按照“自顶向下、逐步细化”的思路构筑模块，使每个模块功能单一，将复杂性控制在人容易处理的范围内。函数就是这样一种程序模块，它使得程序中为实现某些功能的大量代码，都用一个名字的调用替换。

2. 程序代码文档化、清晰化

程序代码文档化、清晰化主要表现在以下 7 方面。

（1）标识符尽量做到见名知意。

（2）充分注释和说明。注释是写程序者向读程序者提供的阅读提示。在 Python 中，注释分为单行注释和多行注释两种。单行注释以＃作为起始标记。Python 解析器遇到＃，便不再对从这个＃起到行末（换行符）之间的内容进行解析。多行注释可以占用多行，它用一对三单引号（'''…'''）或一对三双引号（"""…"""）为起止界限的文字段作注释。图 1.5 为在 IDLE 界面中输入的一个多行注释的示例。可以看出，IDLE 界面由两栏组成：左侧栏为语句（命令）状态符号栏，共有 3 种符号：“>>>”表示语句开始行；“...”表示语句持续行；后面将会看到，无符号的行是程序输出结果或出错信息的行。有关的输入输出信息显示在右侧栏中。

```
>>> def func1():                    # 实现功能1的函数（这个注释是单行注释）
...     '''
...     这是函数func1定义的开头部分，用多行注释进行如下一些说明：
...     函数作用： 实现一个功能
...     编写者： Zhang
...     时间： 2023年6月8日
...     '''
...     pass
...
```

图 1.5　一个多行注释的示例

（3）语句要简单直接，不能为了追求效率而使代码复杂化。为了便于阅读和理解，不要一行写多个语句。

（4）不同层次的语句采用缩进形式，使程序的逻辑结构和功能特征更加清晰。

（5）要避免复杂的判定条件，避免多重的循环嵌套。

（6）表达式中使用括号以提高运算次序的清晰度等。

（7）合理地使用 pass 语句。pass 称为空语句，经常作为占位符（place holder）使用，即在语法上需要语句，但还没有想好或实际不需要的地方占个位置，以过解析器语法检测关。

3. 输入输出人性化

输入输出人性化主要表现在以下 3 方面。

(1) 当程序设计语言有严格的格式要求时,应保持输入格式的一致性。

(2) 输入一批数据时,使用数据或文件结束标志,而不要用计数来控制。

(3) 输出数据表格化、图形化。

4. PEP 8 格式

PEP 8 摘要

PEP 是 Python 增强提案(Python enhancement proposal)的缩写,拥趸们通过社区、邮件列表等方式为 Python 建言献策,官方最终会整理成标准文档,将一些规范在每个 PEP 的版本中发布。PEP 8 是 Python 关于代码风格的指南和约定。

详细的代码示例和更多讲解可自行上网查看。这里尽管是学习 Python 起步之首,许多东西还不知道,但记住 PEP 8 这 4 个字符并不难。建议随着学习的深入,不时去浏览一下 PEP 8 是非常有好处的。

习题 1.1

一、判断题

1. 机器语言属于低级语言。 ( )
2. 脚本语言也是一种高级语言。 ( )
3. 脚本语言都是解释型语言。 ( )
4. 编译型语言的执行速度比解释型高。 ( )
5. 脚本语言一般不描述操作细节。 ( )
6. Python 程序可以编译执行,也可以解释执行。 ( )
7. Python 代码的注释只有一种方式,那就是使用#符号。 ( )
8. 放在一对三引号之间的任何内容都被认为是注释。 ( )

二、实践题

下载并安装 Python。

1.2 Python 对象

Python 是很有特色的程序设计语言。其中最突出的是它非常彻底地做到了"一切皆对象(object)",数据、函数类、模块、文件及空都可作为对象。其中,最先遇到、遇到最多,也最容易理解的,就是数据对象。所以先从讨论数据对象开始,来认识一下对象的身份(identity,ID)码、类型和值这三大基本特征。

1.2.1 Python 对象的身份码

在 Python 中,对象最显著的特征是占有系统资源(主要是存储资源),即一个对象一经创建,系统就会给其分配一份资源和一个唯一的、不允许更改的、整数或长整数形式的身份(ID)码。这个 ID 码将伴随对象一生,直到这个对象被撤销。

一般来说，ID码与内存地址有一一对应的关系，并且在C语言实现的Python中，ID码就是该对象的内存地址。因此，两个对象的ID码是否相同是判定两个对象是否为同一个对象的基本手段。

Python对象的ID码可以使用系统内置的函数id()获取。

代码1.1　对象ID码的获取示例。

```
>>> id(123)                                  #对象1: 数字型整数对象
    1658634178608
>>> id(123.456)                              #对象2: 数字型浮点数对象
    1658635213520
>>> id(123+456j)                             #对象3: 数字型复数对象
    1658635213168
>>> id('abcdefg')                            #对象4: 字符串对象
    1658639791856
>>> id((123,456j))                           #对象5: 元组对象
    2659561115520
>>> id([123,456j])                           #对象6: 列表对象
    1658639563904
>>> id({123,456j})                           #对象7: 集合对象
    2211208750560
>>> id({'a':123,'b':456,'c':789})            #对象8: 字典对象
    1658639499840
```

1.2.2　Python数据对象的类型

1. 类型的意义

高级程序设计语言都具有完善的类型机制，其设置类型的目的在于以下3点。

(1) 有了类型就像机器零件制造有了图纸，便可以依据这个图纸加工出许多零件，特别适合规格化生产。

(2) 有了类型存储分配就规范了，数据对象的取值范围、书写格式等也有了规范。不同类型的对象可以施加的操作是不同的。类型规定了实例的操作属性(可以施加的操作类型)。有了数据类型，可以通过类型检查，发现对象的取值错误和不当操作。类型检查可以在编译时进行，称为静态数据类型(static data type)；也可以在运行中检查，称为动态数据类型(dynamic data type)。Python是一种动态数据类型语言，其优点将在后面逐步介绍。

(3) Python的类型概念已经不限于数据。不过，对于类型的理解也要从数据对象开始。

2. Python的标准数据类型

标准数据类型是系统内定的类型，也称Python内置数据类型，是在编程中遇到最多的数据类型，表1.4列出的为Python 3.x中定义的标准数据对象类型。

表 1.4　Python 3.x 中定义的标准数据对象类型

分类		类型名称		数据对象示例	访问方式	可变类型
标量类型	数字	int	Intger(整数)	123	直接	否
		float	float(浮点数)	12.3、1.2345e+5		
		complex	complex(复数)	(1.23,5.67j)		
		bool	bool(布尔)	True、False		
	字符串	str	string(字符串)	'abc'、"abc"、'''abc'''、"123"	顺序	
容器类型		tuple	tuple(元组)	[1,2,3]、['abc','efg','ijklm']、list[1,2,3]		
		list	list 列表	(1,2,3,'4','5')、tuple("1234")		是
		dict	dictionary(字典)	{'name': 'wuyuan','blog': 'wuyuans.com','age': 23}	键-值对	
		set	set(集合)	set([1,2,3])	索引	

对象类型可以用内置函数 type()获取。

代码 1.2　获取代码 1.1 中的 Python 对象类型的示例

```
>>> type(123)                              #对象 1: int(整数)
    <class 'int'>
>>> type(123.456)                          #对象 2: float(浮点数)
    <class 'float'>
>>> type(123+456j)                         #对象 3: complex(复数)
    <class 'complex'>
>>> type('abcdefg')                        #对象 4: str(字符串)
    <class 'str'>
>>> type((123,456j))                       #对象 5: tuple(元组)
    <class 'tuple'>
>>> type([123,456j])                       #对象 6: list(列表)
    <class 'list'>
>>> type({123,456j})                       #对象 7: set(集合)
    <class 'set'>
>>> type({'a':123,'b':456,'c':789})        #对象 8: dict(字典)
    <class 'dict'>
```

1.2.3　数据对象的值

任何 Python 对象都有自己的属性,这些属性与其类型有关。数据对象的类型决定了其取值空间。下面重点说明几种数据类型的取值特点。

1. 数字类型对象实例

机器数的浮点格式与定点格式

数字类型分为 int、float、complex 和 bool 共 4 种。这些对象具有如下特点。

(1) int、float 和 complex 用于表示数值的大小,也称数值类型。Python 数字类型对象的取值没有上限,并可以采用 inf(不区分大小写)表示无限大。

代码 1.3　求大数的大阶乘。

```
>>> 999999**99
999901004850843154764304477976514369139655131740633508461194231534839921730061928165918468524559784711035127337458000315861841709428648449965581720563036528559
```

```
    789754492888164861083902623783842731704892148596732103485749335907561520101 50151
    3289405199788425414289415758091989816485632229865014279535600530446257980936 0412
    2762079193632166451298745515082518566720858255910313691329603648838009949658 7447
    8295853004301750491439343372946474838492976455165511693806251925282518949259 7754
    4832091644323383407258276727544549050766145535272202347744431521310304234708 1552
    31402356241568489951490000989999999
>>>
```

(2) Python 整数类型数据对象可以用下列 4 种形式表示。

二进制(bin)：0、1，并加前缀 0b 或 0B，如 0b1001。

八进制(oct)：数字 0～7，加前缀 0o，或 0O，如 0o3567810。

十六进制(hex)：数字 0～9、A～F(或 a～f)，加前缀 0x 或 0X，如 0x3579acf。

十进制：数字 0～9，不加任何前缀。

内置函数 bin()、oct()和 hex()可以分别将其他进制的整数转换为二进制数字串、八进制数字串和十六进制数字串。int()可以将其他进制整数以及十进制数字串转换为十进制数，并将浮点数截去小数部分。

代码 1.4 整数的数字转换示例。

```
>>> bin(123)
    '0b1111011'
>>> oct(123)
    '0o173'
>>> hex(123)
    '0x7b'
>>> int(0b1111011)
   123
>>> int(0o173)
   123
>>> int(0x7b)
   123
```

(3) 在计算机中，数字数据是用 0、1 编码的二进制数表示的。当十进制数向二进制数转换时，整数是可以精确转换的，而大部分十进制有限小数进行二进制转换时，得到的却是无限循环小数，它们在有限字长的计算机中进行计算时，实际使用的是其近似值。也就是说，带小数的实数在计算机中得到的是其子集。因此，在计算机中不使用实数这个术语，而使用了浮点数这个术语，因为在计算机底层，整数采用定点方式存储，带小数的数采用浮点方式存储。同时，由于绝大部分浮点数都是程序中有关数据的近似值，因此进行两个浮点数的相等比较是没有意义的。float()可以将 int 类型数字转换为浮点数。

代码 1.5 整数与浮点数之间的转换示例。

```
>>> int(123.789)
    123
>>> int(-123.456)
    -123
>>> float(123)
   123.0
```

(4) Python 复数用实部(real)和虚部(imag)两部分浮点数表示，虚部用 j 或 J 作后缀，形成 real+imagj 的形式。complex()可以将整数和浮点数转换为复数类型。复数可以用

abs()、.real 和.imag 获取其模、实部和虚部。

代码 1.6 Python 中复数转换及模、实部和虚部的获取示例。

```
>>> complex(3)
    (3+0j)
>>> complex(123.456)
    (123.456+0j)
>>> abs(3 + 4j)
    5.0
>>> 3 + 4j.real
    3.0
```

(5) 为了一些特殊需要,Python 3.6 及其以上版本允许在数值类型对象的数字之间插入单个下画线。但不允许把下画线插入数值类型对象的两端和与小数点相邻处。

代码 1.7 Python 3.6 及其以上版本在数值对象的数字之间插入单个下画线示例。

```
>>> 3.14_1516                        #下画线插入数字之间,正确
    3.141516
>>> 3_.141516                        #下画线插入非数字之间,错误
    SyntaxError: invalid token
>>> 3._141516                        #下画线插入非数字之间,错误
    SyntaxError: invalid syntax
>>> _3.141516                        #下画线插入非数字之间,错误
    SyntaxError: invalid syntax
>>> 3.141516_                        #下画线插入非数字之间,错误
    SyntaxError: invalid token
```

(6) 布尔类型对象用于判断命题的真假,值为 True 或 False。通常,True 被解释为 1,False 被解释为 0。所以,常把布尔类型看作一种特殊的 int 类型,列在数字类型之中。在需要判断真假时,也常把一切空值——0(整数)、0.0(浮点数)、0L(长整数)、0.0+0.0j(复数)、""(空字符串)、[](空列表)、()(空元组)、{}(空字典)(无、0、空白、空集、空序列)当作 False,把一切非空当作 True。

2. 元组和列表实例

元组(tuple)和列表(list)都是由数据对象组成的序列。序列是指它们的组成元素与元素在容器中的位置顺序有对应关系。在形式上,除了空元组和空列表外,元组以逗号为标志,其作为边界符的一对圆括号并非必须;而列表则以一对作为边界符的方括号为标志,只有分隔元素时才使用逗号。

代码 1.8 几种特殊元组与列表示例。

```
>>> ### 空元组和空列表
>>> ()                       #空元组
    ()
>>> []                       #空列表
    []
>>> ###只有一个元素的元组形式
>>> 2 + 3,                   #合法元组: 有一个逗号
    (5,)
>>> (2 + 3,)                 #合法元组,有一个逗号,还有边界符圆括号
    (5.)
```

```
>>> 2 + 3                        #没有逗号,不是元组,是一个表达式
    5
>>> (2 + 3)                      #没有逗号,不是元组：圆括号作为一种运算符
    5
>>> ###只有一个元素的列表形式
>>> [2 + 3]                      #用一对方括号作列表分界符,合法列表,没有逗号
    [5]
>>> [2 + 3,]                     #用一对方括号作列表分界符,合法列表,带逗号
    [5]
>>> #有两个以上元素的元组形式
>>> 'a',2 + 3,6,7,8              #合法元组,有逗号
    ('a',5,6,7,8)
>>> ('a',2+ 3,6,7.8)             #合法元组,有逗号,带圆括号
    ('a',5,6,7,8)
>>> ###有两个以上元素的列表形式
>>> ['a',2 + 3,6,7,8]            #合法列表,必须带方括号,用逗号分隔元素
    ['a',5,6,7,8]
```

3. 集合实例

Python 中的集合与数学中的集合概念一致,有如下一些特征。

(1) 集合对象以花括号作为边界符,元素可以为任何对象。例如:

```
{'B',6,9,3,'A'}
```

(2) 集合中的元素不能重复出现,即集合中的元素是相对唯一的。

(3) 元素不存在排列顺序。

(4) Python 集合分为可变集合(set)和不可变集合(frozenset)。

4. 字典实例

字典以花括号为边界符,其元素为键-值(key-value)对,键与值之间用冒号连接。例如:

```
{'A': 90,'B': 80,'C': 70,'D': 60}
```

字典的键具有唯一性和不可修改性。

5. Python 字符串实例

字符串是 Python 内置数据中比较特殊的一种数据类型。Python 将字符串当作单一值和不可变对象,将其与数字类型一起划在标量类型中。但是,它又与元组、列表、集合、字典一样,具有自己的定界符,此外还可以对组成字符串的字符进行操作。所以,人们也将它作为特殊容器看待。

1) str 类型对象的定界符

在 Python 中,用一对单引号('…')、一对双引号("…")、一对三单引号('''…''')、一对三双引号("""…""")作为起止符的字符序列称为字符串(string)。用引号定义字符串应注意以下 4 点规则。

(1) 引号是指西文中的引号,不是中文中的引号。

代码 **1.9**　规则(1)的用法示例。

```
>>> "新概念 Pyhon 教程"          #违背规则(1),使用了中文引号
    SyntaxError: invalid character '"' (U+201C)
>>> "新概念 Pyhon 教程"          #符合规则(1)
    '新概念 Pyhon 教程'
```

(2) 作为字符串的定界符的引号必须成对使用,前后一致。

代码 **1.10**　规则(2)的用法示例。

```
>>> '新概念 Pyhon 教程"          #违背规则(2),引号没有配对,前后不一致
    SyntaxError: unterminated string literal (detected at line 1)
```

(3) 字符串中可以有不与其边界相混淆的引号字符,但不能有引起定界误判的引号字符。如果非有不可,可以在该字符前加转义符号(\)。要特别注意的是,在 IDLE 中,输入的字符串不管是在单引号,还是在双引号内,只要字符串中没有单引号,直接输出(不使用 print())的字符串将默认放在单引号内输出。

代码 **1.11**　规则(3)的用法示例。

```
>>> 'abc"def"gh'ijklm'          #Python 从后向前匹配引号,发现最开始的单引号落单
    SyntaxError: unterminated string literal (detected at line 1)
>>> 'abc"def"gh'ijk'lm'         #解析器搞不清哪两个单引号是一对
    SyntaxError: invalid syntax
>>> 'abc"def"gh\'ijk\'lm'              #符合规则(3)
    'abc"def"gh\'ijk\'lm'
```

(4) 单引号、双引号中的字符串通常要写在一行中。如果要分行写,需在每行结尾处加上续行符(\)。但三引号直接允许将字符串写成多行形式。

代码 **1.12**　规则(4)的用法示例。

```
>>> '你好!
...  这是一本《新概念 Pyhon 教程》,
...  祝你获得优异成果! '               #Python 不允许在单、双引号内的字符串直接写成多行
    SyntaxError: unterminated string literal (detected at line 1)
>>> '你好! \
...  这是一本《新概念 Pyhon 教程》,\
...  祝你获得优异成果! '               #Python 允许在单、双引号内的字符串用续行符写成多行
    '你好! 这是一本《新概念 Pyhon 教程》,祝你获得优异成果! '
>>> '''你好!
...  这是一本《新概念 Pyhon 教程》
...  祝你获得优异成果! '''             #用三引号可以直接将字符串写成多行
    '你好! 这是一本《新概念 Pyhon 教程》,祝你获得优异成果! '
```

2) 转义字符

在代码 1.10 中已经看到,引号本来会被解释器解释为字符串的起止符号,但是在其前面添加了反斜杠(\)后,解释器就不再将其当作字符串的起止符了。除此之外,ASCII 码还定义了一系列要让解析器以特殊语义解释的字符,并将它们统称为转义字符(escape character)。表 1.5 是 Python 中的常用转义字符。

表 1.5　Python 中的常用转义字符

转义字符	描　述	转义字符	描　述
\\	反斜杠	\n	换行(光标移到下行头)
\'	单引号	\t	水平制表符(同 Tab 键)
\"	双引号	\r	回车(光标移到本行头)

代码 1.13　部分转义字符测试。

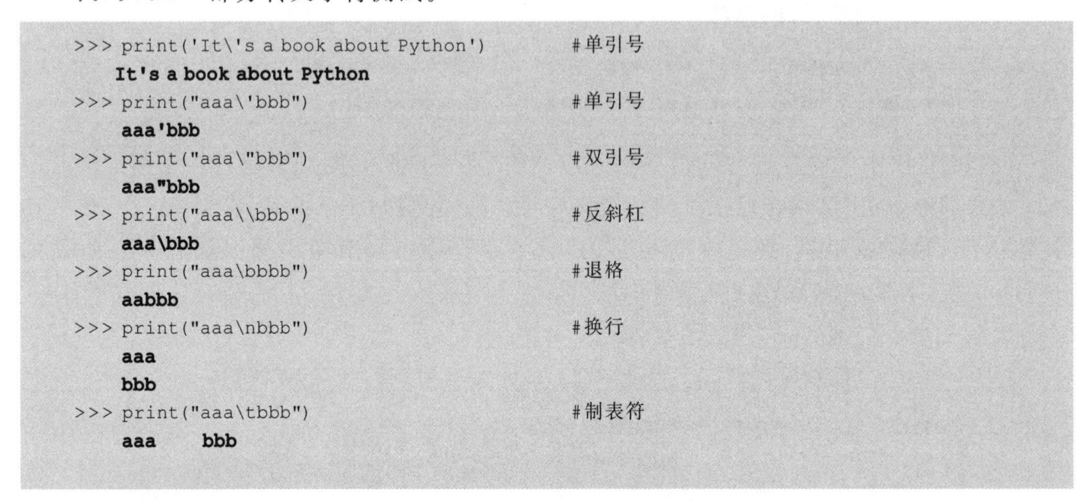

```
>>> print('It\'s a book about Python')          #单引号
    It's a book about Python
>>> print("aaa\'bbb")                           #单引号
    aaa'bbb
>>> print("aaa\"bbb")                           #双引号
    aaa"bbb
>>> print("aaa\\bbb")                           #反斜杠
    aaa\bbb
>>> print("aaa\bbbb")                           #退格
    aabbb
>>> print("aaa\nbbb")                           #换行
    aaa
    bbb
>>> print("aaa\tbbb")                           #制表符
    aaa     bbb
```

3）原始字符串

转义字符可以在字符串中形成一些特殊操作，但也会使人感到疑惑，特别是字符串中需要不需要反斜杠常常使人混淆，而且容易造成错误。为此，Python 推出了“原始字符串”的机制，即在字符串前加一个字符 R 或 r，使字符串中的反斜杠不再起转义作用。

代码 1.14　原始字符串测试。

```
>>> print(r'aaa\"bbb')
    aaa\"bbb
>>> print(r"aaa\bbb")
    aaa\bbb
>>> print(r"aaa\nbbb")
    aaa\nbbb
>>> print(r"aaa\tbbb")
    aaa\tbbb
```

6. Python 空类型 NoneType

NoneType 是 Python 的一个特殊数据类型，称为空类型，表示“什么也没有”或“没有定义”。它只有一个值：None。应当注意，None 与 0 和""不同。0 和""属于 NoneType，而是分别属于 int 和 str 类型。

代码 1.15　None 与 0 和""的区别。

```
>>> type(None)
    <class 'NoneType'>
>>> type(0)
```

```
    <class 'int'>
>>> "",type("")
    ('', <class 'str'>)
```

习题 1.2

一、判断题

1. Python 中的每个对象都有一个身份码，用于在程序进行某个操作时判断是否允许某个对象参加。（　　）

2. Python 中的每个对象都属于某个类型，划分类型的目的是简化对象处理。（　　）

3. Python 中有的对象有值，有的对象没有值。（　　）

4. 在 Python 中内置的数字类型有整数、实数和复数。（　　）

5. 在 Python 中可以使用任意大的整数，不用担心范围问题。（　　）

6. 在 Python 中 0xad 是合法的十六进制数字表示形式。（　　）

7. 在 Python 中 0oa1 是合法的八进制数字表示形式。（　　）

8. 3＋4j 不是合法的 Python 表达式。（　　）

9. Python 列表中所有元素必须为相同类型的数据。（　　）

10. Python 集合中的元素可以重复。（　　）

二、选择题

1. 通常说的数据对象的三要素是（　　）。

A. 名字、ID、值　　B. 类型、名字、ID

C. 类型、名字、值　　D. 类型、ID、值

2. 在下列词汇中，不属于 Python 内置数据类型的是（　　）。

A. char　　B. int　　C. float　　D. list

3. 表达式 r"\a\b" 的回显为（　　）。

A. "ab"　　B. "\\a\\b"　　C. "\a\b"　　D. \a\b

4. 代码 print (type({'China','Us','Africa'})) 的输出为（　　）。

A. <class,'set'>　　B. <class,'list'>

C. < class,'dict'>　　D. <class,'tuple'>

三、填空题

1. 在 Python 中，________表示空类型。

2. 查看类型的 Python 内置函数是________。

四、简答题

1. 你知道的 Python 对象有哪些？举例说明。

2. Python 对象有何特点？举例说明。

3. 在程序设计中引入类型的概念有何好处？

4. 何谓 Python 的标准类型？举例说明。

5. Python 整数的最大值是多少？

6. 实型数和浮点数的区别是什么？

1.3　Python 变量

1.3.1　Python 变量的特点

1. 变量机制的基本用途是抽象解题环境

任何解题都有一个前提条件，或者说都有一个解题环境。不同的解题思路具有不同的解题环境，相同的解题思路也会有不同的解题环境。在数学中，最初引入变量的目的就是抽象问题及其解题环境。例如，在一元二次方程 $ax^2+bx+c=0$ 中，使用了 x 和 a、b、c 这样 4 个角色。由于这些角色都会因问题和环境而变化，所以将它们称为变量（variable）：x 用于描述因问题模型而异的角色——通常是问题求解的目标，a、b、c 则用于代表解题环境（解题条件）因素的角色。对于函数来说，解题环境由参数集合表示，通过函数表示的映射关系来获取的目标集合。在用计算机解题的程序中引入变量机制的初衷也是为了抽象问题求解的环境角色而设置。

变量与代数

2. 原生型变量和引用型变量

用计算机解题最直接的思想是把解题过程用计算机 CPU 指令系统中的指令一步一步地实现。这样的程序设计称为命令式编程或过程式编程。在这个过程中，每步操作都构成一个解题子过程，即每步都有其解题环境和条件，并且其结果又构成下一子过程的操作环境。因此，命令式编程或者说过程式程序设计的核心思想就是描述变量如何从初始状态（值）变换为目标状态（值）。于是，变量的“变”在代表不同解题环境中的角色的基础上，又添加了随着解题过程不断变化的特征。程序中的这种变量被称为原生型变量（primitive variable）。

一般来说，对于一个特定的问题，其角色关系是不变的，只是在操作过程中，其值会改变。原生型变量的名字肩负角色关系，不可随意改名；同时其值又在不断变化。为此，采取了基于变量分配内存的策略：先根据变量肩负的角色所对应的类型为其分配内存空间，即先定义变量；再根据需要把有关值分配（assign）到变量所指定的内存空间，并将这个分配操作用英文单词 assign（记作符号＝）表示。assign 本意表示分配、分派、委派、签署、应聘、示意等，在翻译成汉语时，人们考虑到它就是“给变量分配一个值”，便使用了“赋值”二字。显然，这种变量的基本用途就是存值，所以也被称为赋值型变量。

赋值型变量是直接开辟一个实例所需的存储空间，等到执行一个分配（即赋值）操作时，再把值放进来。这对于大型组合型实例对象来说会降低程序的效率。特别是某些程序设计语言（如早期的 C）要求变量声明都放在程序首部并且是组合型数据结构的情况下，问题比较突出。为此，进行了如下改革：一是允许程序在对象临使用前声明；二是变值类型变量为引用型变量。

引用型变量也称存址型变量，它是将变量与实例分别存放在两个区域：声明一个变量时，只在栈中分配一小片空间用于容纳一个地址；等到执行一个分配操作时，再在堆区分配一个空间给实例，并把该实例的地址保存到栈中，为变量开辟一个小的存储空间。变量与实例之间的引用关系提高了存储的灵活性和效率。

3. Python 变量——赋名型变量

assign的翻译

存值型变量和存址型变量都有自己的存储资源。但是，在 Python 中仅为实例对象分配存储资源，而不为变量分配存储资源。在这种情况下，变量与实例对象之间的绑定关系通过字典来实现，这种字典称为名字空间。名字空间按照名字（变量）的作用域划分（将在 1.6.2 节和 2.3 节进一步介绍）。每个名字空间字典都由名字（变量）-实例对象组成的键-值对为元素。此时 assign（=）操作的主要内容就在变量所在代码区间对应的名字空间中，创建由名字（变量）-实例对象组成的键-值或修改已有名字所绑定的实例对象 ID 码。简单地说，就是为给一个实例对象分配一个名字，简称"赋名"。这样，在名字空间对应的代码区间，就可以用变量来引用它所绑定的实例对象 ID 码、类型和值。换句话说，在 Python 中，ID 码、类型和值只属于实例对象，而不属于变量，变量只是凭借在名字空间中建立的键-值对关系，引用实例对象 ID 码、类型和值。那么变量还有什么呢？在 Python 中，变量只有名字、名字空间和作用域。

1.3.2 Python 赋名语句的基本格式

在 Python 中，赋名语句是最重要、使用最频繁的语句。这 语句在程序中的基本语法如下：

```
变量 = 对象表达式
```

Python 解析器会将这个语句解析为如下操作。

（1）计算对象表达式。

（2）为对象表达式的结果（一个实例对象）分配一个合适的存储空间。

（3）根据变量所在的代码区间，在对应的名字空间中添加一个由变量-实例 ID 码组成的键-值对；若该变量-对象 ID 码已经存在，则将其引用对象的 ID 码修改为新对象的 ID 码。

（4）将对象的引用计数器加 1（关于引用计数器的概念将在 1.4 节介绍）。

代码 1.16 赋名语句应用。

```
>>> print(a)                        #使用一个未经命名的名字
    Traceback (most recent call last):
      File "<pyshell#20>", line 1, in <module>
        print(x)
    NameError: name 'a' is not defined
>>> print(a = 5)                    #"= "只形成赋名操作，不产生值
    Traceback (most recent call last):
       File "<pyshell#1>", line 1, in <module>
          print(a = 5)
    TypeError: 'a' is an invalid keyword argument for print()
>>> 8, id(8), type(8)               #测试对象值、ID码和类型
    (8, 3060008813008,type:<class 'int'>)
```

```
>>> a = 8                    #a 引用对象 8
>>> a, id(a), type(a)        #测试 a 所引用的对象值、ID 码和类型
    (8, 3060008813008,type:<class 'int'>)
>>> b = a                    #变量 b 通过变量 a 间接给对象 8 赋名
>>> b, id(b), type(b)        #测试 b 所引用的对象值、ID 码和类型
    (8, 3060008813008,type:<class 'int'>)
>>> a = 1.23                 #修改 a 所赋名的对象
>>> a, id(a), type(a)        #测试 a 所引用的对象值、ID 码和类型有无改变
    (1.23, 3060016214160, <class 'float'>)
>>> b, id(b), type(b)        #测试 b 所引用的对象值、ID 码和类型有无改变
    (8, 3060008813008,type:<class 'int'>)
```

说明：

(1) 上述代码中的第 1 个语句 print(a)之所以错误是因为在对应的命名空间中还没有变量 a 为键的键-值对存在，解析器无法对其进行解析。Python 赋名语句的作用就是在要访问的名字空间中创建或修改一个变量的键-值对；第一次赋名相当于在所访问的名字空间中创建一个变量的键-值对，即在名字空间中注册了一个名字；以后该变量的赋名，就是修改该变量所赋名的对象，即修改键-值对。直接使用一个名字空间中没有的变量，将会导致 not defined 的 NameError 错误。

(2) 在 Python 中，赋名操作符(=)不是一个运算符，它不产生值，只能以语句形式出现，而不允许出现在表达式内。所以上述 print(a=5)语句就会出现错误。

(3) 一个变量赋名一个对象后，就可以引用该对象的 ID 码、类型和值了。

1.3.3 Python 赋名语句的扩展格式

1. 多变量共享赋名语句

多变量共享赋名是指为一个对象分派多个角色，或为一个对象一次贴上多个标签(赋多个名字)，也可以说是多个变量共享一个对象。其语法如下：

```
变量 1 = 变量 2 = … = 变量 n = 对象
```

执行这个语句后，变量 1、变量 2……变量 n 都绑定到同一个对象。

代码 1.17 多变量共享赋名语句示例。

```
>>> a = (b = (c = 3))              #错误的多变量共享赋名语句
    SyntaxError: invalid syntax. Maybe you meant '==' or ':=' instead of '='?a = b = c = 3
>>> a = b = c = 3                  #正确的多变量共享赋名语句
>>> a,id(a),type(a)
    (3, 1763196928304, <class 'int'>)
>>> b,id(b),type(b)
    (3, 1763196928304, <class 'int'>)
>>> c,id(c),type(c)
    (3, 1763196928304, <class 'int'>)
```

说明：圆括号是一种内部优先求值的运算符。括在其中的都是表达式而不能是语句，所以解析器给出了语法错误的信息，意思是是否想写“==”或“:=”？因为那才是表达式。

2. 多对同时赋名语句

多对同时赋名，即用一个语句为多个对象分别绑定不同的角色（名字），语法如下：

```
变量 1,变量 2,… =对象 1,对象 2,…
```

这个语句执行后，变量 1，变量 2，…将分别指向对象 1，对象 2，…。多对同时赋名多应用于变量所指向对象的交换。

代码 1.18 多对同时赋名语句示例。

```
>>> a1,a2,a3 = 1.23,2.34,3.45
>>> a1
    1.23
>>> a2
    2.34
>>> a3
    3.45
>>> b1,b2,b3 = "江苏","无锡","江南大学"
>>> b1
    '江苏'
>>> b2
    '无锡'
>>> b3
    '江南大学'
>>> b1,b2,b3 = b3,b2,b1     #交换赋名
>>> b1
    '江苏'
>>> b2
    '无锡'
>>> b3
    '江南大学'
>>> c1,c2 = 1,2,3
    Traceback (most recent call last):
      File "<pyshell#20>", line 1, in <module>
        c1,c2 = 1,2,3
    ValueError: too many values to unpack (expected 2)
>>> d1,d2,d3 = 12
    Traceback (most recent call last):
      File "<pyshell#21>", line 1, in <module>
        d1,d2,d3 = 12
    TypeError: cannot unpack non-iterable int object
```

说明：

(1) 多对同时赋名的实质就是将一组变量依次赋名给一个序列（元组、列表和字符串）中的各元素。所以，这种赋名又称序列解包式赋名。

(2) 多对同时赋名时变量数目要与序列中的元素数目一致。但在变量数目少时，允许在其中一个变量名前加 *，兜底赋名给剩余的一个子序列，或用下画线进行虚读。

3. 复合赋名语句

复合赋名语句是对一个已注册变量用复合赋名操作符再赋名。复合赋名操作符是一个二元操作符和一个赋名操作符(=)的组合。执行该语句时,先对变量原来赋名的对象进行二元操作,然后再对其赋名。表 1.6 为常用的复合赋名操作符。

表 1.6 常用的复合赋名操作符

复合赋名符	+=	-=	*=	/=	**=	//=	%=
操作内容	自加	自减	自乘	自除	自求幂	自整除	自求余

代码 1.19 复合赋名语句示例。

```
>>> a = b = c = d = e = f = 3
>>> a += 2
>>> b -= 2
>>> c /= 2
>>> d *= 2
>>> e %= 2
>>> f **= 2
>>> a,b,c,d,e,f
    (5, 1, 1.5, 6, 1, 9)
```

注意:一个复合赋名操作符由 2 个或 3 个字符组成,使用时,一定要注意不要在组成这些操作符的字符之间插入空格。那样,操作符的意义就会改变,甚至不再成为合法操作符。

PEP 572

1.3.4 Python 赋名表达式

Python 的赋名操作符(=)仅用于某个名字空间中创建或修改一个键-值对,没有求值功能。这使得许多熟悉了 C 语言、Java 语言中赋值操作符(=)作为表达式求值的人感到不便。为此,Python 的开源社区从 Python 3.8 开始新增了一个可以求值的操作符“:=”。在发布这个操作符的 PEP 572 中,为其提供了 3 个名称:非正式的 the walrus operator(海象操作符,如图 1.6 左转 90°所示,其样子像海象眼睛和长牙)、传统的 assignment expressions(分配表达式)和推荐的 named expressions(赋名表达式),并且把其语法定义如下:

图 1.6 海象的眼睛和长牙

```
(NAME := expr)
```

说明:

(1) PEP 572 声明:expr 是除没有用括号括起的元组之外的任何有效的 Python 表达式,NAME 是一个标识符。

(2) 赋名表达式与赋名语句在功能上的区别在于,它可以返回一个值。

(3) 赋名表达式可以放在括号内使用,并且在许多情况下要求必须放在括号内使用;特别是在表达式的顶层(包括赋名语句右侧的表达式的顶层),不在括号内的赋名表达式是非法的。而赋名语句是不允许放在括号内的。这一语法规则是为了将赋名表达式与赋名语句在形式上相区分。

(4) 赋名表达式不支持多对同时赋名变量共享赋名和复合赋名。

代码 **1.20** 赋名表达式(:=)用法示例。

```
>>> print(x := 3 + 2)            #ok,赋名表达式可以产生值
    5
>>> a := 3                       #no,在表达式顶层使用了不在括号内的赋名表达式
    SyntaxError: invalid syntax
>>> (a := 3 + 2)                 #ok,合法的赋名表达式,但不推荐使用
    5
>>> [a := 3 + 2]                 #ok,合法的赋名表达式,但不推荐使用
    [5]
>>> {a := 3 + 2}                 #ok,合法的赋名表达式,但不推荐使用
    {5}
>>> (b,c := 2,3)                 #no,赋名表达式没有多对同时赋名
    Traceback (most recent call last):
      File "<pyshell# 3>", line 1, in <module>
        (b,c := 2,3)             #no,赋名表达式没有多对同时赋名
    NameError: name 'b' is not defined
>>> (d := c := 6)                #no,赋名表达式没有多变量共享赋名
    SyntaxError: invalid syntax
>>> d = (c := 6))                #ok,迭代型赋名
```

讨论:PEP 572 是在激烈纷争中出现的,这场激烈纷争的核心问题是,推出一个新的操作符":= "会不会让人们理解为就是把 C 风格的 assignment 引入 Python 中来。为避免这一问题,PEP 572 才为它推出了 3 个名字。实际上,后两个名字也可以看作是对正式名字的解释:表明这个操作符与 C 中的"="是不同的。

由此可以想到:英语 assignment 的基本意思是"分配",只要理解了 C 中的"分配"机制与 Python 中的"分配"机制的不同,它们的概念还是清楚的。尽管如此,吉多·范罗苏姆(Guido Van Rossum)还是建议,"老师不要在教学代码中使用':= '。"然而,在汉语中,问题就更严重了,在 C 等语言中已经将 assignment 翻译为"赋值",若在 Python 中再使用这个称呼,不仅会使人们将":= "理解为与 C 一样的作用,甚至连"="也会理解成与 C 语言中相同的作用,致使在程序中应用错误。

1.3.5 Python 的可变对象与不可变对象

在程序中,变量的主要用途是以角色的身份替具体对象值参与求值。这些变量的角色作用就是解题环境的描述。而分配(assign)操作的作用就是随着解题过程的推进,不断改变这些角色的值,形成新的解题环境。这在某些情况下,会带来不少方便。但是,随着计算机应用的不断广泛与深入,需要计算机求解的问题复杂性和体积随之越来越大。一个大型复杂问题,往往包含了许许多多的子问题,一个子问题又包含了许许多多的微问题。随之而来的是问题的初始环境,在求解开始后,就会分解为许许多多子环境、微环境。这些微环境

的组成元素也常常来自问题原始环境的组成元素。这样,一个微环境中的变量变化,就会牵一发而动全身,常常搞得程序员顾此失彼,焦头烂额,也使程序的可靠性难以保障。这就是原生型变量的副作用。这个副作用也就来自分配操作。因为如果没有分配,变量就不会变,也就不会形成副作用。但是,变的要求来自问题求解,不变又如何能从原始解题环境变换到问题的目标环境呢?

为了消除这种弊端,Python 引入了不可改变(immutable)对象机制,即要变,就必须"另立门户、另起炉灶",否则就不允许对象变化。这样,一个与多个环境相关的对象,可以在每处用不同的变量命名。当某处的变量指向的这个对象发生变化时,这个变量名所指向的就是另一个对象,丝毫不会影响其他处的计算环境。

这样,Python 就把对象分为了两大类:可变对象和不可变对象,并且只将列表(list)、字典(dict)和集合(set)定义为可变对象,其他类型的对象都定义为不可变对象。二者的区别在于:修改可变对象,其 ID 码不变;修改不可变对象,将改变其 ID 码。

代码 1.21 Python 的不可变对象示例。

```
>>> a = b = c = 3
>>> a,id(a)
    (3, 3060008812848)
>>> b,id(b)
    (3, 3060008812848)
>>> c,id(c)
    (3, 3060008812848)
>>> a += 2
>>> a,id(a)
    (5, 3060008812912)
>>> b,id(b)
    (3, 3060008812848)
>>> c,id(c)
    (3, 3060008812848)
>>>
>>> tup1 = tup2 = 1,2,3
>>> tup1,id(tup1)
    ((1, 2, 3), 3060048138112)
>>> tup2,id(tup2)
    ((1, 2, 3), 3060048138112)
>>> tup1 = 1,5,3              #修改元素
tup1,id(tup1)
    ((1, 5, 3), 3060048134080)
>>> tup2,id(tup2)
    ((1, 2, 3), 3060048138112)
```

说明:

(1) 前面部分,a、b、c 3 个变量都指向对象 3,它们的值和 ID 码都相同。当修改了 a 所引用的对象后,它的值和 ID 码都变了,而 b 和 c 的值和 ID 码保持不变。

(2) tup1 和 tup2 都被初始化为引用元组(1,2,3),当修改 tup1 所引用的对象后,tup2 所指向的对象值和 ID 码都保持不变,只有 tup1 所指向的对象值和 ID 码都改变了。

代码 1.22　Python 的可变对象示例。

```
>>> list1 = [1,2,3]
>>> list1,id(list1)
    ([1,2,3], 3060048193536)
>>> list1[1] = 5            #修改 list1 中的第 2 个元素(下标为 1)
>>> list1,id(list1)
    ([1, 5, 3], 3060048193536)
```

说明：修改 list1 中的元素值，其值变了，但 ID 码未变。

由于在 Python 中有可变对象和不可变对象，因此 Python 中的变量不是相对于常量的概念，而是相对于对象的概念。

1.3.6　Python 标识符与关键字

1. Python 标识符规则

Python 变量指向数据对象的名字，使用变量就涉及如何给变量起名字的问题。除变量之外，在程序中还会给函数、模块和类等起名字。这些名字统称为标识符(identifiers)。不同的程序设计语言在标识符的命名上都有一定的规则。Python 要求所有的标识符都遵守如下规则。

(1) Python 标识符是由字母、下画线(_)和数字组成的序列，并要以字符(包括中文字)或下画线开头，不能以数字开头，中间不能含空格。例如，a345、abc、_ab、ab_、a_6、aa_b_等都是合法的标识符，而 3a、3＋a、$ 10、a**b.、2&3 等都是不合法的标识符。

(2) Python 标识符中的字母是区分大小写的，如 a 与 A 被认为是不同的标识符。

(3) Python 标识符没有长度限制。

(4) Python 3.x 支持中文，一个中文字与一个英文字母都作为一个字符对待，即可以使用中文名词作为标识符。

注意：好的标识符应当遵循“见名知意”的原则，不要简单地把变量定义成 a1、a2、b1、b2 等，以免造成记忆上的混淆。此外，要避免使用单独一个 I(i 的大写)、O(o 的大写)和 l(L 的小写)等容易误认的字符作为变量名或用其与数字组合作为变量名。

(5) 关键字是 Python 保留的标识符，不可用作用户标识符。使用它们将会覆盖 Python 内置的功能，可能导致无法预知的错误。

2. Python 关键字

程序设计语言的关键字(keywords)是系统定义的、保留在具有特定意义的情况下使用的标识符。因此，它们不再可以被程序员定义为其他用途。因此，在定义标识符时，应先了解所用程序设计语言有哪些关键字。在 Python 语言中提供了下列途径获取其关键字。

(1) 使用 keyword 模块中的关键字列表 kwlist 获取 Python 关键字，如图 1.7 所示。

(2) 使用内置函数 help()获取 Python 关键字，如图 1.8 所示。

```
>>> import keyword as kw
>>> kw.kwlist
['False', 'None', 'True', 'and', 'as', 'assert', 'async', 'await', 'break', 'cla
ss', 'continue', 'def', 'del', 'elif', 'else', 'except', 'finally', 'for', 'from
', 'global', 'if', 'import', 'in', 'is', 'lambda', 'nonlocal', 'not', 'or', 'pas
s', 'raise', 'return', 'try', 'while', 'with', 'yield']
>>> |
                                                              Ln: 25  Col: 0
```

图 1.7　使用 keyword 模块中的关键字列表 kwlist 获取 Python 关键字

```
>>> help('keywords')

Here is a list of the Python keywords.  Enter any keyword to get more help.

False               class               from                or
None                continue            global              pass
True                def                 if                  raise
and                 del                 import              return
as                  elif                in                  try
assert              else                is                  while
async               except              lambda              with
await               finally             nonlocal            yield
break               for                 not
                                                              Ln: 17  Col: 0
```

图 1.8　使用内置函数 help()获取 Python 关键字示例

可以看出，Python 有 35 个关键字，除 True、False 和 None 之外，其他关键字均为小写形式。但是要注意，任何程序设计语言都在不断升级进化，关键字也许会有变化。

(3) 用 keyword 模块中的 iskeyword()方法判断一个名字是不是关键字。

代码 1.23　用 keyword 模块中的 iskeyword()方法判断一个名字是不是关键字示例。

```
>>> import keyword as kw
>>> kw.iskeyword('for')
    True
>>> kw.iskeyword('For')
    False
```

此外，Python 内置了许多类、异常、函数，如 bool、float、str、list、pow、print、input、range、dir、help 等。这些虽不在 Python 明文保留之列，但使用它们作为标识符也会引起混乱，所以应避免使用它们作为标识符，特别是 print 以前曾经被作为关键字。

习题 1.3

一、选择题

1. 有下面的代码

```
a,b = 3,5;
b,a = a,b
```

执行后，结果是(　　)。

A. a 引用了对象 5，b 引用了对象 3　　B. a 和 b 都引用了对象 3

C. a 和 b 都引用了对象 5　　D. 出现语法错误

2. 有下面的代码

```
a,b = 3,5
a,b,a = a + b,a - b,a - b
```

执行后，结果是(　　)。

A. a 引用了对象 5,b 指向对象 3
B. a 和 b 都引用了对象 2
C. 出现错误
D. a 引用了对象 3,b 指向对象 5

3. 下列 4 组符号中,都是合法标识符的一组是(　　)。
A. name,class,number1,copy
B. sin,cos2,And,_or
C. 2yer,day,Day,xy
D. x%y,a(b),abcdef,λ

4. 下列 Python 语句中,非法的是(　　)。
A. x = y = z = 1
B. x =(y = z+1)
C. x,y = y,x
D. x += y

5.(　　)不是 Python 合法的标识符。
A. int32　B. 40XL　C. self　D. __name__

6. 下列关于 Python 变量的叙述中,正确的是(　　)。
A. 在 Python 中,变量是值可以变化的量
B. 在 Python 中,变量是可以指向不同对象的名字
C. 变量的值就是它所引用的对象的值
D. 变量的类型与它所引用的对象的类型一致

7. 对于代码 a=56,下列判断中,不正确的是(　　)。
A. 对象 56 的类型是整型
B. 变量 a 的类型是整型
C. 变量 a 绑定的对象是整型
D. 变量 a 指向的对象是整型

二、判断题

1. 在 Python 中,变量对应着内存中的一块存储空间。(　　)
2. 在 Python 中,变量是内存中被命名的存储空间。(　　)
3. 在 Python 中,定义变量不需要事先声明其类型。(　　)
4. 在 Python 中,变量用于引用值可能变化的对象。(　　)
5. 在 Python 中,变量的赋名操作即变量的声明和定义过程。(　　)
6. 在 Python 中,用赋名语句可以直接创建任意类型的变量。(　　)
7. 在 Python 程序中使用的变量与数学中使用的变量概念相同。(　　)
8. 已有 x=3,那么赋名表达式 x='abcedfg'是无法正常执行的。(　　)
9. 在 Python 中,变量的类型决定了分配的内存单元的多少,即多少字节。(　　)
10. 在 Python 中,语句 a=b=c=5 等价于 a=(b=(c=5))。(　　)
11. 已有列表 x=[1,2,3],那么执行语句 x=3 之后,变量 x 的地址不变。(　　)
12. Python 允许先定义一个无指向的变量,然后在需要时让其指向某个数据对象。(　　)
13. 在 Python 程序中,变量的类型可以随时发生变化。(　　)
14. 在 Python 中可以使用 import 作为变量名。(　　)
15. 在 Python 3.x 中可以使用中文变量名。(　　)

三、简答题

1. 下面哪些是 Python 合法的标识符?如果不是,说明理由。在合法的标识符中,哪些

是关键字？

int32	40XL	$aving$	printf	print
_print	this	self	_name_	Ox40L
bool	TRUE	big-daddy	2hot2touch	type
thisIsn'tAVar	thisIsAVar	R_U_Ready Int	Int	True
if	do	counter-1 access		

2. 执行赋名表达式 x,y,z=1,2,3 后，变量 x、y、z 将分别引用哪个对象？若再执行 z,x,y=y,z,x，则 x、y、z 又将分别引用哪个对象？

3. “一个对象可以用多个变量指向”和“一个变量可以指向多个对象”这两句话都正确吗？

4. 有的程序设计语言要求使用一个变量前，先声明变量的名字及其类型，但 Python 不需要，为什么？

5. 在交互环境下，分别执行每组语句，写出每个语句执行后的显示内容。

第 1 组：a = 1　　a += a　　a += a　　a += a

第 2 组：a = True　　a = not a　　a = not a　　a = not a

第 3 组：a = 2　　a *= a　　a *= a　　a *= a

1.4 Python 自动存储管理

为了提高程序的可靠性，Python 将传统的原生型变量改造为引用型变量，并引入了不可变对象机制。但如此就会造成程序运行时对象大量增加，使得程序的空间效率降低。并且，每创建一个对象，也要消耗时间，也会影响时间效率。为此，Python 以积极的态度进行了如下应对。

(1) 并非将所有数据对象都定义成不可变，而是保留了体积比较大、应用较特殊的 list、set 和 dict 为可变类型。

(2) 采取有效而合理的垃圾回收机制，及时把用不到的对象回收。

(3) 建立驻留机制，将一些最常用的、有限的对象设置成公共资源，将一些刚用过的数据对象设置为局部公共资源。

关于应对策略(1)已经在前面予以介绍。本节仅介绍后两者。从本质上看，这两种应对策略都属于存储管理的内容。

1.4.1 基于引用计数的垃圾回收

1. 引用计数器的概念

不可变对象机制会造成创建的对象数量剧增，这对于存储器以及存储管理来说是一大挑战。为解决这个矛盾，Python 的一个思路是安全、有效地回收不再使用的对象。那么，如何知道一个对象是否还在使用，或已经不再使用？那就要看该对象被多少变量所使用。按照这个思路，Python 的垃圾回收机制(garbage collection，GC)模块创建了一套基于引用计数的垃圾回收机制。为此，Python 在名字空间字典的基础上，给每个对象设立了一个引用计数器，用来跟踪该对象被引用的情况，并认为一个对象的引用计数为0(或一个预先设置的阈值)时就是垃圾对象了。这一套工作，当然是自动执行的。这样，Python 对象除了有 ID 码、type、值 3 个最基本属性外，还应当有一个引用计数属性。

2. 影响对象引用计数的操作

影响对象引用计数的操作并非简单地就是变量的引用与解除。下面分别列出引起引用计数变化的操作。

1) 引起引用计数加 1 的操作

下面这些操作都会使对象的引用计数加 1。

(1) 对象被创建。

(2) 对象绑定的变量被再赋名。

(3) 对象绑定的变量被作为实际参数传递给函数。

(4) 对象绑定的变量被作为容器对象的成员。

2) 引起引用计数减 1 的操作

下面这些操作都会使对象的引用计数减 1。

(1) 对象绑定的本地变量离开其作用域。

(2) 对象绑定的变量被显式地销毁(使用内置命令 del)。

(3) 对象绑定的一个变量被赋名与其他对象绑定。

(4) 对象从一个窗口对象中移除(myList.remove(x))。

(5) 对象所在的窗口对象被销毁(del myList)，或窗口对象本身离开了作用域。

下面的代码用以演示某些操作引起引用计数变化的情形。为了便于程序员观察这个情况，Python 在内置的 sys 模块中提供了一个函数 getrefcount()。

代码 1.24 引用计数增减示例。

```
>>> from sys import getrefcount          #引入内置模块 sys 中的 getrefcount()函数
>>> getrefcount([1,2,3])                 #创建列表对象[1,2,3],并测试其引用计数
    1
>>> a = [1,2,3]                          #变量 a 引用列表对象[1,2,3]
>>> getrefcount(a)                       #测试 a 所引用的对象引用计数
    2
>>> b = a                                #对变量 a 再引用
>>> getrefcount(a),getrefcount(b)
    (3, 3)
>>> c = (5,6,a)                          #a 作为元组 c 成员
>>> getrefcount(a),getrefcount(c)
    (4, 2)
>>> del c                                #显式销毁引用 c
>>> getrefcount(a)
    3
>>> a = 5                                #引用变量更换门庭
>>> getrefcount(a),getrefcount(b)
    (21, 2)
```

说明：

(1) 在这个程序中，一开始测试列表对象[1,2,3]的引用计数为 1，这是因为该列表的创建是在函数 getrefcount()调用时进行的，所以增加了 1。这时，该对象尚未有变量引用。说

明,这个系统设置的回收阈值的引用计数为1,而不是0。

(2) 最后的测试是将变量a引用到5以后测试的a所引用对象的值,得到的是21。这是因为5是一个小整数,是存储在小整数驻留区中的,并且在前面已经被引用了20次。对象驻留区中的对象是不可被垃圾回收的,所以当回收阈值的引用计数为1时,一个对象进入驻留区,其引用计数就被设置为2,使其不可被垃圾回收。

3. 垃圾回收的启动

Python只会在特定条件下,自动启动垃圾回收(垃圾对象少就没必要回收),例如,Python运行中会记录其中分配对象(object allocation)和取消分配对象(object deallocation)的次数。当二者的差值高于某个阈值时,垃圾回收才会启动。

4. 循环引用

Python允许循环引用,如a对象引用了b对象,而b对象又引用了a对象,就形成了循环引用。在循环引用的情况下,一个对象被删除时,另一个对象还在被引用。这样,通过引用计数器机制就无法做到真正从内存中回收它们,于是就造成了由循环引用引起的内存泄漏。

代码1.25 循环引用示例。

```
>>> a = ["abc"]
>>> b = ["abc"]
>>> a,b
    (['abc'], ['abc'])
>>> a.append(b)
>>> a
    ['abc', ['abc']]
>>> b.append(a)
>>> b
    ['abc', ['abc', [...]]]
>>> a
    ['abc', ['abc', [...]]]
```

说明:

(1) 函数append()的作用是在一个序列后添加对象。当对象后面互相添加对象时,就会造成无休止的添加,进而使得对象的体积越来越大,造成内存泄漏。

(2) 本例没有对最后的对象进行引用计数测试。因为该系统已对循环引用采取了措施。

5. 用引用计数控制垃圾回收的利弊

用引用计数控制垃圾回收的优势:引用计数控制垃圾回收具有高效、实现逻辑简单、具备实时性的特点,一旦一个对象的引用计数归零,内存就直接释放了,不用像其他机制等到特定时机。它将垃圾回收随机分配到运行的阶段,处理回收内存的时间分摊到了平时,正常程序的运行比较平稳。

用引用计数控制垃圾回收的弊端。

(1) 垃圾回收时,Python 不能进行其他任务,频繁的垃圾回收将大大降低 Python 的工作效率。特别是当需要释放一个大的对象时,如字典,需要对引用的所有对象循环嵌套调用,从而可能会花费比较长的时间。

(2) 循环引用是引用计数的致命伤,引用计数对此是无解的。因此必须要使用其他辅助策略对垃圾回收进行补充。

1.4.2 垃圾回收的辅助策略

基于引用计数的垃圾回收机制的缺陷,Python 补充了一些辅助优化策略。

1. 标记-清除算法

标记-清除(mark and sweep)算法,作为一种优化策略,主要用于解决容器对象可能产生的循环引用问题。注意,只有容器对象才会产生循环引用的情况,如列表、字典、用户自定义类的对象、元组等。而像数字、字符串这类简单类型不会出现循环引用。它的基本思路是先按需分配,等到没有空闲内存时从寄存器和程序栈上的引用出发,遍历以对象为节点、以引用为边构成的图,把所有可以访问到的对象打上标记,然后清扫一遍内存空间,把所有没标记的对象释放。其过程分为两个阶段:标记阶段和清除阶段。

(1) 标记阶段:遍历所有的对象,如果是可达的(reachable),也就是还有对象引用它,那么就标记该对象为可达。

(2) 清除阶段:再次遍历对象,如果发现某个对象没有标记为可达,则就将其回收。

2. 分代回收

程序在运行过程中往往会产生大量的对象,许多对象很快产生和消失,但也有一些对象长期被使用。出于信任和效率的考虑,通常存活时间越久的对象,在后面的程序中使用的概率越大。基于这样一个前提,Python 在采用引用计数原则和采用分配对象与取消分配对象之差控制垃圾回收启动的同时,还采用了分代(generation)回收的策略,目的是减少在垃圾回收中扫描对象引用数量频率。

按照分代回收策略,Python 将所有的对象分为 0、1、2 共 3 代。所有的新建对象都是 0 代对象。当某一代对象经历过垃圾回收依然存活时,那么它就被归入下一代对象。垃圾回收启动时,一定会扫描所有的 0 代对象。如果 0 代对象经过一定次数垃圾回收,那么就启动对 1 代对象的扫描清理。当 1 代对象也经历了一定次数的垃圾回收后,会启动对 2 代对象的扫描回收。

0 代对象的扫描回收的过程如下。

(1) 将所有容器对象放到一个双向链表中(为了方便插入删除),这些对象为 0 代。

(2) 循环遍历链表,如果被本链表内的对象引入,自身的被引用数减 1,如果被引用数为 0,则触发引用计数回收条件,被回收掉。

(3) 未被回收的对象,升级为 1 代。

1 代、2 代对象的扫描回收过程与 0 代对象类似,只是扫描的频度不同。通常设置为

(700,10,10),即0代对象个数达到700个,扫描一次;0代对象扫描10次,1代对象扫描1次;1代对象扫描10次,2代对象扫描1次。

Python
内存结构

1.4.3 Python的对象驻留机制

为了提高程序的时间与空间效率,Python可以让一些具有相同值的多个对象只保留一份内存存储,即只有一个ID码,以免去创建与回收的开销。这种驻留机制分为两种,下面分别介绍。

1. 静态对象池

对象池也称对象留驻(intern)机制。Python有选择地设置了小整数和有限字符串两种对象池,作为程序的公共资源。这种公共资源对象池是一种静态对象池,它实际上是通过建立一个字典实现的。该字典中存储了以值为键、以变量名元组为值的元素。一个程序开始运行当初创建一个合规数对象时,就在该程序的对象池字典中加入一项;以后出现对该对象的引用,只要在该键的数据元组中增加一个名字即可。

Python静态对象池有两种,下面分别介绍。

1)小整数池

小整数池用于将[-5,256]范围内的小整数对象设置成公共资源:在程序运行过程中,只要这个区间的小整数一出现,就将其放入小整数对象池中,以后出现相同的对象,不再创建。简单地说,小整数池中的小数据对象是按值存放——不会重复存放同一个值,并允许频繁再重复使用。关于它的演示,返回看代码1.21。

2)字符串池

字符串池也称字符串驻留机制,它与小整数的驻留机制相同。它仅限于由数字、字母和下画线构成的字符串。

代码**1.26** 字符串池示例。

```
>>> ###判定两个相同的合规字符串是不是同一对象
>>> a = "abcd_12345"
>>> b = "abcd_12345"
>>> a is b
    True
>>> ###判定两个相同的不合规字符串是不是同一对象
>>> c = "abcd*12345"
>>> d = "abcd%12345"
>>> c is d
    False
>>> ###判定两个边界符不同的空字符串是不是同一对象
>>> e = ""
>>> f = ''
>>> e is f
    True
>>> ###拼接后的字符串
>>> g = "abc" + "123"
>>> h = "abc" + "123"
>>> g
```

```
    'abc123'
>>> h
    'abc123'
>>> g is h
    True
>>> ###字符串重复生成的长字符串
>>> i = "x_" * 10
>>> i
    'x_x_x_x_x_x_x_x_x_x_'
>>> j = "x_" * 10
>>> i is j
    True
```

说明：

(1) is 称为身份判定操作符，用以判断两个对象是不是同一个对象，取值为 True(真，是)或 False(假，不是)。

(2) 含合规字符(数字、字母和下画线)之外的其他字符的字符串，对象池是不接纳的。

(3) 字符串可以用"＋号"连接成一个字符串，拼接成的字符串也按照上述规则对待。

(4) 字符串可以用"*"操作符操作形成一个重复字符组成的长字符串，重复生成的长字符串也按照上述规则对待。

2. 动态驻留机制

Python 的动态驻留机制是基于解释单元(语句以及语句块)的驻留机制。这种驻留机制的公共性被限制在解释单元中，范围小了，但条件宽了，可以包括正整数、浮点数和任何字符串。

习题 1.4

一、判断题

1. 按照基于引用的垃圾回收原理，当一个对象的引用数为 0 时，就会被回收。 ( )
2. 在 Python 中，每个对象有 ID 码、type、值和引用计数值 4 个重要属性。 ( )
3. 采用引用计数法垃圾回收，程序运行表现得比较平稳。 ( )
4. 标记-清除算法主要是针对容器对象的。 ( )
5. 分代回收的好处是让各代可以并行进行垃圾扫描与清除。 ( )
6. 小对象池可以用于任何类型的小对象。 ( )

二、简答题

1. 为什么浮点数没有静态对象池？
2. 为什么静态字符串对象池要限制字符只能是字母、数字和下画线？
3. 动态驻留机制可以用于任何对象吗？
4. 对于改善 Python 程序效率有何方法？

1.5 Python 常用运算符与表达式

在程序中，表达式(expression)是以求值为目的的计算过程形式化描述。最简单的表达式由一个计算对象组成，复杂的表达式则要由计算对象、运算符(operators)和分组符(圆括号，也可认为是一种运算符)组成。

表达式可以按照对象分类，如整数表达式、浮点数表达式、字符串表达式等；也可以按照运算符分类。本节介绍 Python 的 4 种常用运算符和表达式。

(1) 算术运算符，包括各种算术运算用的运算符，用于对数值数据进行计算。这类运算符用于数值型对象的运算，运算结果得到的仍是数值型对象。其中还有两个运算符“+”和“*”重定义为序列型对象的连接和重复运算，运算的结果仍是序列型对象。

(2) 关系运算符，包括比较运算符、身份(判是)运算符和成员(判含)运算符。这些运算符组成了一些命题，运算的目的是得出这些命题的布尔值：真(True)、假(False)。

(3) 逻辑表达式。逻辑表达式由逻辑运算符及其运算对象组成，它的运算对象和结果都是布尔值。

(4) f-string 表达式。主要用于输出数据的格式化。

1.5.1 算术运算符与表达式

1. 算术运算符概述

算术运算符基本与算术中的运算符相对应，只是将乘、除、模(求余)和乘方(幂)等进行了改换，以方便键盘操作，此外还多出一个整除运算符。

表 1.7 给出了 Python 内置的算术运算符。

表 1.7 Python 内置的算术运算符(假定 a=10，b=3)

优先级	运算符	运算对象数目	运算	运算对象类型	实 例	结合方向
高	**	双目	幂	数字	a ** b 返回 1000	右先
	+、-	单目	正、负	数字	+a，-b 分别返回+10，-3	
中	//	双目	floor 除	数字	a // b 返回 3 3.2 // 1.5 返回 2.0	左先
	%	双目	求余	数字	a % b 返回 1 3.2 % 1.5 返回 0.13333333333333333333333333	
	/	双目	真除	数字	a / b 返回 3.3333333333333333	
	*	双目	相乘	数字	a * b 返回 30	
			重复	序列	"abc" * 3 返回"abcabcabc"	
低	+	双目	相加	数字	a+b 返回 13	
			拼接	序列	"abc"+"def"返回"abcdef"	
	-	双目	相减	数字	a-b 返回 7	

说明：

(1) 在 Python 中，有的算术运算符用一个字符表示，如+、-、*、/；有的算术运算符则要用两个字符表示，如//、**。注意，由两个字符组成的算术运算符，在两个字符之间一定不能加入空格。

(2) 这类运算符按照运算对象的数目可以分为两类。

① 单目运算符——只一个运算对象，也只有+和-两个运算符，用于执行正、负运算。

② 双目运算符——有两个运算对象。其中只有+和*可用于序列，其他都用于数字类型。

(3) 在 Python 3.x 中，将除分为两种：真除(/)和 floor 除(//)。真除也称浮点除，即它是对两个浮点数进行除运算，并得到浮点的结果。为此，若两个被运算对象中有一个是整型数，就要先对其进行浮点转换。floor 除则是一种整除，是将真除结果向下舍入(或称向无穷舍入)小数部分(例如，5.6 舍入为 5，-5.3 舍入为-6) 得到的整数，而不是简单地将小数部分截掉。floor 除虽然总是截去余数，但结果可以是整数，也可以是浮点数(保留小数点，并在后面添加 0)，这取决于两个运算对象都是整数还是其中有一个是浮点数。

代码 1.27 运算符“/”与“//”用法示例。

```
>>> 5/3,5//3
    (1.6666666666666667, 1)
>>> -5/3,-5//3
    (-1.6666666666666667, -2)
>>> 5/3.3,5//3.3
    (1.5151515151515151, 1.0)
>>> 5/-3.3,5//-3.3
    (-1.5151515151515151, -2.0)
```

(4) 取模运算符“%”是取 floor 除后的余数。

代码 1.28 运算符“%”用法示例。

```
>>> 5 %3,5%-3,-5%-3
    (2, -1, -2)
>>> 5 %3.3,5%-3.3,-5%-3.3
    (1.7000000000000002, -1.5999999999999996, -1.7000000000000002)
```

2. 数字表达式中的类型转换

双目运算符要求的运算对象类型相同，如果类型不同，就要进行类型转换。类型转换的方式有两种：隐式类型转换和显式类型转换。

1) 隐式类型转换

隐式类型转换也称自动类型转换，Python 对数字表达式的隐式类型转换按照如下规则进行：进行真除时，先将两个操作数转换为浮点数；进行其他双目数字操作时，如果两个操作对象的类型不同，则 Python 会按照“先转换，后计算”的规则进行。

(1) 如果两个运算对象中一个是 float 类型，另一个也要转换为 float 类型。

（2）如果两个运算对象中一个是 int 类型，另一个是 bool 类型，则要将 bool 类型的对象也先转换为 int 类型，然后进行计算。

（3）如果两个运算对象无法转换为同一类型，系统就会发出错误信息。

代码 1.29 算术表达式中的隐式类型转换示例。

```
>>> a = 123
>>> type(a)
    <class 'int'>
>>> b = 5.678
>>> type(b)
    <class 'float'>
>>> a + b, type(a + b)          #一个整型数与一个浮点数相加
    (128.678,<class 'float'>)
>>> d = 321.0 + 123j
>>> type(d)
    <class 'complex'>
>>> a + d, type(a + d)            #一个整型数与一个复数相加
    ((444+123j),<class 'complex'>)
>>> f = "abcd"
>>> d + f                    #两个无法转换为同一类型的表达式
    Traceback (most recent call last):
        File "<stdin>", line 1, in <module>
    TypeError: unsupported operand type(s) for +: 'complex' and 'str'
```

2）显式类型转换

显式类型转换也称强制类型转换，就是使用数据类型(type)类(class)的构造函数进行转换。例如，int 类的构造函数为 int()，float 类的构造函数为 float()，complex 类的构造函数为 complex()，字符串类的构造函数为 str()等。

代码 1.30 显式类型转换示例。

```
>>> a = int(1.234)
>>> type(a)
    <class 'int'>
>>> b = float(123)
>>> b
    123.0
>>> c = complex(123)
>>> c
    (123+0j)
>>> d = str(b)
>>> d
    '123.0'
>>> f = str(c)
>>> f
    '(123+0j)'
```

重要逻辑运算法则

1.5.2 逻辑运算符与表达式

1. 逻辑运算的基本规则

逻辑运算也称布尔运算。最基本的逻辑运算符只有 3 种：not(非)、and(与)和 or(或)。表 1.8 为逻辑运算的真值表，表示逻辑运算的输入输出之间的关系。

表 1.8 逻辑运算的真值表

a	b	not a	a and b	a or b
True	任意	False	b	True
False	任意	True	False	b

代码 1.31 验证逻辑运算真值表。

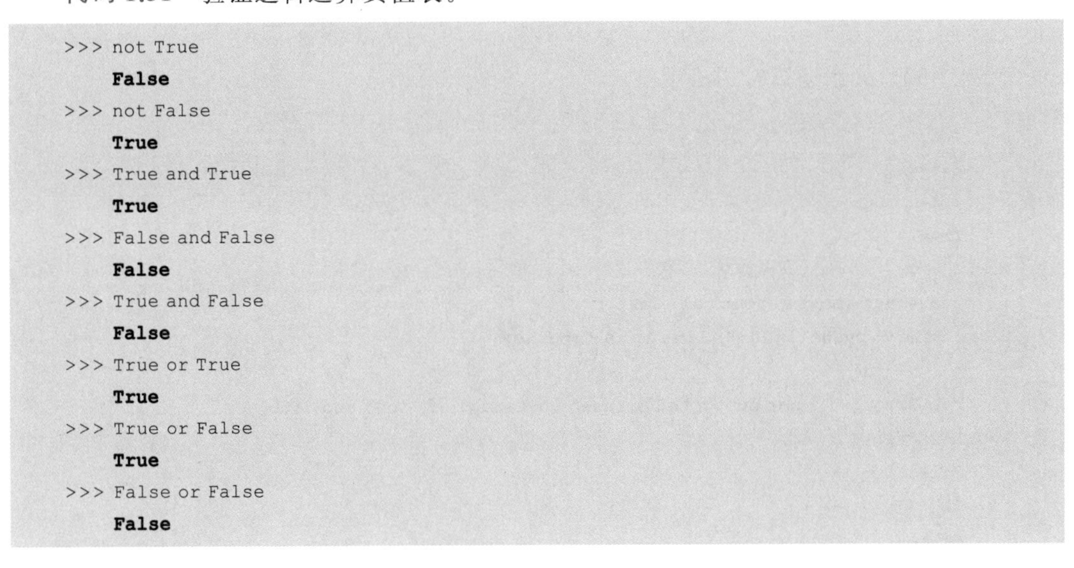

```
>>> not True
    False
>>> not False
    True
>>> True and True
    True
>>> False and False
    False
>>> True and False
    False
>>> True or True
    True
>>> True or False
    True
>>> False or False
    False
```

2. 短路逻辑

在应用中,人们发现逻辑运算有如下规律。

(1) 对于表达式 a and b,如果 a 为 False,表达式的值就已经确定,可以立刻返回 False,而不管 b 的值是什么,所以就不需要再执行子表达式 b 了,即可以将表达式 b 短路。

(2) 对于表达式 a or b,如果 a 为 True,表达式的值就已经确定,可以立刻返回 True,而不管 b 的值是什么,所以就不需要再执行子表达式 b 了,即可以将表达式 b 短路。

这两种逻辑都称为短路逻辑(short-circuit logic)或惰性求值(lazy evaluation),即第二个子表达式“被短路了”,从而避免执行无用代码。

1.5.3 关系运算符与表达式

布尔对象可以由关系表达式创建。关系表达式也是比较表达式、判等表达式、判是表达式、判含表达式和判属函数的概称。Python 关系运算符和函数见表 1.9。

表 1.9 Python 关系运算符和函数

名 称	符 号	功 能	示 例	优先级
比较和判等运算符	==、!=、<、<=、>=、>	大小比较	a==b、a!=b、a<b、a<=b、a>=b、a>b	高
判是运算符	is、is not	是否为同一个对象	a is b、a is not b	中
判含运算符	in、not in	是否为同一个容器成员	a in b、a not in b	低

说明：

(1) 由两个字符组成的比较运算符和判等运算符中间一定不可留空格。例如，<=、==和>=绝对不可以写成< =、= =和> =。

(2) 只有当运算对象的类型兼容时，才能进行比较。判等、判是和判含运算则无此限制，不过这样的运算没有实际意义，结果显然都是False。

代码 1.32　关系运算符用法示例。

```
>>> 2 > 6
    False
>>> 2 + 3 == 7 -2
    True
>>> 2 < 'a'          #不同类型进行关系比较
    Traceback (most recent call last):
      File "<pyshell#20>", line 1, in <module>
        2 < 'a'
    TypeError: '<' not supported between instances of 'int' and 'str'
>>> 2 is 'a'
    False
>>> 2 == 'a'
    False
```

(3) 注意区分运算符"=="与"="，前者进行相等比较，后者进行赋名操作。

(4) 注意区分判等与判是。判等运算有两个运算符"=="和"!="，用于判定两个对象的值是否相等；判是运算有两个运算符is和is not，用于判定两个对象是否为同一个对象，即它们的ID码是否相同。

(5) 一般来说，关系运算符的优先级别比算术运算符低。因此，一个表达式中含有关系运算符、算术运算符和赋名运算符时，先进行算术运算，再进行关系运算。比较运算符和判等运算符具有左优先的结合性。例如，表达式

```
2 + 3 == 7 - 2
```

先要进行两边的算术运算，再进行判等运算。

(6) 当一个表达式中有多个关系运算符时，Python将先对每个关系运算符分别进行运算，然后将所得的多个bool值进行"与"操作。

代码 1.33　多个关系运算符连用示例。

```
>>> 5 > 2 < 3 == 3,5> 2 and 2 < 3 and 3 == 3
    (True,True)
>>> 5 > 2 < 3 == 1,5> 2 and 2 < 3 and 3 == 1
    (False, False)
```

1.5.4　Python 运算符特性

运算符的4个特性。

1. 运算内容

每个运算符都有自己特别的运算内容。如在表 1.7 中列出了 9 种运算符，并说明了它们执行的运算分别为幂、正、负、floor 除、求余、真除、相乘、重复、相加、拼接和相减。

2. 运算对象

不同的运算符要求不同的运算对象。对运算对象有两个方面的要求。

(1) 对运算对象类型的要求。如**、//、%、/和－只能对数字类型的数据对象进行运算，不能对字符串类型的数据对象进行运算，因此表达式"a"//"b"就是错误的，而 * 和＋既可以对数字进行算术运算，也可以对序列进行重复和拼接运算。

(2) 对运算对象数量的要求。例如，正、负号运算要求一个运算对象，称为单目运算符；而其他算术运算符都要求两个运算对象，称为双目运算符。以后还会遇到要求 3 个运算对象的三目运算符。使用一个运算符，给错了对象的类型或数目，都会引起表达式错误。

代码 **1.34** 运算对象错误式示例。

```
>>> *5
    SyntaxError: can't use starred expression here
>>> /'a'
    SyntaxError: unterminated string literal (detected at line 1)
>>> "x" / "y"
    SyntaxError: unexpected indent
```

3. 运算符具有优先级

Python 支持几十种运算符，被划分成将近 20 个优先级(precedence)。当一个表达式中有不同的运算符出现时，优先级高的运算符先执行。如果优先级没有搞清楚，将会导致表达式值错误。

对于初学者来说，那么多的运算符，一时很难准确记忆，就是老程序员也有搞混的时候。为了减少这类低级错误，一个有效的办法是使用圆括号，强制一些运算符先执行。也可以用嵌套的全括号来强制地让多个运算符按从内到外的顺序执行。这也是程序设计提倡的一种良好的程序设计风格。

4. 不同的运算符具有不同的结合性

运算符的结合性(associativity)规定了在一个表达式中两个同级别的运算符相邻时哪个运算符先与数据对象结合，或两个子表达式相邻时先进行哪个子表达式的计算。“左先”就是运算符左面的数据对象先与之结合，“右先”就是运算符右面的数据对象先与之结合。例如，运算符“**”和“－”都是右先，所以在表达式－10**－2 中，先执行－2 中的“－”，再执行“**”，最后执行最前面的“－”；而不是先执行－10 中的“－”，因为那样的结果是 0.01，而不是－0.01。

表 1.10 给出了 Python 常用运算符的优先级和结合性。

表 1.10　Python 常用运算符的优先级和结合性

名　称	符　号	结合性	优先级	名　称	符　号	结合性	优先级
圆括号	()	内先	高 ↑ 低	位移	>>、<<	左先	高 ↑ 低
索引运算符	x[i] 或 x[i1: i2 [:i3]]	左先		按位与	&	右先	
属性访问	x.attribute	左先		位异或、位或	^、|	左先	
乘方	**	右先		比较运算符	==、!=、>、>=、<、<=	左先	
按位取反	~	右先		判是运算符	is、is not	左先	
符号运算符	+(正号)、-(负号)	右先		判含运算符	in、not in	左先	
乘除	*、/、//、%	左先		逻辑非	not	右先	
加减	+、-	左先		逻辑与、逻辑或	and、or	左先	

1.5.5　f-string 表达式

f-string(formatted string literals,格式化字符串常量)是 Python 3.6 开始引入的一种运行时求值并对值进行字符串格式化的表达式,简称 f 字符串。它为输出操作提供了很大方便,被认为是一种最具前途的格式化方式之一。

1. 引号使用规则

在 f-string 中,引号的使用规则是:占位字段中的引号与其外的引号不可冲突。此外,3 个双引号可以用于进行多行字符串的格式化。

代码 1.35　多行 f-string 的应用示例。

```
>>> name,age,gender = '王五',35,'男'
>>> print(f"""公司职工:
... 姓名:{name},
... 性别:{gender},
... 年龄:{age}""")
    公司职工:
    姓名:王五,
    性别:男,
    年龄:35
```

2. 类型描述符

在 f-string 表达式中,可以使用的对象类型描述符见表 1.11。

表 1.11　f-string 表达式中的对象类型描述符

描述符	含义与作用	适用变量类型
s	普通字符串格式	字符串
b	二进制整数格式	整数
c	字符格式,按 Unicode 编码将整数转换为对应字符	整数
d	十进制整数格式	整数
o	八进制整数格式	整数

续表

描述符	含义与作用	适用变量类型
x/X	十六进制整数格式(小/大写字母)	整数
e/E	科学记数格式,以 e/E 表示×10^	浮点数、复数、整数(自动转换为浮点数)
f	定点数格式,默认精度(precision)是 6	浮点数、复数、整数(自动转换为浮点数)
F	与 f 等价,但将 nan 和 inf 换成 NAN 和 INF	浮点数、复数、整数(自动转换为浮点数)
g/G	通用格式,较小数用 f/F,较大数用 e/E	浮点数、复数、整数(自动转换为浮点数)
%	百分比格式	浮点数、整数(自动转换为浮点数)

3. 数据宽度与精度描述

f-string 中的数据宽度、精度描述符见表 1.12。

表 1.12　f-string 中的数据宽度、精度描述符

名　称	含　　义	取值	应用限制
width	宽度	整数	不限
0width	整数宽度,高位补 0	整数	不可用于复数和非数字
.precision	精度	整数	浮点、复数、字符串

4. 数据对齐、填充以及数字符号描述符

f-string 中的数据对齐、填充以及数字符号描述符见表 1.13。

表 1.13　f-string 中的数据对齐、填充以及数字符号描述符

<table>
<tr><td>描述符</td><td><</td><td>></td><td>^</td><td>+</td><td>-</td><td>(空格)</td><td>,</td><td>_(下画线)</td></tr>
<tr><td rowspan="2">功能说明及使用限制</td><td rowspan="2">左对齐
字符串默认</td><td rowspan="2">右对齐
数字默认</td><td rowspan="2">居中</td><td>正数加(+)
负数加(-)</td><td>负数加-
正数不加</td><td>负数加-
正数加空格</td><td colspan="2">千位分隔的
两种不同的符号</td></tr>
<tr><td colspan="5">仅用于数字类型</td></tr>
</table>

5. 非十进制前缀设置符(#)

加“#”可使二进制、八进制、字母小写十六进制和字母大写十六进制分别添加前缀 0b、0o、0x 和 0X。

代码 1.36　用 f-string 进行标量类型对象格式化示例。

```
>>> a = 12345.6789
>>> f'浮点数{a:<+10.2f}格式显示。'
    '浮点数+12345.68 格式显示。'
>>> f'浮点数{a:>+10.3e}格式显示。'
    '浮点数+1.235e+04 格式显示。'
>>> s = 'Python'
>>> f'学习{s:>10s}格式显示。'
    '学习    Python 格式显示。'
>>> f'学习{s:*>10s}格式显示。'
    '学习****Python 格式显示。'
```

```
>>> d = 123456
>>> f'十进制整数{d:015,d}格式显示。'
    '十进制整数 000,000,123,456 格式显示。'
>>> f'十六进制整数{d:#15X}格式显示。'
    '十六进制整数          0X1E240 格式显示。'
```

6. 时间格式描述符

f-string 中的时间格式描述符见表 1.14。它们仅适用于 date、datetime 和 time。

表 1.14　f-string 中的时间格式描述符

描述符	含义与作用	显示样例
%a/%A/%w/%u	星期几：(缩写)/(全名)/(数字,0 是周日)/(数字,7 是周日)	'Sun'/'Sunday'/'0'/'7'
%d	日(数字,以 0 补足两位)	'07'
%b/%B/%m	月：(缩写)/月(全名)/(数字,以 0 补足两位)	'Aug'/'August'/'08'/
%y/%Y	年：(后两位数字,以 0 补足两位)/(完整数字,不补 0)	'19'/'2019'
%H/%I	小时：(24 小时制,以 0 补足两位)/(12 小时制,以 0 补足两位)	'18'/'06'
%p	上午/下午	'PM'
%M	分钟(以 0 补足两位)	'23'
%S	秒钟(以 0 补足两位)	'56'
%f	微秒(以 0 补足 6 位)	'553777'
%z	UTC 偏移量(格式是±HHMM[SS],未指定时区则返回空字符串)	'+1030'
%Z	时区名(未指定时区则返回空字符串)	'EST'
%j	年中的第几天(以 0 补足 3 位)	'195'
%U	年中的第几周(以全年首个周日后的星期为第 0 周,以 0 补足两位)	'27'
%w	年中的第几周(以全年首个周一后的星期为第 0 周,以 0 补足两位)	'28'
%V	年中的第几周(以年中首个含 1 月 4 日的星期为第 1 周,以 0 补足两位)	'28'

代码 1.37　f-string 时间格式描述符应用示例。

```
>>> import datetime                              #导入时间模块
>>> e = datetime.datetime.today()                #获取当时时间
>>> f'现在是{e:%y-%m-%d(%a)&H:%M:%S}。'         #按"年-月-日(星期)时:分:秒"格式
    '现在是 23-02-03(Fri)&10:17:15。'
>>> f'现在是{e:%d-%m-%y(%a)&S:%M:%H}。'         #按"日-月-年(星期)秒:分:时"格式
    '现在是 03-02-23(Fri)&15:17:10。'
```

1.5.6　input()和 print()

Python 程序的输入输出分别通过调用函数实现,下面先看一个例子。

代码 1.38　从键盘上输入圆半径,计算圆面积。

```
>>> from math import pi
>>> radius = float( input('请输入一个圆半径: '))
    请输入一个圆半径: 2
>>> print(f"半径为{radius}的圆面积为{ pi * radius * * 2: 10.5f}。")
    半径为 2.0 的圆面积为 12.56637。
```

说明：

(1) from math import pi 的功能是将内置模块 math 中定义的常数 pi(π)引入当前模块。

(2) input()是 Python 提供的一个内置输入函数，它能接收用户从键盘上输入的字符串，其格式如下：

```
变量=input('提示')
```

用 input()从键盘输入的是字符串，不能进行算术计算求圆面积。求圆面积需要的是一个带小数点的数值。为此，对于从键盘输入的字符串，要转换为带小数的数值数据。float()函数用于将数字字符串转换为浮点数。

(3) print()函数是 Python 提供的一个内置输出函数，用于输出一个表达式的值。即一个待输出的表达式的值是 print()函数的主要参数。例如：

```
print(pi * radius ** 2)
```

在代码 1.38 中，则是输出一个 f-string 的值。这个 f-string 首先对表达式 pi * radius ** 2 进行计算，然后转换为 10.5f 格式替代占位字段。这是一种正在推行的输出格式化形式。

(4) 在 print()函数中，有如下两个可选参数。

① sep：数据项分隔符设置，默认值为空格。

② end：终结符设置，默认值为换行符。

代码 1.39 print()的分隔符与终结符设置示例。

```
>>> print(1,2,3)
    1 2 3
>>> print(1,2,3,sep = "***")
    1***2***3
>>> print(1);print(2);print(3)
    1
    2
    3
>>> print(1,end = '#');print(2,end = '#');print(3,end = '#')
    1#2#3#
```

如果默认参数 end，则 print()函数输出待输出表达式的值后，将执行一个换行操作。显然，一个空的 print()函数将输出一个换行操作。

习题 1.5

一、选择题

1. 表达式 5//3 的输出值为(　　)。

A. 1　　　　B. 1.6666666666666666

C. 1.6666666666666667　　　　D. 2

2. 表达式 5/3 的输出值为(　　)。

A. 1　　　　B. 1.6666666666666666

C. 1.6666666666666667　　　　D. 2

3. 表达式 5%3 的输出值为(　　)。

A. 1　　B. 1.0　　C. 2　　D. 2

4. 表达式 2** 3 **2 的输出值为(　　)。

A. 512　　B. 64　　C. 32　　D. 36

5. 语句 world="world"；print("hello"+world) 的执行结果是(　　)。

A. helloworld　　B. "hello" world　　C. hello world　　D. 语法错

6. 如果 a=2，则表达式 not a<1 的值为(　　)。

A. 2　　B. 0　　C. False　　D. True

7. 如果 a=1，b=2，c=3，则表达式(a==b<c)==(a==b and b<c) 的值为(　　)。

A. −1　　B. 0　　C. False　　D. True

8. 表达式 1 != 1 >= 0 的值为(　　)。

A. 1　　B. 0　　C. False　　D. True

9. 表达式 1>0 and 5 的值为(　　)。

A. 1　　B. 5　　C. False　　D. True

10. 表达式 1 is 1 and 2 is not 3 的值为(　　)。

A. 2　　B. 3　　C. False　　D. True

11. 如果 a=1，b=True，则表达式 a is 2 or b is 1 or 3 的值为(　　)。

A. 1　　B. 3　　C. False　　D. True

12. 表达式 x='t' if 'd' else 'f' 的执行结果是(　　)。

A. True　　B. False　　C. 't'　　D. 'f'

13. 表达式 not a+b>c 等价于(　　)。

A. not((a + b)> c)　　　　B. ((not a) + b)>c

C. not(a + b)> c　　　　D. not(a + b)> not c

14. 表达式 a<b==c 等价于(　　)。

A. a<b and a==c　　　　B. a<b and b==c

C. a<b or a==c　　　　D. (a<b)==c

15. 语句 all([])，all([[]])，all([[[]]])，all([[[]]])执行后的结果为(　　)。

A. (True，False，True，True)　　　　B. (True，False，True，False)

C. (False，True，False，True)　　　　D. (True，False，True，False，)

16. 语句 print(False == False in [False0]执行后的结果为(　　)。

A. SyntaxError　　B. TypeError　　C. False　　D. True

二、判断题

1. 比较运算符、逻辑运算符、身份认定运算符适用于任何对象。　　(　　)

2. 表达式 1.+1.0e−16>1.0 的值为 True。　　(　　)

3. 运算符 is 与==是等价的。　　(　　)

4. 表达式 not(number % 2==0 and number % 3==0) 与 (number % 2 != or

number % 3 !=0)是等价的。 (　　)

5. 表达式(x＞＝1) and (x＜10)与(1＜＝x＜10)是等价的。 (　　)

6. 表达式 not(x＞0 and x＜10)与(x＜0) or (x＞10)是等价的。 (　　)

三、实践题

1. 给出下面各题中的代码执行后的显示值,然后上机验证,给出解释。

(1) 5 % 3 + 3 // 5 * 2

(2) (1234.5678 * 10 + 0.5) % 100

(3) 0.1 + 0.1 + 0.1 == 0.3,0.1 + 0.1 + 0.1 == 0.2

(4) 1 or 3,1 and 3,0 and 2 and 1,0 and 2 or 1,0 and 2 or 1 or 4

(5) 1 ＜(2 == 2),1 ＜ 2 == 2

(6) value ='B' and 'A' or 'C'; print(value)

(7) (not (a and b) and (a or b)) or ((a and b) or (not (a or b)))

2. 设 a=10,b=10,c=100,d=100,e=10.0,f=10.0,计算下面的表达式:

```
a is b,c is d,e is f
```

3. 假定 a 和 b 均为整数,化简下面的表达式:

```
(not(a<b) and not(a>b))
```

1.6 Python 计算生态

1.6.1 Python 开发资源概述

20 世纪 60 年代的软件危机,让人们对软件开发开始有了一个清醒的认识:随着软件规模的不断扩大,软件开发成本急剧增长,软件维护的成本也几倍于软件开发成本。为了提高程序的可靠性,降低软件开发的复杂性,模块化程序设计应运而生,并在此基础上提出了软件复用的思想。即将已经开发的软件中的一部分甚至全部,作为组装新软件的组件。这种思想的进一步发展 就是把一些常用软件模块标准化、公用化、公用化,形成各种各样的代码库。而程序设计语言也不再是仅提供程序设计的解析器,而是进化为程序开发平台。Python 之所以后来居上,成为广为青睐的程序设计语言,就是它在这方面非常优秀。从应用的角度,Python 的开发资源分为 4 层。

第一层是应用极为普遍、几乎每一个软件开发都要用到的资源,这就是已经与解析器组成一体,一同装入内存的函数等资源,称为内置资源,主要是内置函数。函数就是一段被命名的代码,以方便重复使用。为了让函数适应不同的计算环境,函数用参数来设置每次重复使用时的环境。这些环境参数以变量的形式括在函数名后面。每次重复使用函数所代表的代码段时,首先要向其传递环境参数。为了方便用户,Python 将一些普遍要使用的函数附在解析器之中,称为内置函数。目前,Python 已经收集了大约 70 个内置函数。解析器一旦启动,这些内置函数随之生效,用户便可立即使用。如前面已经介绍过的:

Python
内置函数

- 输入输出函数:input、print。

- 类型转换和对象生成函数：bool、int、float、complex、str、bytearray、bytes、tuple、list、dict、set。
- 获取对象属性函数：id、type。
- ……

Python 标准库

第二层是与解析器一同下载到机器的外存中，应用较为普遍的资源，称为标准库。标准库中的资源分类以模块(.py 文件)为单位存储，每个模块中包含应用方向一致的一组资源，如函数、类、对象等。在程序开发过程中，它们在外存待命，随时准备被应用程序导入。据统计，Python 标准库中已经收藏了超过 200 个的各种比较通用的模块，包括了一些通用的函数、变量、常量和类(class，包括类定义、类属性和类方法)。这些资源要以专题模块的形式分类组织，并会在下载 Python 系统时，一起下载到程序设计者的外存中。其中一部分还会随着解释器一起被调入内存。而其余部分，如果要使用，还需要导入。这类模块也称标准库模块，其中比较常用的有如下一些。

- os：包含普遍的操作系统功能。
- sys：提供了一系列有关 Python 运行环境的变量和函数。
- random：用于生成随机数。
- time：主要包含各种提供日期、时间功能的类和函数。
- datetime：对 time 模块的一个高级封装。
- logging：日志处理。
- re：用于实现正则匹配。
- json：用于字符串和数据类型间进行转换 json。
- math：数学函数。

第三层称为第三方库，由 Python 的第三方公司或 Python 爱好者开发。这些库中的资源通常分别组织在面向应用领域的模块中。它们是开源的，用户可以使用，但需要时，要先从第三方库中下载并安装到用户外存中。工作中比较常用的有以下第三方库模块：

- Requests：常用的 HTTP 模块，用于发送 HTTP 请求。
- Scrapy：在网络爬虫领域必不可少。
- Pygame：常用于 2D 游戏的开发。
- Numpy：为 Python 提供了很多高级的数学方法。
- Flask：轻量级开源 Web 开发框架，灵活、开发周期短。
- Django：一站式开源 Web 开发框架，遵循 MVC 设计。

下载并安装管理扩展库的工具很多，最常用的是 pip 工具。

第四层是程序员或所在公司在以往的项目开发中积累的资产，通常是对某段逻辑或某些函数进行封装，供其他函数调用。需要注意的是，自定义模块的命名一定不能与内置模块重名，否则会将内置模块覆盖。

1.6.2 模块导入语句 import 与名字空间

不管是标准库中的模块，还是从第三方库中下载的模块，并不随 Python 系统一起调入内存，而只是在外存等待备用。用户要使用一个模块和一个模块中的资源，就需要先用 import 语句，将这个模块或模块之中的某些资源导入内存。这就形成了 import 语句的两种语法形式。

1. import 的简单用法

import 的基本语法有如下两种形式。

1）将模块整体导入

```
import 模块名[as 别名]
```

代码 1.40　将 math 模块整体导入并改名 mth 示例。

```
>>> import math as mth                #将内置模块 math 导入并改名为 mth
>>> pi                                #想使用 mth 模块中的常量 pi,错误
    Traceback (most recent call last):
        File "<pyshell#2>", line 1, in <module>
          pi
    NameError: name 'pi' is not defined
>>> mth.pi                            #使用前缀(分量操作)符应用 mth 模块中的常量 pi,ok
    3.141592653589793
>>> pi = 5                            #ok
>>> mth.sin(2)                        #使用另一个对象计算
    0.9092974268256817
```

2）单项导入模块中的对象

```
from 模块名 import 对象名 [as 别名]
```

代码 1.41　仅将 math 模块中的对象 pi 导入示例。

```
>>> from math import pi as pai        #将内置模块中的常量 pi 导入并改名为 pai
>>> pai                               #直接使用 pai,ok
    3.141592653589793
>>> sin(2)
    Traceback (most recent call last):
        File "<pyshell#6>", line 1, in <module>
          sin(2)
    NameError: name 'sin' is not defined. Did you mean: 'bin'?
```

说明：对比代码 1.40 和代码 1.41，可以发现它们有两点不同。

(1) 将一个模块整体导入后，可以使用其中的任何对象；用 from 只能导入指定的对象，除此其他不可使用。

(2) 在当前模块中，整体导入另一个模块后，就会形成两个名字空间：当前模块的名字空间和导入模块的名字空间，如代码 1.40 所示。若要在当前模块中使用导入模块中定义的名字，就必须在该名字前加上导入模块的模块名前缀。而 from 是将一个模块的名字空间中的一个或几个元素(键-值对)导入名字空间，使用这些对象时，不再需要在名字加上原来模块的名字前缀；若当前名字空间中，有与导入对象相同的名字时，将会被覆盖。

代码 1.42　模块导入时造成的名字冲突示例。

```
>>> pi = 5
>>> pi
    5
>>> from math import pi
>>> pi
    3.141592653589793
```

2. import 的扩展用法

import 语句可以同时导入多个模块，语法如下：

```
import 模块名 1[as 别名 1][,模块名 2[as 别名 2]]…
```

from 语句也可以同时导入多个对象，语法如下：

```
from 模块名 import 对象名 1 [as 别名 1],对象名 2 [as 别名 2]…
```

3. import 的泛型格式

import 的泛型格式如下：

```
from 模块名 import *
```

它的意思是将一个模块中的所有对象都导入当前作用域。但这样导入得太多，会严重污染当前名字空间，不推荐。

1.6.3 __name__与__main__

随着学习的深入，所接触到的程序越来越大，自己编写的程序也越来越大，就需要考虑程序代码的保存问题了。通常采用以功能为单位的.py 文件形式保存有关定义和声明代码。每个.py 文件就称为一个模块。这样，每个完整的程序就会由多个模块组成，这就是结构化程序设计所要求的模块化思想的成果。

一个完整的程序由多个模块组成，它们之间的关系就是导入关系：在一个模块中会导入另一个模块；那另一个模块又会导入另一个模块。不过，最后总有一个模块是只导入别的模块，而不再被别的模块导入的模块，这个模块就称为主模块或顶层模块。顶层模块就是这个完整程序的运行起始模块，其他模块都是它的下层模块，都是由顶层模块的导入开始的，并在形成的导入链中被激活。

每个 Python 模块都有一个自己的名字。而顶层模块的名字是一个默认的字符串："__main__"。这类似于 C、C++、Java 等用主函数 main()作为程序运行入口。当程序员开始书写一段 Python 程序时，就会得到这个默认的名字。

此外，Python 还内置了一个全局变量__name__，作为每个模块的一个特别属性，它所引用的对象，就是当前模块的名字。

1.6.4 Python 内置计算函数举例

表 1.15 为 Python 的常用内置计算函数对象。

表 1.15　Python 的常用内置计算函数对象

函数对象	功　能	说　明
abs(x)	求绝对值	若 x 为复数，返回复数的模
divmod(a,b)	返回商和余数的元组	a 和 b 可以是整数，也可以是浮点数
max(a,b,c,…)	返回一个数列中的最大值	a、b、c……各为一个数字表达式
min(a,b,c,…)	返回一个数列中的最小值	a、b、c……各为一个数字表达式
pow(x,y[,z])	等效于 pow(x,y) % z	z 存在时，三个数都必须为整型
round(x[,n])	四舍五入	x：原数；n：要取得的小数位数，默认为 0
sum(iterable[,start])	对 iterable 中的元素求和，再加上 start	iterable 必须有包裹；start：一个数字对象

代码 1.43　Python 内置计算函数对象用法示例。

```
>>> abs(-3)
    3
>>> complex(3,-4)
    (3-4j)
>>> abs(complex(3,-4))
    5.0
>>> divmod(5,3)
    (1, 2)
>>> pow(2, 5)
    32
>>> pow(2, 3, 5)
    3
>>> round(2 / 3, 8)
    0.66666667
>>> round(1 / 3, 3)
    0.333
>>> max(3.4, 1.2, 7.8 ,5.6)
    7.8
>>> min(3.4, 1.2, 7.8, 5.6)
    1.2
>>> sum((3.4, 1.2, 7.8, 5.6))          #数列必须以一个对象形式出现
    18.0
>>> sum((3.4, 1.2, 7.8, 5.6), 7)
    25.0
```

3. Python 的自省机制与 dir()函数

Python 自省机制就是在程序运行过程中，它会动态地获取对象数据类型以及其内部一些其他属性，检查这些属性是否与其进行的某些操作相匹配。例如，Python 是一种动态类型的程序设计语言，虽然它在定义变量的时候不需要强制指定变量的数据类型，但是在编译之前和代码运行时都会对变量进行检查来看一下它的数据类型和值是否匹配。但是，Python 的这种自省机制是隐式进行的，它不会将执行结果和过程暴露在外部给开发者观测到。所以想要知道自省机制对对象进行操作之后得到了其哪些属性、方法以及数据类型，就需要用到 dir()和 type()两个内置函数了。这在使用 Python 内置的、标准库中的以及第三方库中的对象时，特别有用。

但是，type()函数的作用是获取对象的类型，而 dir()函数是获取对象(包括模块、类等)

的所有属性和方法。图 1.9 为用 dir()函数获取标准库中 math 模块的所有属性和方法的情形。

```
>>> import math
>>> dir (math)
['__doc__', '__loader__', '__name__', '__package__', '__spec__', 'acos', 'acosh'
, 'asin', 'asinh', 'atan', 'atan2', 'atanh', 'ceil', 'comb', 'copysign', 'cos',
'cosh', 'degrees', 'dist', 'e', 'erf', 'erfc', 'exp', 'expm1', 'fabs', 'factoria
l', 'floor', 'fmod', 'frexp', 'fsum', 'gamma', 'gcd', 'hypot', 'inf', 'isclose',
 'isfinite', 'isinf', 'isnan', 'isqrt', 'lcm', 'ldexp', 'lgamma', 'log', 'log10'
, 'log1p', 'log2', 'modf', 'nan', 'nextafter', 'perm', 'pi', 'pow', 'prod', 'rad
ians', 'remainder', 'sin', 'sinh', 'sqrt', 'tan', 'tanh', 'tau', 'trunc', 'ulp']
```

图 1.9 用 dir()函数获取标准库中 math 模块的所有属性和方法的情形

显然,要想看到一个模块中的内容,还必须先将其导入当前作用域中,否则 dir()函数就无能为力了。

1.6.5 Python 标准库模块 math 应用举例

1. math API

math 是 Python 标准库中提供的一个模块,其 API 由函数定义和常量定义两部分组成。

1) math 中的函数对象

表 1.16 对 math 模块中的常用函数对象进行了简要说明。

表 1.16 math 模块中的常用函数对象

函数对象	功 能 说 明	函数对象	功 能 说 明
acos(x)	返回 x 的反余弦	fsum(x)	返回 x 阵列的各项和
acosh(x)	返回 x 的反双曲余弦	gcd(x,y)	返回 x 和 y 的最大公约数
asin(x)	返回 x 的反正弦	hypot(x,y)	返回 $\sqrt{x^2+y^2}$
asinh(x)	返回 x 的反双曲正弦	isinf(x)	若 x=±math.inf,即±∞,则返回 True
atan(x)	返回 x 的反正切	isnan(x)	若 x=Non(not a number),则返回 True
atan2(y,x)	返回 y/x 的反正切	ldexp(m,n)	返回 $m \times 2^n$,与 frexp 是反函数
atanh(x)	返回 x 的反双曲正切	log(x,a)	返回 $\log_a x$,若不写 a,则默认是 e
ceil(x)	返回不小于浮点数 x 的最小整数	log10(x)	返回 $\log_1 0x$
copysign(x,y)	返回与 y 同号的 x 值	log1p(x)	返回 $\log_e(1+x)$
cos(x)	返回 x 的余弦	log2	返回 x 的基 2 对数
cosh(x)	返回 x 的双曲余弦	modf(x)	返回 x 的小数部分与整数部分
degrees(x)	radians 的反函数,转弧长 x 成角度	pow(x,y)	返回 x^y
exp(x)	返回 e^x,也就是 e**x	radians(d)	转角度 x 成弧长,degrees 的反函数
expm1(x)	返回 e^x-1	sin(x)	返回 x 的正弦
fabs(x)	返回 x 的浮点绝对值	sinh(x)	返回 x 的双曲正弦
factorial(x)	返回 x!	sqrt(x)	返回 $\sqrt{x}$
floor(x)	返回不大于浮点数 x 的最大整数	tan(x)	返回 x 的正切
fmod(x,y)	返回 x 对 y 取模的浮点值	tanh(x)	返回 x 的双曲正切
frexp(x)	ldexp 的反函数,返回 $x=m \times 2^n$ 中的 m(float)和 n(int)	trunc(x)	返回 x 的整数部分,等同 int

2）math 常量对象

math 模块提供了如表 1.17 所列的 5 个数学常量对象。

表 1.17 math 模块提供的 5 个数学常量对象

常量对象名	描　　述
math.e	欧拉数 2.718281828459045
math.inf	正无穷大浮点数
math.nan	浮点值 NaN（not a number），表示非数字
math.pi	3.141592653589793，一般指圆周率
math.tau	数学常数 τ=6.283185…，精确到可用精度。tau 是一个圆周常数，等于 2π，圆的周长与半径之比

2. math 模块应用举例

使用 math 函数对象时，除了要导入 math 或从 math 中导入一个函数外，还要注意若用 import 语句导入，每个函数都要用 math.作为前缀；若用 from 语句导入，则不需要。其他用法与内置函数基本没有差别。

代码 1.44 利用 math 模块的函数计算示例。

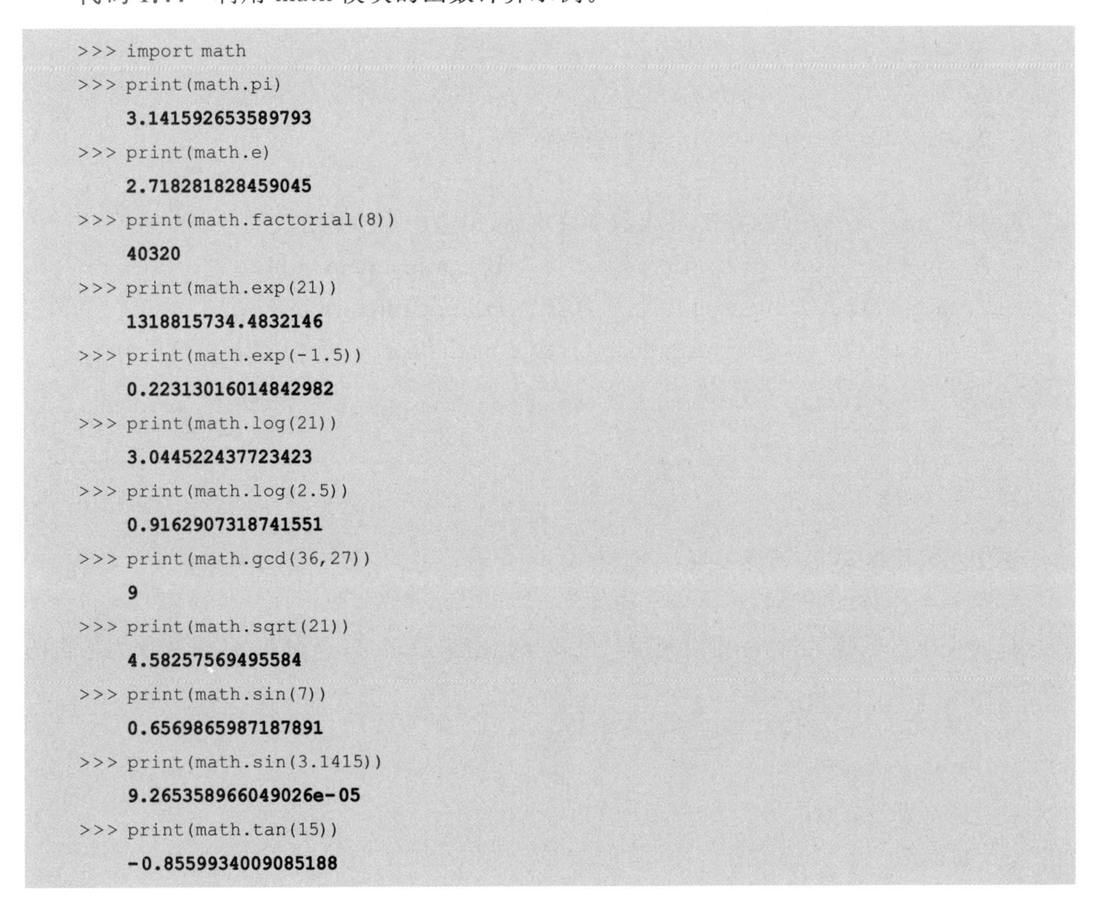

```
>>> import math
>>> print(math.pi)
    3.141592653589793
>>> print(math.e)
    2.718281828459045
>>> print(math.factorial(8))
    40320
>>> print(math.exp(21))
    1318815734.4832146
>>> print(math.exp(-1.5))
    0.22313016014842982
>>> print(math.log(21))
    3.044522437723423
>>> print(math.log(2.5))
    0.9162907318741551
>>> print(math.gcd(36,27))
    9
>>> print(math.sqrt(21))
    4.58257569495584
>>> print(math.sin(7))
    0.6569865987187891
>>> print(math.sin(3.1415))
    9.265358966049026e-05
>>> print(math.tan(15))
    -0.8559934009085188
```

习题 1.6

一、判断题

1. 只有 Python 扩展库需要导入以后才能使用其中的对象，Python 标准库不需要导入即可使用其中的所有对象和方法。（　）

2. 尽管可以使用 import 语句一次导入任意多个标准库或扩展库，但是仍建议每次只导入一个标准库或扩展库。（　）

二、选择题

1. 表达式 divmod(123.456,5)的输出值为(　　)。

A.(24,3.456000000000003)　B.(25,1.543999999999997)

C.(24.0,3.456000000000003)　D.(25.0,1.543999999999997)

2. 表达式 divmod(−123.456,5) 的输出值为(　　)。

A.(−24,3.456000000000003)　B.(−25,1.543999999999997)

C.(−24.0,3.456000000000003)　D.(−25.0,1.543999999999997)

3. 表达式 sqrt(4) * sqrt(9)的值为(　　)。

A. 36.0　B. 1296.0　C. 13.0　D. 6.0

4. 表达式 pow(3,2,−7)的值为(　　)。

A. 2　B. −2　C. −5　D. 5

5. 表达式 abs(complex(−3,−4))的值为(　　)。

A. −7　B. −1　C. −5　D. 5

6. 利用 import math as mth 导入数学模块后，用法(　　)是合法的。

A. sin(pi)　B. math.sin(math.pi)

C. mth.sin(pi)　D. mth.sin(mth.pi)

7. 导入 math 模块后，指令 math.floor(11/3) ; math.floor(−11/3) 的执行结果为(　　)。

A. 3
−3　B. 3
−4　C. 4
−3　D. 4
−4

三、实践题

在交互编程模式下，计算下列各题。

1. 将一个任意二进制数转换为十进制数。

2. 一架无人机起飞 3min 后飞到了高度 200m、水平距离 350m 的位置，计算该无人机的平均速度。

3. 计算你上学期各门课程成绩的下列值：

(1) 最好成绩分数。

(2) 最差成绩分数。

(3) 总成绩。

(4) 平均成绩。

4. 已知一个矩形的长和宽,求对角线长。

5. 已知三角形的两个边长及其夹角,求第三边长。

6. 边长为 a 的正 n 边形面积的计算公式为 S=1/4na2cot(π/n),给出这个公式的 Python 描述,并计算给定边长、给定边数的多边形面积。

7. 自己测试 5 个 Python 内置函数。

8. 自己测试 5 个 Python 标准库模块的内容。

核　心　篇

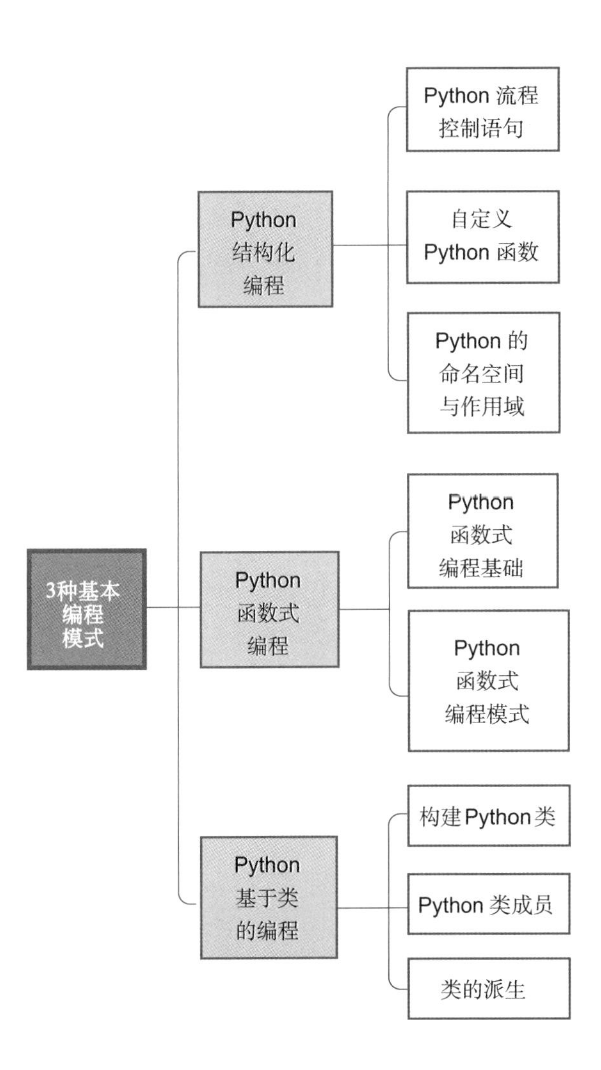

3种基本编程模式
Python结构化编程
Python流程控制语句
自定义Python函数
Python的命名空间与作用域
Python函数式编程
Python函数式编程基础
Python函数式编程模式
Python基于类的编程
构建Python类
Python类成员
类的派生

第2章　Python 结构化编程

结构化程序设计的思想提出已半个多世纪了,它的核心思想是"清晰":程序结构清晰、程序流程清晰、程序元素的活动空间清晰。本章从程序流程控制、函数定义、命名空间与作用域3方面介绍Python语言对于上述3个清晰方面的保障机制。对于学习程序设计来者来说,掌握了这些技术,才算踏进了Python程序设计之门。

2.1　Python 流程控制语句

语句是Python进行解析的程序单位。任何一个程序都由语句所组成。因此,程序设计的一项重要任务就是确定如何一条一条地排放各条语句。因为,同样一些语句,摆放的顺序不同,执行的流程不同,执行的结果也就不同。

但是,除了摆放顺序,还可以通过控制流程,形成不同的执行流程(逻辑顺序)。最初的流程控制是用goto语句来实现的。goto语句非常灵活,用它可以将程序的执行流程随意地转到程序的其他任何地方,变幻出不同的逻辑流程来。但是,这样的自由性,对程序员的智力是一个极大的挑战,对程序的开发效率和安全性也形成了极大的威胁。因为它最后的结果,是将程序流程形成了如图2.1所示的一团乱麻,人们也将之称为耗子窝程序。这样的耗子窝程序,一不留神,就会出错,还耗费了不少精力。20世纪60年代的软件危机爆发之后,人们发现罪魁祸首就是这种耗子窝程序。针对耗子窝程序,人们提出了限制goto语句,提倡结构化程序设计的想法。目前,各种高级程序设计语言已经向用户关闭了goto语句,并将程序流程规范为图2.2所示的3种基本结构。

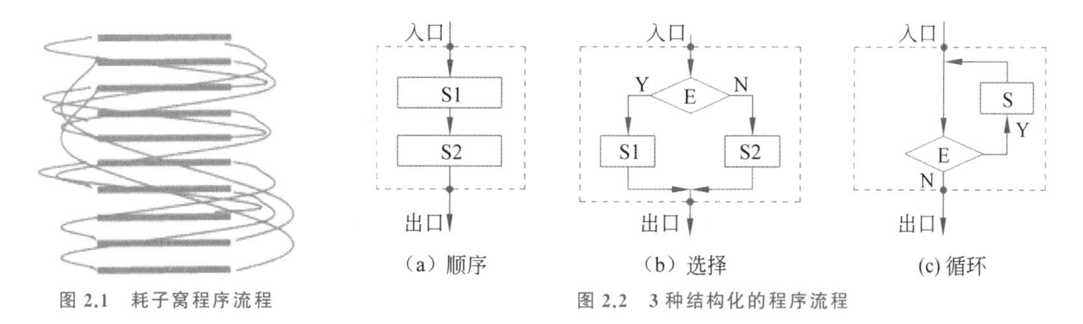

(a) 顺序　(b) 选择　(c) 循环

图2.1　耗子窝程序流程

图2.2　3种结构化的程序流程

这3种结构的基本特征是单入口、单出口。人们形容这样的程序单元就像珍珠项链中的珍珠,一颗一颗,来龙去脉清晰可见,编写起来方便,不用将过多的精力花费在相互交织、错综复杂的流程关系的梳理上,出现错误也容易检查,容易发现,容易修改。

目前,将选择和循环封装为复合语句。在Python中,它们选择结构由if语句实现,循环结构由while和for两种语句实现,并且每种语句又有了不同的用法。

2.1.1 if 语句

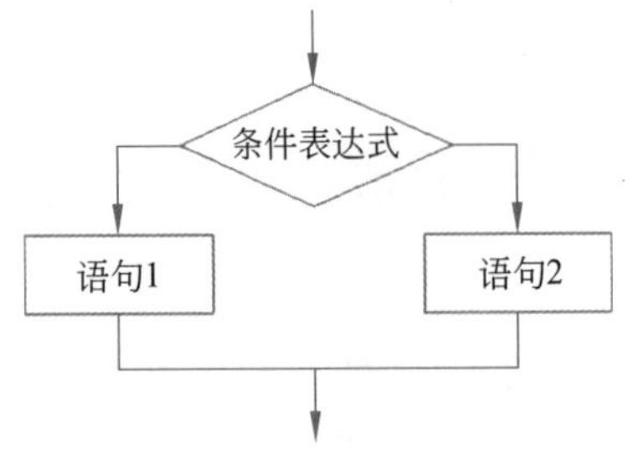

图 2.3 二选一 if-else 结构

if 语句称为条件语句，也称选择结构，就是依据条件分别处理的。

1. if-else 型的 if 语句

if-else 型的 if 语句是 if 语句的基本形式，是一种二选一的流程结构，它构造了如图 2.3 所示的流程关系：当某一条件为 True 或其他等价值时，就执行语句块 1，否则执行语句块 2。其语法格式如下：

```
if 条件:
    语句块 1
else:
    语句块 2
```

代码 2.1 输出一个数的绝对值。

```
>>> if (x := float(input ('请输入一个数: '))) < 0.0:
...     print(f'{x}的绝对值为: {-x}')
... else:
...     print(f'{x}的绝对值为:{x}')
...
    请输入一个数: -123
    -123.0 的绝对值为 123.0
```

2. 条件表达式

if-else 选择结构有两个子语句块。但是，在许多情况下，有一个表达式就可以解决问题。这时，Python 就允许将一个 if-else 结构收缩为一个表达式，称为选择表达式。其语法格式如下：

```
表达式 1 if 条件 else 表达式 2
```

这里，if 和 else 称为必须一起使用的条件操作符。它的运行机理：执行表达式 1，除非命题为假(False)才执行表达式 2。

代码 2.2 用条件表达式计算一个数的绝对值。

```
>>> print(f'{( x:= float(input ("请输入一个数: ")))}的绝对值为{-x if x < 0 else x}。')
    请输入一个数: -123
    -123.0 的绝对值为 123.0
```

说明：显然，这样的表达非常简洁。要注意的一点是，input 中的"请输入一个数:"改为了双引号，目的是与 f-string 的边界符不冲突。

3. 蜕化的 if 语句

Python 允许 if-else 语句中省略 else 子语句，蜕化(degenerate)为单分支 if 语句，流程结构如图 2.4 所示。

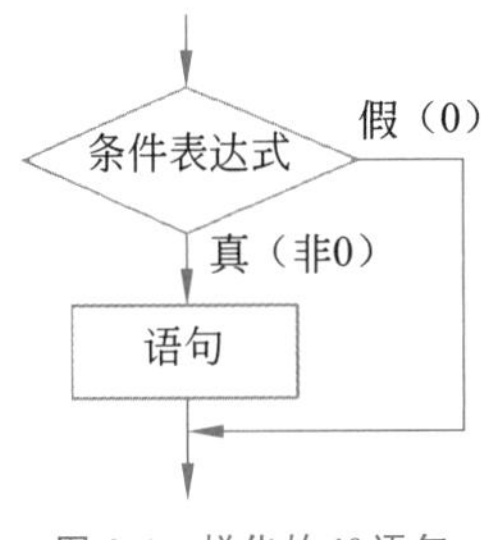

图 2.4 蜕化的 if 语句

代码 2.3 用单分支 if 计算一个数的绝对值。

```
>>> if(x  := float(input('请输入一个数：'))) <  0.0:
...     x  = -x
...
    请输入一个数：-5
>>> print(f"它的绝对值为 {x}。")
    它的绝对值为 5.0
```

4. if __name__ == "__main__"语句

在交互式环境中学习编程，输入一句，便解析一句，发现错误立即处理。不会等到输入一大段程序后，才送去解析，有可能出现多个错误。但是，随着学习的深入，对 Python 语法越来越熟悉，错误越来越少，就会觉得解析器有点啰嗦了。特别是，如代码 2.1 中有个输入输出语句的出现，会搞得代码有些支离破碎，影响整体结构和思路。在这种情况下，使用 if __name__ == "__main__"复合语句，就会觉得又上了一个台阶。它的基本概念是，当判定当前的模块是顶层模块——没有被任何其他模块调用时，就会将以它为头的一个语句块封装在一起进行解析。

代码 2.4 用 if __name__ == "__main__"语句改写代码 2.1。

```
>>> if __name__ == "__main__":
...     if(x  := float(input('请输入一个数：'))) <  0.0:
...         x  = -x
...     print (f'它的绝对值为 {x}。')
...
    请输入一个数：- 123
    它的绝对值为 123.0
```

5. 多分支 if-elif-else 语句

当一个问题中有多个条件时，就需要用到 if-elif-else 语句了。它的流程结构如图 2.5 所示。它的语法框架如下：

```
if 表达式 1:
    语句块 1
elif:
    语句块 2
...
else:
    语句块 n
```

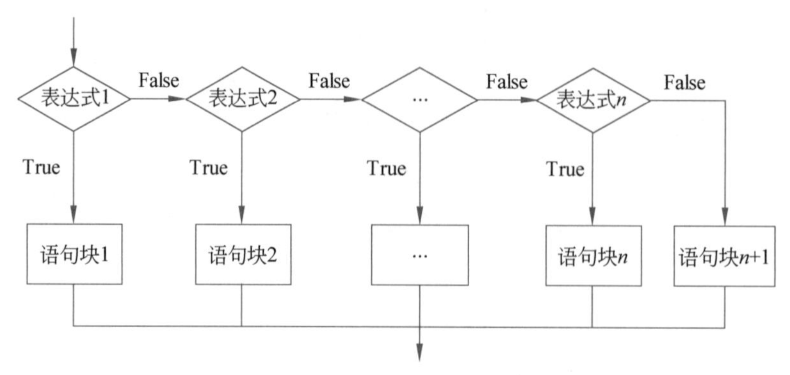

图 2.5　多分支 if-elif-else 语句的流程结构

例 2.1　表 2.1 为联合国世界卫生组织(World Health Organization,WHO),在对全球人体素质和平均寿命进行测定后,对 5 个人生年龄段划分标准做出的新规定。

表 2.1　世界卫生组织提出的 5 个人生年龄段

年龄	0～17	18～65	66～79	80～99	100
年龄段	未成年人	青年人	中年人	老年人	长寿老人

代码 2.5　采用 if-elif-else 语句进行年龄段判断。

```
>>> if __name__ == "__main__":
...     if (age := int(input('请输入您的年龄:'))) < 18:     #先看是否<18,小者为未成年人
...         print('您是未成年人。')
...     elif age < 66:                                       #再看是否<66, 小者为青年人
...         print('您是青年人。')
...     elif age < 80:                                       #再看是否<80, 小者为中年人
...         print('您是中年人。')
...     elif age < 100:                                      #再看是否<100, 小者为老年人
...         print('您是老年人。')
...     else:                                                #不小于 100 者为长寿老人
...         print('您是长寿老人。')
...
        请输入您的年龄:50
        您是青年人。
```

2.1.2　while 语句

1. while 语句的基本语法格式

while 是一个循环语句,即让所控制的语句块在满足某个条件的情况下,不断循环执行,直到条件不再满足。其基本语法格式如下:

```
while 条件:
    语句块(循环体)
```

说明:

(1) 当程序流程到达 while 结构时,while 就以某个命题作为循环条件(loop continuation condition),此条件为 True,则进入循环;为 False,就跳过该循环。

(2) 流程进入该循环后，将顺序执行循环体中的语句。

(3) 每执行完一次循环体，就会返回到循环体前，再对“条件”进行一次测试，为 True 就再次进入该循环，为 False 就结束该循环。

(4) 循环应当在执行有限次后结束。为此，在循环体内应当有改变“条件”值的操作。同时，为了能在最初进入循环，在 while 语句前也应当有对“条件”进行初始化的操作。

代码 2.6 用 while 结构输出 2 的乘幂序列。

```
>>> if __name__ == "__main__":
...     n = int(input("请输入序列项数: "))
...     power = 1                                   #指向幂对象,初始化为 1
...     i = 0                                       #计数器,初始化为 0
...     while( i := i + 1) - 1 <= n :               #计数器加 1 不大于 n 时进入下一循环
...         print(f'2^{i - 1} = {power}')           #输出本轮求出的幂
...         power *= 2                              #计算下一轮的幂
...
    请输入序列项数: 5
    2^ 0 = 1
    2^ 1 = 2
    2^ 2 = 4
    2^ 3 = 8
    2^ 4 = 16
    2^ 5 = 32
```

说明：

(1) 这里 i 作为一个计数器，每计算(循环)一次，便指向另一个大一的对象，以便计算一个新的幂。同时，i 还肩负着控制循环次数的功能。这种用于控制循环次数的变量，通常也称循环变量。

(2) 之所以将 power 所引用的对象初值设为 1，是因为 power 所引用的对象要进行乘操作；而将 i 所引用的对象初值设为 0，是因为 i 所引用的对象要从 0 起不断进行加 1 的操作。

2. 由用户输入控制循环

在游戏类程序中，当用户玩了一局后，是否还要继续不能由程序控制，要由用户决定。这种循环结构的循环继续条件是基于用户输入的。这样的程序往往有如下结构：

```
#其他语句
#...
isContinue = 'Y'
while isContinue == 'Y' or isContinue == 'y':
    #循环体
    isContinue = input('Enter Y or y to continue and N or n to guit:')
```

注意：人们最容易犯的错误是将循环条件中的关系运算符等号(==)写成赋名操作符(=)。

这里的 Y 和 y 也称哨兵值(sentinel value)。哨兵值是一系列值中的某特殊值。用哨兵值控制循环就是每循环一次，都要检测一下这个哨兵值是否出现。一旦出现，就退出循环。

代码 2.7　用哨兵值控制循环分析考试情况：记下最高分、最低分和平均成绩。

```
>>> if __name__ == "__main__":
...     total = highest = 0                                      #总分数、最高分数初始化
...     minimum = 100                                            #最低分数初始化
...     count = 0                                                #成绩计数器初始化
...     while (score := int(input('输入一个分数: '))) != -1:      #输入不是哨兵值时进入下一循环
...         count += 1                                           #成绩计数
...         total += score                                       #部分总分数加一个分数
...         highest = score if score > highest else highest      #决定当前分数是否为最高分数
...         minimum = score if score < minimum else minimum      #决定当前分数是否为最低分数
...     print(f'最高分 = {highest},最低分 = {minimum}, 平均分 = {total/count}。')     #输出
    输入一个分数: 83
    输入一个分数: 79
    输入一个分数: 95
    输入一个分数: -1
    最高分 = 95,最低分 = 79, 平均分 = 85.66666666666667。
```

3. while 语句嵌套

代码 2.8　用 while 结构输出一张左下直角三角形九九乘法表。

```
>>> if __name__ == "__main__":
...     i = 0
...     while (i := i + 1) <= 9:                                 #在一行中输出 9 个数字
...         print(f'{i:4d}',end = '')
...     print()                                                  #输出一个换行符
...     print('-' * 36)                                          #输出 36 个星
...     k = 0
...     while (k := k + 1) <= 9:                                 #输出 9 行
...         j = 0
...         while (j := j + 1) <= k:                             #在一行中输出 9 个数字
...             print (f'{ k * j:4d}',end = '')
...         print()                                              #一行用换行结束
```

执行结果如下：

```
1   2   3   4   5   6   7   8   9
------------------------------------
1
2   4
3   6   9
4   8   12  16
5   10  15  20  25
6   12  18  24  30  36
7   14  21  28  35  42  49
8   16  24  32  40  48  46  64
9   18  27  36  45  54  63  72  81
```

2.1.3　for 语句

for 语句是一种迭代式循环控制结构。其语法结构如下：

```
for 循环变量 in 可迭代对象:
    语句块(循环体)
```

也就是说,for 语句由可迭代对象来控制循环过程。迭代(iteration)是一种循环反馈过程的活动。或者说,迭代是一个不断由一个对象直接或间接地引导出下一个对象的过程。可以支持迭代操作的对象称为可迭代对象。

在 Python 中,序列(字符串、元组、列表)就是一种可迭代对象。但是并非可迭代对象只有序列,字典、文件和生成器也都是可迭代对象。

1. 用序列控制 for 语句

序列控制迭代过程,就是利用其元素之间的顺序来实现元素之间的迭代。

代码 2.9 用序列控制 for 循环示例。

```
>>> if __name__ == '__main__':
...     rGDPPC_Chinese_Cities_2021 = ["鄂尔多斯","东营","深圳","苏州","广州"]
...     print('2021 中国城市人均 GDP 排行榜前五名: ',end = '')
...     for city in rGDPPC_Chinese_Cities_2021:
...       print(f'{city},',end = '')
...

2021 中国城市人均 GDP 排行榜前五名: 鄂尔多斯,东营,深圳,苏州,广州
```

说明:

(1) 这个代码执行时,循环变量 city 会依次对列表 rGDPPC_Chinese_Cities_2021 中的元素进行访问;每访问一个元素,执行一次循环体,直到这个可迭代对象中的元素都访问过为止,才结束 for 语句。这种将一个数据结构中的数据都访问一遍的过程也称遍历(traversal)。所以,for 也称遍历式循环结构。或者说,凡是可以用 for 遍历的数据结构都是可迭代对象。

(2) 前面讲的可迭代对象中没有包括集合。

代码 2.10 for 结构对集合遍历示例。

```
>>> set1 = {7,2,5,1,6,9,8}
...     for i in set1:
...         print(i,end = ',')
...
   1,2,5,6,7,8,9
```

由这个代码的执行过程可以看出,执行的结果实现了对 set1 的遍历,但是顺序被改变了,显然是先经过了排序处理。因此,可以这样说,用 for 可以对集合元素进行遍历,但不能进行迭代。这也就是遍历与迭代的一个区别。

2. 用生成器 range()控制 for 循环

生成器是一种可以依次动态地提供一个序列数据的函数对象或推导式对象。因此,非常适合用于 for 语句中。在 for 语句中,最常用的生成器是 range()方法,它生成一段左闭右

开的整数范围。其语法如下：

```
range(start,stop[,step])
```

其中，start 指的是计数起始值，默认是 0；stop 指的是计数结束值，但不包括 stop；step 是步长，默认为 1，不可以为 0。

代码 2.11 range 用法示例：输出一个矩形九九乘法表。

```
>>> if __name__=='__main__':
...       for i in range(1,10):
...         print(f'{i: 4d}',end = '')
...       print()
...       print(f'{"-" * 36}')
...       for i in range(1,10):
...           for j in range(1,10):
...               print(f'{i * j: 4d}',end = '')
...         print()
```

执行结果如下：

```
 1   2   3   4   5   6   7   8   9
------------------------------------
 1   2   3   4   5   6   7   8   9
 2   4   6   8  10  12  14  16  18
 3   6   9  12  15  18  21  24  27
 4   8  12  16  20  24  28  32  36
 5  10  15  20  25  30  35  40  45
 6  12  18  24  30  36  42  48  54
 7  14  21  28  35  42  49  56  63
 8  16  24  32  40  48  56  64  72
 9  18  27  36  45  54  63  72  81
```

说明：

（1）由于 range 产生的是左闭右开的等差整数序列，即该数列不包括终值。所以，要最后用 5，必须将终值设大到 10。

（2）这个 range 元素参与了循环体内操作。

（3）这是一个嵌套的 for 结构。

2.1.4 break 语句、continue 语句与 else 子句

1. break 和 continue 语句

break 语句也称循环中断语句。当循环在某一轮执行到某一语句时已经有了结果，不需要再继续循环，就用这个语句跳出（中断）循环，跳出本层循环结构。

continue 语句也称循环短路语句。当某一轮循环还没有执行完，已经有了这一轮的结果，后面的语句不需要执行，需要进入下一轮时，就用这个语句“短路”该层后面还没有执行的语句，直接跳到循环起始处，进入下一轮循环。

图 2.6 为 break 语句与 continue 语句的代码与流程结构。

```
本循环外语句块1
  ┌ - - - - - - - - - - - - - - ┐
  ▼                              ¦
while...:                        ¦
    本循环内语句块1               ¦
    if...:                       ¦
                                 ¦
    本循环内语句块2 - - - - - - -┘
    if...:
  ┌ - - - - break;
  ▼ 本循环内语句块3
本循环外语句块2
```

图 2.6 break 语句与 continue 语句

注意：在循环嵌套结构中，它们只对本层循环有效。

例 2.2 输出 2～100 的素数。

分析：

(1) 大致思路：对 range(2,101) 进行迭代判断，看哪个是素数就打印这个数。粗略算法如下：

```
for n in range(2,101):
    判断 n 是不是素数
    if n 不是素数:
        跳过后面的语句,取下一个数
    else:
        print(f'{n:d}',end = ',')
```

(2) 判断 n 是不是素数，就是依次用 2～n-int(2② +1)的数对 n 求余，一旦发现为 0，则该 n 就不是素数，立即结束对 n 的继续测试；否则继续测试，直至测试完成。算法描述如下：

```
for iin range(2, int(2 ** 0.5)+1):
    ifn %i == 0:
        n 不是素数
        break
    else:
        n 是素数        #立即取下一个 n
```

(3) 为标记 n 是否素数，可设置一个标记 flag。

至此，就可以用下面的代码描述一个完整的程序了。

代码 2.12 输出 2～100 的素数。

```
>>> if __name__ == '__main__':
...     print('2~100 的素数为',end = '')
...     for n in range(2,101):
...         flag = 1
...         for i in range(2, int(n ** 0.5)+1):
...             if n % i == 0:
... ...                 flag = 0
```

```
...                 break
...             else:
...                 continue
...         if flag == 0:
...             continue
...         else:
...             print(f'{n:d}',end = ',')
...

2~100 的素数为 2,3,5,7,11,13,17,19,23,29,31,37,41,43,47,53,59,61,67,71,73,79,83,89,97
```

2. for 和 while 的 else 子句

看到代码 2.12 人们总会有一个感觉：内层的 else 子句与外层的 if 子句作用相同，是否可以去掉一个呢？答案是肯定的。进一步考虑，外层的 if 子句实际上也没有多大用途。但是，这样外层就只有 else 没有 if 了。不过，这没有关系，Python 已经认为这是合法的了，并把这种结构称为 for-else 语句。

代码 2.13　代码 2.12 改用 for-else 语句后的情形。

```
>>> if __name__ == '__main__':
...     print('2~100 的素数为',end = '')
...     for n in range(2,101):
...         flag = 1
...         for i in range(2, int(n ** 0.5)+1):
...             if n %i == 0:
...                 flag = 0
...                 break
...         else:
...             print(f'{n:d}',end = ',')
...
    2~100 的素数为 2,3,5,7,11,13,17,19,23,29,31,37,41,43,47,53,59,61,67,71,73,79,83,89,97
```

当然，也会有 while-else 语句，其用法与 for-else 相同，不再予以介绍。显然，这种结构的存在，让程序简洁了许多，并且也让人不再有累赘的感觉了。

2.1.5　异常处理与 try 语句

1. 程序错误与异常分类

程序设计是一种高强度的脑力劳动，尽管在编程中人们千思万虑，但“智者千虑，难免一失”。一般说来程序错误主要来自如下 3 个方面。

(1) 语法错误。这种错误，一般会在程序编译/解释时被发现，并指出错误的类型、位置信息。

代码 2.14　Python 解析器发现的异常示例。

```
>>> #**访问未定义名字引发异常***************
>>> r = 5
>>> s = pi * r ** 2                    #使用了未经定义的名字
```

```
    Traceback (most recent call last):
        File "<pyshell#10>", line 1, in <module>
            s = pi * r ** 2
    NameError: name 'pi' is not defined
>>> #**语法错误引发异常 ************************
>>> import = 5                                  #关键字作变量
    SyntaxError: invalid syntax
>>> a = '无锡市"                                #右引号用了汉语引号,被认为字符串没有结束符
    SyntaxError: unterminated string literal (detected at line 1)
>>> if a = 0:                                   #该用==的地方写成=
    SyntaxError: invalid syntax. Maybe you meant '==' or ':=' instead of '='?
>>> if a == 5                                   #缺少了冒号
    SyntaxError: expected ':'
>>> if a >= 0:
...  print(a)                                   #没有缩进
...  else:
...       print(-a)
...
    SyntaxError:expected an indented block after 'if' statement on line 1
>>> #**TypeError(类型错误)**********************
>>> a = '123'
>>> b = 321
>>> a + b                                       #不同类型相加,又无法转换
    Traceback (most recent call last):
      File "<pyshell#18>", line 1, in <module>
          a + b                                 #不同类型相加,又无法转换
    TypeError: Can't convert 'int' object to str implicitly
>>> #**被 0 除引发异常************************
>>> 5 / 0                                       #除数为 0
    Traceback (most recent call last):
        File "<pyshell#38>", line 1, in <module>
          5 / 0                                 #除数为 0
    ZeroDivisionError: division by zero
```

这些错误被称为 Python 内置异常类,也称 Python 标准错误类。总共有 60 个左右,形成了一个如图 2.7 所示的层次结构。

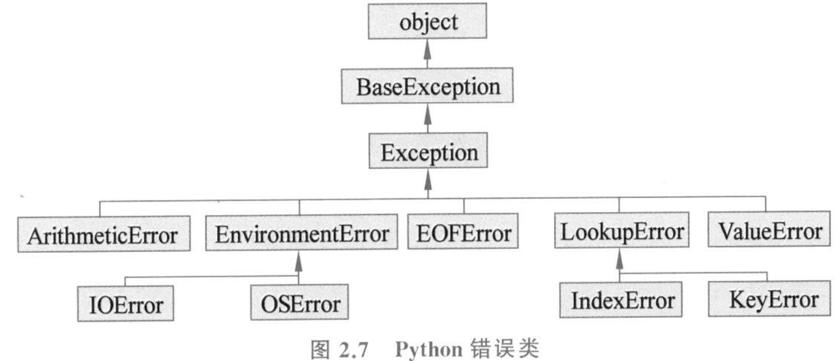

图 2.7　Python 错误类

Python 3
标准异常
类结构
(PEP 348)

除了错误类,Python 还定义了一些标准(内置)警告类,即当解析器对某些代码存在疑惑时,给用户(程序员)发出的警告信息。

(2) 逻辑错误。这时,程序可以通过编译/解释,但无法得到预期的结果。这类错误主要靠测试发现,错误发现的多少和位置是否准确,由测试用例的设计水平决定。

(3) 运行时出现异常现象，如网络中断、用在运行中被变成零的数据作除数、试图打开一个已经被删除的文件、试图装载一个不存在的模块，使程序莫名其妙地退出运行等。这种情况称为运行异常。这是程序设计时对于异常发生原因估计不足所造成的，或缺失所造成的。

从严格的意义上看，只有上述第(3) 种现象，才能称为异常(exception)。但是，在具体对出现的现象进行界定时，就有了不同的理解。如有的人仅把上述第 3 种现象称为程序异常，认为语法错误和逻辑错误虽然可以导致程序不正常运行，但是人们可以预料，不能称为异常；有的人则把导致程序不能正常运行的现象都称为程序异常。例如，Python 把标准错误类都放到 Exception 下，就说明它把语法错误也当作了异常。甚至，有人也把某些逻辑错误也当作了程序异常。因为，程序测试并不能百分之百地发现程序中的逻辑错误。

本书重点介绍人们在编写程序时如何来处理异常：给出异常的位置和原因，不让程序不明不白地中断。更高的一招是，程序还能自己处理，自行恢复运行。至于，哪些现象算作异常，权力在程序设计者手中。

2. try-except 语句

为了支持程序员在自己的程序中进行异常处理，各种高级语言都提供了几乎相同的异常处理封装机制：将程序中的一段可能会形成异常的代码块与其对应的处理代码段(一块或多块)封装在一起，形成一个 try-except 语句。Python 的 try-except 语句的语法格式如下：

```
try:
    被监视的语句块
except 异常类型 1as 异常信息变量 1:
    异常类型 1 处理语句块
except 异常类型 2as 异常信息变量 2:
    异常类型 2 处理语句块
...
```

说明：

(1) 在这个语句中，try 子句的作用是将有可能出现异常的语句段隔离成一个监视区。其冒号后面语句块的执行过程，一有操作错误，便会由 Python 解析器引发一个异常，使被监视的语句块停止执行，把发现的异常按照类型抛向后面对应的 except 子句。

(2) except 子句的作用是捕获并处理异常。一个 try-except 语句中可以有多个 except 子句。Python 对 except 子句的数量没有限制。try 抛出异常后，这个异常就按照 except 子句的顺序，一一与它们列出的异常类进行匹配，最先匹配的 except 就会捕获这个异常，并交后面的代码块处理。

(3) 每个 except 子句不限于只列出一个异常类型，相同的异常类型都可以列在一个 except 子句中处理。如果 except 子句中没有异常类，这种子句将会捕获前面没有捕获的其他异常，并屏蔽其后所有 except 子句。

(4) 一条 except 子句执行后，就不会再由其他 except 子句处理了。

(5) 异常信息变量就是异常发生后，系统给出的异常发生原因的说明，如 division by zero、No module named 'xyz'、name 'aName' is not defined、EOL while scanning string

literal 以及 Can't convert 'int' object to str implicitly 等。这些信息——字符串对象,将被 as 后面的变量引用。

代码 2.15· try-except 语句应用示例。

```
>>> try:
...         x = eval(input('input x:'))
...         y = eval(input('input y:'))
...         a
...         z = x / y
...         print(f'计算结果为{z}')
...     exceptNameError as e:
...         print(f'NameError:{e}')
...     exceptZeroDivisionError as e:
...         print(f'ZeroDivisionError:{e}')
...         print('请重新输入除数:')
...         y = eval(input('input y:'))
...         z = x / y
...         print(f'计算结果为{z}')
```

测试情况如下:

```
input x:6
input y:0
NameError: name 'a' is not defined
```

说明:eval()函数主要用来实现 Python 中各种数据类型与字符串之间的转换:当一个字符串中是格式完整的整型、浮点型、列表、元组或字典时,经过 eval()函数将会脱掉作为字符串外壳的引号,得到整型、浮点型、列表、元组或字典对象。

代码 2.16 将代码 2.15 中变量 a 注释后的代码。

```
>>> try:
...       x = eval(input('input x:'))
...       y = eval(input('input y:'))
...       #a                   #注释掉 a
...       z = x / y
...       print(f'计算结果为{z}')
...   exceptNameError as e:
...       print(f'NameError:{e}')
...   exceptZeroDivisionError as e:
...       print(f'ZeroDivisionError:{e}')
...       print('请重新输入除数:')
...       y = eval(input('input y:'))
...       z = x / y
...       print(f'计算结果为{z}')
```

测试情况如下:

```
input x:6
input y:0
ZeroDivisionError: division by zero
```

```
请重新输入除数:
input y: 2
计算结果为 3.0
```

(6) 在函数内部,如果一个异常发生却没有被捕获到,这个异常将会向上层(如向调用这个函数的函数或模块)传递,由上层处理;若一直向上到了顶层都没有被处理,则会由Python默认的异常处理器处理,甚至由操作系统的默认异常处理器处理。代码2.15中的几个代码就是由Python默认异常处理器处理的几个实例。

(7) 在try-except语句中,try具有强大的异常抛出能力。应该说,凡是异常都可以捕获,但except的异常捕获能力由其后列出的异常类决定:列有什么样的异常类,就捕获什么样的异常;列出的异常类级别高,所捕获的异常就是其所有子类。例如,列出的异常为BaseException,则可以捕获所有标准异常。

但是,列出的异常类型级别高了之后,如何知道这个异常是什么原因引起的呢?这就是异常信息变量的作用,由它补充具体异常的原因。虽然如此,但是要捕获的异常范围大了,就不能有针对性地进行具体的异常处理了,除非这些异常都采用同样的手段进行处理,如显示异常信息后一律停止程序运行。

3. else子句与finally子句

在try-except语句后面可以添加else子句、finally子句,二者选一或二者都添加。

else子句在try没有抛出异常,即没有一个except子句运行的情况下才执行。而finally子句是不管任何情况下都要执行,主要用于善后操作,如对在这段代码执行过程中打开的文件进行关闭操作等。

代码2.17 在try-except语句后添加else子句和finally子句。

```
>>> try:
...     x = eval(input('input x:'))
...     y = eval(input('input y:'))
...     #a
...     z = x / y
...     print(f'计算结果为{z}')
... exceptNameError as e:
...     print(f'NameError:{e}')
... exceptZeroDivisionError as e:
...     print(f'ZeroDivisionError:{e}')
...     print('请重新输入除数:')
...     y = eval(input('input y:'))
...     z = x / y
...     print(f'计算结果为{z}')
```

一次执行情况:

```
input x:6
input y:0
ZeroDivisionError: division by zero
请重新输入除数:
input y:2
计算结果为 3.0
测试结束。
```

另一次执行情况：

```
input x:6
input y:2
计算结果为 3.0
程序未出现异常。
测试结束。
```

习题 2.1

一、选择题

1. 执行下面的语句后，输出的结果是(　　)。

```
a = 'False'
if not a:
    print(True)
else:
    print(False)
```

A. True　　B. False　　C. 1　　D. 0

2. 执行下面的语句后，输出的结果是(　　)。

```
if None:
    print("ok!")
```

A. SyntaxError　　B. False　　C. 'ok'　　D. 空白

3. 下列说法中，正确的是(　　)。

A. while 语句只能实现循环次数不确定的重复

B. 所有的 for 语句都可以转换为 while 语句

C. 在多重循环语句嵌套中，在任意一层中，都可以用 break 语句跳出整个循环结构

D. 只有在 for 循环中，才可以使用 else 语句

4. 下面的关键字中，可以终止任何一个循环结构的是(　　)。

A. else　　B. break　　C. continue　　D. exit

5. 在 try-except 语句中，(　　)。

A. try 子句用于捕获异常，except 子句用于处理异常

B. try 子句用于发现异常，except 子句用于抛出、捕获并处理异常

C. try 子句用于发现并抛出异常，except 子句用于捕获并处理异常

D. try 子句用于抛出异常，except 子句用于捕获并处理异常，触发异常则是由 Python 解析器自动引发的

6. 在 try-except 语句中，(　　)。

A. 只可以有一个 except 子句　　B. 可以有无限多个 except 子句

C. 每个 except 子句只能捕获一个异常　　D. 可以没有 except 子句

7. else 子句和 finally 子句，(　　)。

A. 不管什么情况都是必须执行的

B. else 子句在没有捕获到任何异常时执行，finally 子句则不管什么情况都要执行

C. else 子句在捕获到任何异常时执行，finally 子句则不管什么情况都要执行

D. else 子句在没有捕获到任何异常时执行，finally 子句在捕获到异常后执行

8. 如果 Python 程序中使用了没有导入模块中的函数或变量，则运行时会抛出（　　）错误。

A. 语法　　B. 运行时　　C. 逻辑　　D. 不报错

9. 在 Python 程序中，执行到表达式 123＋'abc'时，会抛出（　　）信息。

A. NameError　　B. IndexError　　C. SyntaxError　　D. TypeError

10. 试图打开一个不存在的文件时所触发的异常是（　　）。

A. KeyError　　B. NameError　　C. SyntaxError　　D. IOError

11. 结构化程序设计最终是要求程序是一个（　　）结构。

A. 循环　　B. 分支　　C. try　　D. 顺序

12. Python 内置的异常类都属于（　　）的子类。

A.SystemExit　　B. SyntaxError　　C. Exception　　D. OSError

二、判断题

1. 在多分支 if 语句中，不管列出多少语句块，最后只有一个语句块被执行。（　　）

2. else 语句应用广泛，每一个复合语句中都可以直接使用。（　　）

3. else 语句只能与 if 语句配合使用。（　　）

4. 异常处理结构不是万能的，处理异常的代码也有引发异常的可能。（　　）

5. 在带有 else 子句的异常处理结构中，如果 try 子句不发生异常，则执行 else 子句中的代码。（　　）

6. try 语句中，不论是否捕获到异常，finally 子句中的代码总是要执行的。（　　）

7.异常处理结构中的 finally 块中代码仍然有可能出错从而再次引发异常。（　　）

8.实际上，try 语句完全可以用 if 语句替代。（　　）

三、代码分析题

1. 执行下面的代码后，m 和 n 分别指向什么？

```
n = 123456789
m = 0
while n != 0:
    m = (10 * m) + (n %10)
    n /= 10
```

2. 试给出下面程序的执行结果。

```
s = 0
for i in range(1,101):
    s += i
    if i == 50:
        print(s)
        break
else:
    print(1)
```

3. 给出下面代码的输出结果。

```
v1 = [i%2 for i in range(10)]
v2 = (i%2 for i in range(10))
print(v1,v2)
```

4. 下面代码的功能是随机生成 50 个介于[1,20]的整数,然后统计每个整数出现的频率。把缺少的代码补全。

```
import random
x = [random.__(1,20) for i in range(_)]
r = dict()
for i in x:
    r[i] = r.get(I, _)+1
for k, v in r.items():
print(k,v)
```

5. 下面的程序能否正常执行?若不能,解释原因;若能,分析其执行结果。

```
from random import randint

result = set()
while True:
    result.add(randint(1,10))
    if len(result)==20:
        break
print(result)
```

6. 指出下面代码的执行结果,并上机验证。

```
def testException():
    try:
        aInt = 123
        print (aint)
        print (aInt)
    except NameError as e:
        print('There is a NameError',e)
    except KeyError as e:
        print('There is a KeyError',e)
except ArithmeticError as e:
        print('There is a ArithmeticError',e)

testException()
```

若 print(aInt)与 print(aint)交换,又会出现什么情况?

四、实践题

1. 用循环语句实现一个多分支判断的语句,并举例验证。

2. 输入 3 个整数,然后将这 3 个数由小到大输出。

3. 用一行代码生成 [1,4,9,16,25,36,49,64,81,100]。

4. 输出 500 之内所有能被 7 和 9 整除的数。

5. 用 Python 打印一个表格,给出十进制[0,32]每个数对应的二进制、八进制和十六进制数。要求所有的线条都用字符组成。

6. 为了评价一个人是否肥胖，1835 年，比利时统计学家和数学家朗伯·阿道夫·雅克·凯特勒(Lambert Adolphe Jacques Quetelet，1796—1874) 提出一种简便的判定指标——身体质量指数(body mass index，BMI)。它的定义如下：

$$BMI = 体重(kg) \div 身高^2(m^2)$$

如：70÷(1.75×1.75) ＝22.86

按照这个计算方法，世界卫生组织 1997 年公布了一个判断人肥胖程度的 BMI 标准。但是，不同的种族情况有些不同。因此，2000 年，国际肥胖特别工作组又提出了一个亚洲的 BMI 标准，后来又公布了一个中国参考标准。这些标准见表 2.2。

表 2.2　BMI 的 WHO 标准、亚洲标准和中国参考标准

BMI 分类	WHO 标准	亚洲标准	中国参考标准	相关疾病发病的危险性
偏瘦	<18.5	<18.5	<18.5	低(但其他疾病危险性增加)
正常	18.5～24.9	18.5～22.9	18.5～23.9	平均水平
超重	≥25	≥23	≥24	—
偏胖	25.0～29.9	23～24.9	24～26.9	轻度
肥胖	30.0～34.9	25～29.9	27～29.9	中度
重度肥胖	35.0～39.9	≥30	≥30	严重
极重度肥胖	≥40.0	—	—	非常严重

即使这样，还有些人不适用这个标准，例如：

- 未满 18 岁者。
- 运动员。
- 正在做负重训练的人。
- 怀孕或哺乳中的人。
- 虚弱或久坐不动的老人。

根据上述资料设计一个身体肥胖程度快速测试器程序。

7. 用 Python 打印一个表格，给出 0°～360°每隔 20°的 sin、cos、tan 值。要求所有的线条都用字符组成。

8. 一个年份如果能被 400 整除，或能被 4 整除但不能被 100 整除，则这个年份就是闰年。设计一个 Python 程序，判断一个年份是否为闰年。

9. 有 8 枚同值的硬币，其中有一枚是假币。假币的重量与真币不同，给你一台天平，你如何用最少的称次，找出这枚假币？用 Python 描述。

10. 古希腊人将因子之和(自身除外)等于自身的自然数称为完全数。设计一个 Python 程序，输出给定范围内的所有完全数。

11. 有 1、2、3、4 共 4 个数字，能组成多少个互不相同且无重复数字的 3 位数？都是多少？

12. 对于一个正整数 N，寻找所有的四元组(a，b，c，d)，使得 $a^3 = b^3 + c^3 + d^3$，其中，a、b、c、d 都是小于或等于 N 的正整数。

13. 百马百担问题：有 100 匹马，驮 100 担货，大马驮 3 担，中马驮 2 担，两匹小马驮 1 担，则有大、中、小马各多少匹？设计求解该题的 Python 程序。

14. 爱因斯坦的阶梯问题：设有一阶梯，每步跨 2 阶，最后余 1 阶；每步跨 3 阶，最后余 2 阶；每步跨 5 阶，最后余 4 阶；每步跨 6 阶，最后余 5 阶；每步跨 7 阶时，正好到阶梯顶。问共有多少个阶梯？

15. 破碎的砝码问题。法国数学家克劳德-加斯帕·德·梅齐里亚克（Claucle-Gaspard Bachet de Méziriac，1581—1638）在他所著的《数字组合游戏》中提出一个问题：一位商人有一个质量为 40 磅（1 磅＝0.4536 千克）的砝码，一天不小心被摔成了 4 块。不过，商人发现这 4 块的质量虽各不相同，但都是整磅数，并且可以是 1～40 的任意整数磅。这 4 块砝码碎片的质量各是多少？

16. 奇妙的算式：有人用字母代替十进制数字写出下面的算式。找出这些字母代表的数字。

$$\begin{array}{r} E\ G\ A\ L \\ \times L \\ \hline L\ G\ A\ E \end{array}$$

17. 牛的繁殖问题。有一位科学家曾出了这样一道数学题：一头刚出生的小母牛从第 4 个年头起，每年年初要生一头小母牛。按此规律，若无牛死亡，买来一头刚出生的小母牛后，到第 20 年头共有多少头母牛？

2.2 自定义 Python 函数

在程序中，函数（function）也是一种复合语句。但是，与流程控制等复合语句的不同在于，它是一种基于代码复用的语句块封装体：不仅像程序零件一样，可以在当前程序的不同地方使用，也可以在其他程序中使用。为了做到这一点，它应当具有如下一些特点。

（1）函数所封装的代码块应当具有功能的完整性，以便在需要该功能的地方使用，而不需要再由其他代码进行功能补充。同时，它还具有存储的独立性，以便可以在程序的不同位置甚至在其他程序中被应用，如图 2.8 所示，函数一经定义便可以用名字调用的方式进行复用。

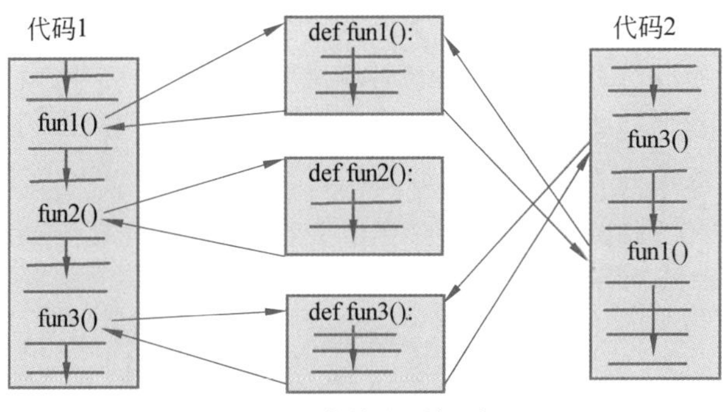

图 2.8　函数被重用的示意图

（2）函数是被命名的代码块，这个名字称为函数名。函数名既用于存储它所代表（命名）的代码块，也用于在需要处用这个名字寻找它所代表的代码块，这称为函数的调用。

（3）在程序不同的位置调用函数，需要面对不同的调用环境。这些环境因素用函数的参数描述。所以，函数除了有名字，还往往需要有参数。

2.2.1 函数创建、返回与调用

创建(定义)、返回与调用是函数复用机制的三大关键环节。图 2.9 形象地表示了三者之间的关系。

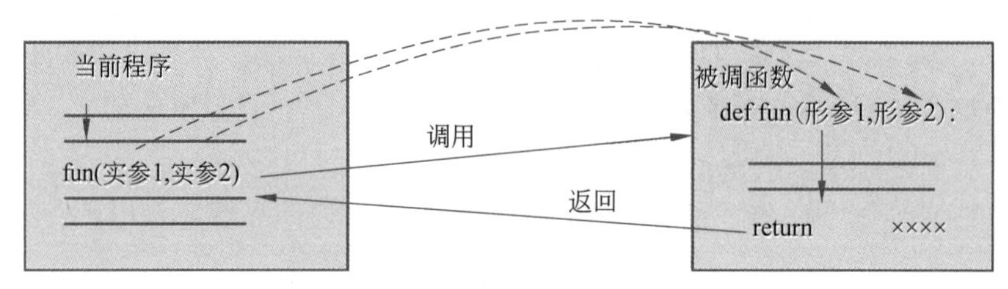

图 2.9 函数对象的创建、返回与调用

1. 创建函数

在 Python 中,每个函数都是 function 类型的一个对象。每个函数对象都是一个用名字封装的复合语句。但是,这个复合语句与流程控制语句的不同之处在于它具有独立性,仅用名字就可以应用到其他需要的计算环境中。每个函数对象都由函数头(function header)和函数体(function body)两部分组成。

```
def 函数名 (参数列表):
    函数体
```

说明:

(1) 每个函数对象都是一个用关键字 def 引领的复合语句。它与其他复合语句一样,都要按照缩格规则书写,并且函数头后面是一个西文冒号(:)。

(2) 函数是一种具有独立性的复合语句。它不像流程控制复合语句那样嵌入程序代码中,直接面对着一个计算环境,而可以用名字调用的方式运行在不同的计算环境中。为了适应不同的计算环境,就需要将其需要的计算环境抽象成一些参数,以便在调用时针对实际计算环境运行。例如,print()函数需要的计算环境:要输出对象的表示形式、输出格式、缓冲区大小、文件编号等;而 input()函数需要的计算环境:引用的变量、输入对象的取值、需不需要提示等。也有函数可以使用任何运行环境,也就不需要参数,但圆括号不可缺省,因为这对圆括号在名字后边是作为函数类型的标识。

代码 2.18 定义一个计算并返回前 n 项调和数列之和(1+1/2+1/3+…+1/n)的函数。

```
>>> def harmonic(n):
...     total = 0
...     for i in range(1, n + 1):
...     total += 1.0 / i
...     return total
...
>>> harmonic(6)
    2.4499999999999997
```

(3) 函数名应当是合法的 Python 标识符。

2. 函数返回与 return 语句

函数体用需要的 Python 语句实现函数的功能。这些语句应当按缩进格式排列。在函数体中,最重要的语句是函数返回语句 return,它有 3 个基本作用。

(1) 终止函数中的语句执行,将流程返回调用处。

(2) 返回函数的计算结果。

(3) 程序执行返回后,会恢复调用前的现场状态,从调用处后面继续执行原来的程序。

return 语句的基本格式如下:

```
return[语句对象表达式]
```

下面对 Python 的 return 语句的用法作两点说明。

(1) Python 的 return 语句可以返回一个对象。

在 Python 中,return 语句可以没有对象返回,但若有数据传回被调用处,则返回的是一个对象,主要包括下列对象。

① 函数对象。

② 类型对象。

③ 一个容器对象。

④ 一个标量对象。

代码 2.19 返回一个标量对象的示例:利用海伦公式计算并返回三角形面积的函数。

```
>>> import math
>>> def triArea(a,b,c):
...     s = (a + b + c) / 2
...     area = math.sqrt((s - a) * (s - b) * (s - c) * s)
...     return area                              #返回一个标量对象
...
>>> print (f'三角形面积为{triArea(3,4,5)}')     #输出一个值
    三角形面积为 6.0
```

说明:这里 print()函数用 triAre()函数作参数。

代码 2.20 没有返回对象的示例:代码 2.19 改写。

```
>>> import math
>>> def triArea(a,b,c):
...     s = (a + b + c) / 2
...     print (f'三角形面积为{math.sqrt((s - a) * (s - b) * (s - c) * s)}')
...     return None                   #返回 None 的 return 语句
...
>>> triArea(3,4,5)
        三角形面积为 6.0
```

说明:None 是最简单的表达形式。它也是"无"的关键字和常量值。return None 表示无表达式可返回。这个返回语句也可以直接用 None、'…'(Ellipsis)及 pass 代替,相当于没

有 return 语句。

代码 2.21 返回其他对象的示例：代码 2.19 改写。

```
>>> import math
>>> def triArea(a,b,c):
...     s = (a + b + c) / 2
...     area = math.sqrt((s - a) * (s - b) * (s - c) * s)
...     return area,type(area)          #返回两个对象,实际是一个元组对象
...
>>> triArea(3,4,5)
    (6.0, <class 'float'> )
```

说明：

① 在这个代码中，函数 triArea()返回了两个对象：一个数字对象和一个函数对象 type()。

② triArea()虽然返回了两个对象，但是它是按照这两个对象组成的元组返回的，从根本上是返回了一个对象。

(2) 在一个函数中可使用多个 return 语句，但只能有一个 return 语句被执行。

代码 2.22 判断一个数是否为素数的函数。

```
>>> def isPrimer(number):
...     if number < 2:
...        return False
...     for i in range(2,number//2):
...        if number % i == 0:
...            return False
...     else:
...        return True
>>> isPrimer(29)
    True
>>> is Primer(169)
    False
>>> is Primer(1)
    False
```

请读者分析此代码中的素数判断算法与代码 2.12 和代码 2.13 各有什么特点。

3. 函数调用

一个函数被创建后，就成为一个 function 类型对象。它被调入内存后，也被分配了一个 ID。函数调用就是把当前的运行环境以参数的形式传递给函数，并将当前的其他环境保存起来，以便函数执行完后可以接着继续执行；然后将程序流转移到函数的 ID 处，执行函数中的代码。Python 将这个过程用一个表达式语句表示如下：

```
函数名(实际参数列表)
```

例如，计算 28 时，调用的表达式为 pow(2,8)，其中 2 和 8 为实际参数。

调用表达式可以单独构成一个语句，如 print()；也可用来组成表达式，如 a=pow(2,8)。需要注意的是，要调用一个模块中的函数，必须先用 import 将模块导入。

函数调用通过执行参数传递、保存现场和流程转移 3 个操作完成。这 3 个操作虽然都是由系统在后台完成的，但理解它们有益于正确使用函数。

（1）参数传递。创建（定义）一个函数犹如编写一个剧本。一个剧本只描述故事情节中的人物角色，而不关心这些角色由谁扮演。创建一个函数也是这样，只描写一个功能实现过程中的数据角色，而不管这些数据角色的具体值。这些数据角色称为形式参数（formal parameters），简称形参（parameters）。当这个函数被调用时，就需要知道由调用者告知函数中数据角色的实例对象是什么。这些实例对象就称为实际参数（actual parameters），简称实参（arguments）。例如，要调用函数 pow（x，y）计算 x^y，就需要告知 x 和 y 各是什么。这就是参数传递，即一个虚实结合的过程。

（2）保存现场。通常函数调用时当前程序还没有结束，所以会有一些中间结果和状态。为了能在函数返回时接着执行，就要将这些中间执行结果和状态保存起来。

（3）流程转移。将计算机执行程序的流程从当前调用语句转移到函数的第一个语句，开始执行函数中的代码。

（4）一个函数被创建后，就成为一个 function 类型对象。它被调入内存后，也被分配了一个 ID 码。

2.2.2 Python 函数的参数传递技术

函数的参数传递是通过形参技术与实参技术配合完成的，这是函数能否正确调用的关键。

1. Python 函数的参数传递技术基础

1）不可变实参与可变实参

实参引用的对象可能是可变对象，也可能是不可变对象。这里分别称它们为可变对象参数和不可变对象参数。下面先看两个例子。

代码 2.23 不可变对象作为实参。

```
>>> def swap(x,y):
...     print(f'\t在函数 swap 中,参数初始值: x = {x},f = {y}。')
...     x,y = y:x
...     print(f'\t在函数 swap 中,x 与 y 交换后: x = {x},f = {y}。')
...     return None
...
>>> def main()
...     x = 3
...     y = 5
...     print(f'在 main 函数中,调用函数 swap 之前: x = {x},f = {y}。')
...     swap(x,y)
...     print(f'在 main 函数中,调用函数 swap 之后: x = {x},f = {y}。')
...
... main()
    在 main 函数中,调用函数 swap 之前: x = 3,f = 5。
        在函数 swap 中,参数初始值: x = 3,f = 5。
        在函数 swap 中,x 与 y 交换后: x = 5,f = 3。
    在 main 函数中,调用函数 swap 之后: x = 3,f= 5。
```

说明：

虽然在函数 swap 中交换了两个变量所引用的对象，但对主函数中的两个变量没有影响。这表明在函数 swap 中是创建了两个新的对象。

代码 **2.24** 列表和元组元素分别作为实参比较。

```
>>> def swapList(s,i,j):
...     print(f'\t在 swapList 函数中交换之前: s = {s}。')
...     s[i],s[j] = s[j],s[i]
...     print[f'\t在 swapList 函数中交换之后: s = {s}。')
...     return None
...
>>> def main():
...     s= [1,2,3,4,5]
...     print{f'在 main 函数中调用函数 swapList 之前: s = {s}。'}
...     swapList(s,0,4)
...     print(f 在 main 函数中调用函数 swapList 之后: s = {s}。'}
...
>>> main()
    在 main 函数中调用函数 swapList 之前: s = [1,2,3,4,5]。
        在函数 swapList 中交换之前: s = [1,2.3,4.5]。
        在函数 wapList 中交换之后: s = [5,2,3,4,i]。
    在 main 函数中调用函数 swapList 之后: s = [5,2,3,4,1]。
```

(1) 列表元素作为实参。

显然，这个交换得以顺利实现。

(2) 元组元素作为实参。

仿照 swapList 设计一个 swapTup：

```
>>> def Tup(s,i,j)
...     print(f'\t在 swapnp 函数中交换之前: s = {s}。')
...     s(1),s(j) = s(j),s(1)
...     print(f'\t在 swapnp 函数中交换之后: s = {s}。')
...     printtrt 在 swapnp 函数中交换之后: s= {s]。')
...     return None
    SyntaxError: cannot assign to funetion call here. Maybe you meant '==' instead of '='?
```

遗憾的是，这个函数就通不过解析器的检查。因为元组是不可变对象类型。

结论：

(1) 用不可变对象作为实参时，将会在被调用函数中先创建一个副本，对该副本的操作，不影响调用函数中的对象。

(2) 用可变对象作为实参时，实参变量与形参变量将引用到调用函数中的同一个对象上，在被调用函数中对于形参的操作，也就是对调用函数中的实参的操作。

(3) 不可变对象作为实参，可以避免函数的副作用，是 Python 为实现纯函数提供的一项保障技术。有关内容将在第 3 章介绍。

2）位置参数与关键字参数

在函数有多个参数的情况下，当函数调用时，参数传递依照参数的位置顺序一一对应地进行。这种参数称为位置参数(positional arguments),也称顺序参数。这时,用户必须知道每个形参的意义和排列位置,否则就会因传递错误而使程序出错。例如形参列表为(name,age,sex),而实际参数列表为('zhang','m',18),这就会造成错误。为避免这种麻烦,Python还提供了关键字参数(keyword arguments),也称命名参数实参技术,即以形参名作为关键字来与形参排队。

代码 2.25 位置参数与关键字参数调用示例。

```
>>> ###创建一个 getStudentInfo()函数###
>>> defgetStudentInfo(name,gender,age):
...     print (f'name:{name},gender:{gender},age:{age}')
...       return None
...
>>> ###按照顺序参数调用 ###
>>> getStudentInfo('张','男',58)
    name:张,gender:男,age:58
>>> ###全部按照关键字参数调用 ###
>>> getStudentInfo(gender = '女',age = 52,name = 'wang')
    name:wang,gender:女,age:52
>>> ###部分关键字参数调用 ###
>>> getStudentInfo('蔡',age = 44,gender = '女')
    name:蔡,gender:女,age:44
```

说明:

(1) 按照位置方式进行数据传递时,实参的排列顺序要与形参对应一致。

(2) 部分按关键字方式传送数据时,命名参数应排在位置参数之后。

(3) 按名字传递形成数据如同字典中的数据项。

2. 形参扩展技术

在函数定义时,除了常规地按照一定的顺序排列形参名之外,Python还提供了一些形参扩展技术,以提高参数传递的灵活性。

1) 有默认值的形参

Python允许函数形参带有默认值。这样,当函数调用时,如果实参与对应参数的默认值相同,则可以缺省这个实参。

代码 2.26 带有默认值的函数调用示例。

```
>>> ###创建一个带有默认值的 getStudentInfo()函数 ###
>>> defgetStudentInfo(name = '张',gender = '男',age = 58):
...    print(f'name:{name},gender:{gender},age:{age}')
...    return None
...
>>> ###参数全部缺省调用 ###
>>> getStudentInfo()
    name:张,gender:男,age:58
>>> ###参数部分缺省调用 ###
>>> getStudentInfo('王')
    name:王,gender:男,age:58
```

```
>>> ###参数不缺省调用
>>> getStudentInfo('蔡',age = 44,gender = '女')
    name:蔡,gender:女,age:44
```

注意：

(1) 默认参数必须指向不可变对象，因为其值是在函数定义时就确定的。

(2) 由代码 2.26 的执行情况可以看出，带有默认值的参数是可选的，所以这类参数也可称为可选参数。而不带默认值的参数称为必选参数。因此，要使某个参数是可选的，就给它一个默认值。

(3) 必选参数和默认参数都有时，必选参数要放在前面，默认参数要放在后面。

(4) 函数具有多个参数时，可以按照变化大小排队，把变化最大的参数放在最前面，把变化最小的参数放在最后面。程序员可以根据需要决定将哪些参数设计成默认参数。

2）可变数量形参

可变数量形参也称可变长度形参，指在定义函数时尚有部分形参无法确定，交由调用者决定的一种参数设计。这些不确定的参数用一个形参代表，称其为可变数量(长度)参数。为此要通过给可变数量参数做不同的标记，形成如下两种可变数量形参。

(1) 前面加 *，称 * 参数或元组参数，代表以元组参数接收任意数量的位置实参传递。

代码 2.27 以元组参数接收任意数量的位置实参传递。

```
>>> ###定义具有元组参数的 getStudentInfo()函数 ***
>>> defgetStudentInfo(name, * other):
...     print(f'{name},{other}')
...     return None
...
>>> getStudentInfo('张','男',58)
    张,('男', 58)
```

(2) 前面加**，称**参数或字典参数，代表以字典参数接收任意数量的关键字实参传递。

代码 2.28 以字典参数接收任意数量的位置关键字实参传递。

```
>>> ###定义具有字典参数的 getStudentInfo()函数 ***
>>> defgetStudentInfo(name, * * other):
...     print(f'name:{name},{other}')
...     return None
...
>>> getStudentInfo('张',gender = '男',age = 58)
    name:张,{'gender': '男', 'age': 58}
```

3）强制参数

函数定义时，如果在形参之间用斜杠(/)相隔，就将强制其前的参数为位置参数；如果在形参之间用星号(*)相隔，就将强制其后的参数为关键字参数。

代码 2.29 强制关键字参数示例。

```
>>> ###定义带有强制关键字参数的 getStudentInfo()函数 ###
>>> defgetStudentInfo(name,gender, * ,age):
...     print(f'name:{name},gender:{gender},age:{age}')
...     return None
...
>>> ###按要求对 age 以关键字方式传递 ###
>>> getStudentInfo('王','女',age = 52)
    name:王,gender:女,age:52
>>> ###不按要求对 age 以关键字方式传递 ###
>>> getStudentInfo('蔡','女',44)
    Traceback (most recent call last):
      File "<pyshell#8>", line 1, in <module>
        getStudentInfo('蔡','女',44)
    TypeError: getStudentInfo() takes 2 positional arguments but 3 were given
```

2.2.3 递归函数

1. 递归的概念

观察图 2.10 所示的图案，可以发现它们有一个共同的规律：后面的一张图都由前面的一张图所组成。或者说，第 1 张图是在黑色三角形中挖了一个与黑三角形相接的倒三角形孔，后面的各张图都是按照这个方法不断加工形成的。从第 2 张开始的图都称为分形(fractal)图或递归(recursion)图形，生成这些图的方法被称为递归方法。分形和递归可以看作这类事务的不同侧面的思路。这组三角形由波兰数学家瓦茨瓦夫・弗朗西斯克・谢尔宾斯基(Waclaw Franciszek Sierpinski，1882—1969)在 1915 年提出，所以将它称为谢尔宾斯基三角形。到了 20 世纪 70 年代，分形开始成为应用极为广泛的学科。许多精美图片就是由计算机按照分形的方法递归生成的。

图 2.10　谢尔宾斯基三角形

在计算机科学中，递归已经成为解决问题的一种重要思路。著名计算机科学家、结构化程序设计的奠基人、Pascal 语言的设计者尼古拉斯・沃思(Niklaus Wirth)在其成名作 *Algorithms＋Data Structures＝Programs*(1973)中写道：递归的强大力量很明显来源于其有限描述所定义出的无限对象。通过类似的递归定义，有限的递归程序也可以用来描述无限的计算，即使程序中没有包含明显的重复。因此，在计算机科学中，递归可以被用来描述无限步的运算，尽管描述运算的程序是有限的。这样，就可以把一个大型复杂的问题层层转化为一个与原问题相似的规模较小的问题来求解，只需少量的程序就可描述出解题过程所需要的多次重复计算，大大地减少了程序的代码量。

由图 2.10 可以看出，递归过程可以无限。但在用递归方法求解问题时，一个关键是定义边界条件，否则它会一直进行到内存枯竭、系统崩溃。使用递归的另一个关键是建立递归模型——在函数中直接或间接地自己调用自己。这种自己调用自己的函数称为递归函数。

2. 递归算法分析与代码描述

例 2.3　阶乘的递归计算。

1）算法建模

通常求 $n!$ 可以描述为

$$n! = 1 \times 2 \times 3 \times \cdots \times (n-1) \times n$$

用递归算法实现，就是先从 n 考虑，记作 fact(n)。但是 $n!$不是直接可知的，因此要在 fact(n)中调用 fact($n-1$)；而 fact($n-1$)也不是直接可知的，还要找下一个 $n-1$，直到 $n-1$ 为 1 时，得到 $1!=1$ 为止。这时递归调用结束，开始一级一级地返回，最后求得 $n!$。这个过程用演绎算式描述，可表示为

$$n! = n \times (n-1)!$$

用数学函数形式描述，可以得到如下递归模型。

$$\text{fact}(n) = \begin{cases} \text{非法} & (n < 0) \\ 1 & (n = 0 \text{ 或 } n = 1) \\ n \times \text{fact}(n-1) & (n > 0) \end{cases}$$

2）递归函数代码

代码 2.30　fact()函数的 Python 描述示例。

```
>>> def fact(n):
...     if n < 0:
...         return '错误的参数'
...     elif n == 1 or n == 0:
...         return 1
...     return n * fact(n - 1)
...
>>> fact(1)
    1
>>> fact(5)
    120
>> > fact(-2)
    '错误的参数'
```

3）递归过程分析

这个递归函数的执行过程如图 2.11 所示。它有两个过程：溯源调用和回代。溯源调用是寻找递归出口（递归结束）的过程。如要计算 fact(5)，其 return 返回的是 5 * fact(4)，但 fact(4)尚未知，无法计算，就要先将 5 压栈，然后计算 fact(4)；执行 fact(4)时，其 return 语句又将 4 压栈，然后执行 fact(3)……直到执行完 fact(1)得到 1 后，溯源结束，开始执行回代操作。在溯源过程中，前 4 个 return 语句都没有完成，回代操作就是沿着与溯源相反的路径，从后向前，把没有完成的 return 操作逐步完成的过程。对于计算 fact(5)来说，溯源到 fact(1)，就先完成了其 return 语句，得到 1，这就有条件完成 fact(2)的 return 语句了，得 1 * 2=2；fact(2)的 return 语句完成，又为 fact(3)的 return 语句完成创造了条件……如此得到，2 * 3、6 * 4、24 * 5，最后 fact(5)的 return 语句送出最终结果 120。

递归的优势是模型描述简单，但是在计算过程中会以付出较多的时间和空间为代价。

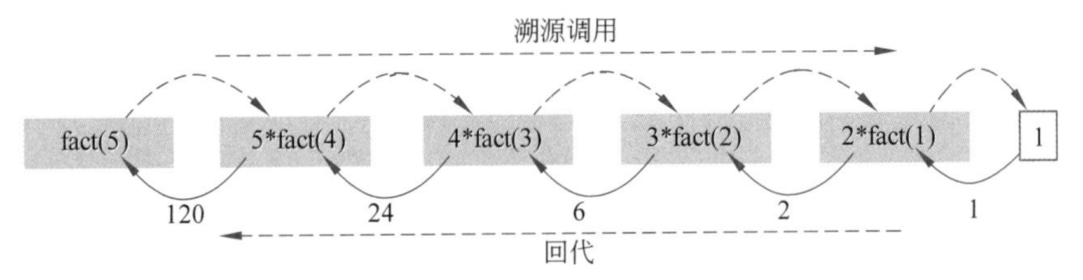

图 2.11　求 fact(5)的递归计算过程

习题 2.2

一、判断题

1. 一个函数中可以定义多个 return 语句。（　）
2. 在 Python 函数定义中，无须指定其返回对象的类型。（　）
3. 函数定义中必须包含 return 语句。（　）
4. 定义 Python 函数时，如果函数中没有 return 语句，则默认返回空值 None。（　）
5. 如果在函数中有语句 return (3)，那么该函数一定会返回整数 3。（　）
6. 函数中的 return 语句一定能够得到执行。（　）
7. Python 函数的 return 语句只能返回一个值。（　）
8. 在函数内部直接修改形参的值并不影响外部实参的值。（　）
9. 函数的形参是可选的，可有可无。（　）
10. 函数有可能改变一个形参变量所绑定对象的值。（　）
11. 传给函数的实参必须与函数定义的形参在数目、类型和顺序上一致。（　）
12. 可以使用一个可变对象作为函数可选参数的默认值。（　）
13. 函数参数可以作为位置参数或命名参数传递。（　）
14. 在函数调用时，如果没有实参调用默认参数，则默认值被当作 0。（　）
15. 一个函数如果带有默认值参数，那么必须所有参数都设置默认值。（　）
16. 调用带有默认值参数的函数时，不能为默认值参数传递任何值，必须使用函数定义时设置的默认值。（　）
17. 在定义函数时，即使该函数不需要接收任何参数，也必须保留一对空的圆括号以表示这是一个函数。（　）
18. Python 函数调用时的参数传递，只有传值一种方式。（　）
19. 在调用函数时，必须牢记函数形参顺序才能正确进行参数传递。（　）
20. 在定义函数时，带有默认值的参数必须出现在参数列表的最右端，任何一个带有默认值的参数右边不允许出现没有默认值的参数。（　）
21. 函数调用可以嵌套。（　）
22. 函数定义可以嵌套。（　）
23. 不可能存在无返回值的递归函数。（　）
24. 递归函数的名称在自己的函数体中至少要出现一次。（　）
25. 递归函数必须返回一个值给其调用者，否则无法继续递归过程。（　）
26. 在递归函数中必须有一个控制环节用来防止程序无限期地运行。（　）

27. 尾递归函数就是返回语句在尾部的函数。 (   )

二、选择题

1. 代码

```
def func(a, b=4,c=5):
    print (a,b,c)


func(1,2)
```

执行后输出的结果是(   )。

A. 1 2 5　　B. 1 4 5　　C. 2 4 5　　D. 1 2 0

2. 函数

```
def func(x,y,z = 1, * par, **parameter):
    print(x,y,z)
    print (par)
    print (parameter)
```

用 func(1,2,3,4,5,m=6)调用,输出结果是(   )。

A. 1 2 1
(3,4,5)
('m':6)

B. 1 2 3
(4,5)
{'m':6}

C. 1 2 3
(4,5)
(6)

D. 1 2 1
(4,5)
(m=6)

三、代码分析题

1. 阅读下面的代码,指出函数的功能。

```
def f(m,n):
    if m < n:
        m,n = n,m
    while m %n != 0:
        r = m %n
        m = n
        n = r
    return n
```

2. 阅读下面的代码,指出其中 while 循环的次数。

```
def cube(i):
    i = i * i * i
    return None

i = 0
while i < 100:
    cube(i)
    i += 1
```

四、实践题

1. 编写一个函数,计算一元二次方程的根。

2. 编写程序,找出 1～100 的所有素数,并输出结果。要求找素数这部分的功能代码用函数实现。

3. 设有 n 个已经按照从大到小顺序排列的数，现在从键盘上输入一个数 x，判断它是否在已知数列中。

4. 约瑟夫问题：M 个人围成一圈，从第 1 个人开始依次从 1 到 N 循环报数，并且让每个报数为 N 的人出圈，直到圈中只剩下一个人为止。用 Python 程序输出所有出圈者的顺序。

5. 用函数计算两个非负整数的最大公约数。

6. 编写一个计算 xn 的函数。

7. 分割椭圆。在一个椭圆的边上任选 n 个点，然后用直线段将它们连接，会把椭圆分成若干块。

8. 假设银行一年整存整取的月息为 0.32%，某人存入了一笔钱。然后，每年年底取出 200 元。这样到第 5 年年底刚好取完。设计一个递归函数，计算他当初共存了多少钱。

9. 在上述题目中选择 3 题，用递归函数实现。

10. 在上述题目中选择 3 题，用尾递归函数实现。

2.3 Python 的命名空间与作用域

程序模块化破解了程序规模增大造成的程序复杂性威胁，但也带来模块之间联系越来越多的复杂性威胁。其中一个威胁就是名字冲突的问题。由于各模块可以由人分头设计，程序规模增大，所用的名字数量也会急剧增加。解决这个问题的一个思路是，统一进行名字设计。不过这也是一件极为复杂的工作。因为在一个软件开发中，特别是大型软件的开发中会遇到大量的名字。这就要求每个模块的设计人员必须对这个庞大的名字体系了如指掌，稍一疏忽，就会酿成大错。何况还有许多变量是临时加入的，项目开始时根本难以想到。这个威胁几乎与软件规模增大带来的威胁一样可怕。最后，还是从建立名字空间(namespace)、约束变量的作用域(scope)方面得到了突破。

2.3.1 Python 局部变量与全局变量

局部变量和全局变量是针对一个程序的两个概念。

1. Python 局部变量

对于一个 Python 程序而言，在函数(还有类)定义中声明的变量，其作用域就被限制在这个函数内部。也就是说，这些变量都仅指向本函数运行时所创建的对象，而不会指向其他函数运行时所创建的对象。因此每个函数中都可以自己独立地定义变量的名字，与其他函数中有无同名变量无关。因此不会形成函数之间的名字冲突。

代码 2.31 不同函数中的同名变量只指向本函数中创建的对象。

```
>>> def fun1():                      #定义函数 fun1()
...     x = 111                      #函数 fun1()运行时创建变量 x,作用域在函数 fun1()中
...     x = x + x                    #在函数 fun1()中改变 x 的绑定对象
...     print(x)                     #在函数 fun1()中输出 x 的引用值
```

```
...     return None
...
>>> def fun2():                      #定义函数 fun2()
...     x = 333                      #函数 fun2()运行时创建变量 x,此 x 作用域在函数 fun2()中
...     x = x + x                    #在函数 fun2()中改变 x 的绑定对象
...     print(x)                     #在函数 fun2()中输出 x 的引用值
...     return None
...
>>> fun1()                           #调用函数 fun1()
    222
>>> fun2()                           #调用函数 fun2()
    666
```

2. Python 全局变量及其引用

在 Python 程序中,全局变量是定义在一个模块(文件)中所有函数外部的变量。这样,就可以在这个模块的所有函数中引用全局变量了,即全局变量的作用域为所定义的模块。但是,如果在函数中有与全局变量同名的局部变量,这个同名局部变量将会屏蔽全局变量,这称为"局部优先"原则。

代码 2.32 在函数中引用全局变量示例。

```
>>> x = 555                          #定义全局变量 x
>>> def f1():
...     y = x + 333                  #引用全局变量 x
...     print(y)
...
>>> def f2():
...     x = 666                      #定义同名局部变量 x
...     print(x)
...
>>> f1()
    888
>>> f2()
    666
```

3. 在函数中修改全局变量

在函数中修改全局变量需要分两种情况考虑。

(1) 对于可变类型的全局变量,可以在函数中进行修改。

(2) 对于不可变类型的全局变量,要在函数中修改,应使用关键字 global 在局部声明之后进行修改,否则就会引发错误。

代码 2.33 在函数中修改全局变量引用值示例。

```
>>> x = [666]                        #定义可变全局变量 x
>>> y = 555                          #定义不可变全局变量 y
>>> def f1():
...     x.append(222)                #修改可变全局变量 x 引用值
...     print (x)
...
>>> f1()
    [666"," 222]
```

```
>>> def f2():
...     y += 111                        #修改不可变全局变量 y 引用值
...     print (y)
...
>>> f2()
    Traceback (most recent call last):
      File "<pyshell#20>", line 1, in <module>
        f3()
      File "<pyshell#16>", line 2, in f3
        y += 111
    UnboundLocalError: local variable 'y' referenced before assignment
>>> def f3():
...     global y                        #用 global 声明不可变全局变量 y
...     y += 111
...     print (y)
...
>>> f3()
    666
```

4. locals()和 globals()函数

locals()和 globals()是两个内置函数,可以分别以字典形式返回当前位置的可用本地命名空间和全局(包括内置)命名空间。

代码 2.34 locals()和 globals()函数应用示例。

```
>>> if __name__ == '__main__':
...     a = 200
...     def external(start):
...         print(f'globals(1):{lobals()}')
...         print(f'locals(1):{lobals()}')
...         state = start
...         print(f'locals(2):{lobals()}')
...         def internal(label):
...             print (f'locals(3):{lobals()}')
...             print(label,state)
...             print (f'locals(4):{lobals()}')
...             return None
...         return internal

>>> F = external(3)
    globals(1):{'start':3}
    locals(1):{'start':3}
    locals(2):{'start':3,'state':3}
>>> F('spam')
    locals(3): {'label': 'spam', 'state': 3}
    spam 3
    locals(4): {'label': 'spam', 'state': 3}
```

2.3.2 函数嵌套与嵌套作用域

1. 函数嵌套

函数是用 def 语句创建的,凡是其他语句可以出现的地方,def 语句同样可以出现在一个函数的内部。这种在一个函数体内又包含另外一个完整定义的函数的情况称为函数嵌套(function nested)。

代码 2.35 函数嵌套示例。

```
>>> g = 1
>>> def A():
...     a = 2
...     def B():
...         b = 5
...         print(f'a + b + g= {a + b + g},in B')
...         return None
...     B()
...     print(f'a + g = {a + g},in A')
...     return None
...
>>> A()
    a + b  + g= 8,in B
    a + g = 3,in A
```

说明:

(1) 这里函数 B()定义在函数 A()之中。函数 B()这样定义在其他函数(函数 A())内的函数称为内嵌函数(inner function),包围内嵌函数的函数称为包围函数(enclosing function)。

(2) 注意在函数 B()中,应用了全局变量 g,还应用了 B()的外部函数 A()中定义的变量 a。

将代码 2.35 修改一下,在内嵌函数中直接修改 a 的引用值,看看会出现什么情况。

代码 2.36 在内嵌函数中直接修改 a 引用值的代码。

```
>>> g = 1
>>> def A():
...     a = 2
...     def B():
...         a = a + 1                  #企图直接修改 a 的引用值
...         b = 5
...         print(f"a + b + g = {a + b + g},int B.")
...         return None
...     B()
...     print(f"a + g = {a + g},in A."%)
...     return None

>>> A()
    Traceback (most recent call last):
      File "<pyshell#13>", line 1, in <module>
        A()
       File "<pyshell#12>", line 7, in A
        B()
       File "<pyshell#12>", line 4, in B
        a = a +1            #企图直接修改 a 的引用值
    UnboundLocalError: local variable 'a' referenced before assignment
```

运行结果表明：代码中出现了未局部绑定错误。这个错误是由于在赋名操作符(=)前面引用了变量 a 造成的，与在函数内部修改全局变量引用值所出现的错误类似。但是，在这个代码中，a 不是全局变量，不可以用 global 声明。为解决这类问题，Python 提供了关键词 nonlocal。

2. nonlocal 语句

代码 2.37　要在内嵌函数中修改包围函数中创建的变量，需用 nonlocal 先声明。

```
>>> def A():
...     a = 0
...     def B():
...         nonlocal a               #用 nonlocal 声明
...         a + = 1
...         return a
...     return B
>>> def test():
...     disp = A()
...     print(disp())
...
...     return None
...
>>> test()
    1
    2
    3
```

这里，nonlocal 的作用：①告诉解析器，它所声明的变量不是局部变量，也不是全局变量，而是外部嵌套函数内的变量，这种变量既不具有局部作用域，又不具有全局作用域，而具有嵌套作用域(也称闭包作用域)；②创建一个包围函数中变量的副本，使其指向包围函数运行时创建的对象；③告诉解析器可以在内嵌函数的局部作用域修改该变量的指向了。

3. 多层嵌套函数

函数嵌套可以多层进行。此时，除了最外层和最内层的函数外，其他函数既是包围函数，又是内嵌函数，并且 nonlocal 关键字的使用不限于全局变量，可用于对任何上一层变量的声明，但仅限于本层有效。图 2.12 为多层嵌套函数中 nonlocal 关键字用法示例。图中，在函数 B()中用 nonlocal 关键字声明函数 A()中的变量 x，让其在本层修改，与 int 类型的 2 相捆绑。但所声明的 x 仅在函数 B()中有效，在下一层的函数 C()中就无效了，在函数 C()中 x=3 则是创建了一个函数 C()中的局部变量。

2.3.3　Python 的 LEGB 名字解析规则

前面讨论了 Python 的 3 种变量：全局变量、局部变量和非全局变量(也称外部嵌套变量)。此外，前面还使用过另一种变量，称为内置变量，如 __name__。显然，不同的变量具有不同的作用域——程序代码空间。

实际上，具有作用域的不仅是变量，而是程序中所有的名字。即所有的名字都有作用

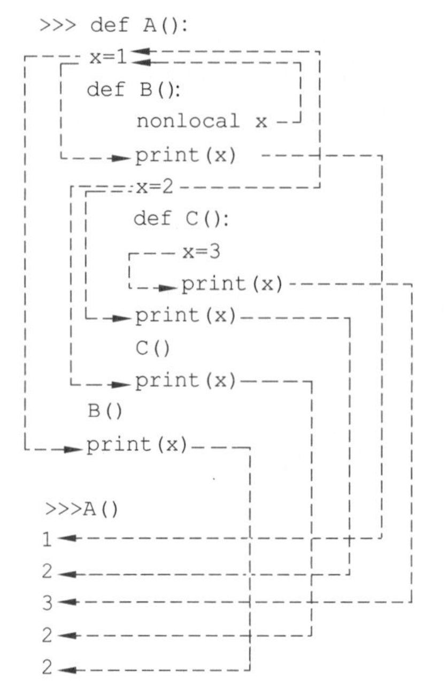

图 2.12　多层嵌套函数中 nonlocal 关键字用法示例

域。而名字的作用域与名字空间有关。所谓名字空间就是保存名字与对象引用关系的容器。在 Python 中,名字空间可以理解为一种名字与所引用对象之间的映射关系。Python 2.2 之后,Python 定义了 4 种名字空间。

- L-Local(function)——局部名字空间(函数/方法名字空间,处于当前脚本的最内层,包含了函数参数及函数内定义的变量)。
- E-Enclosing function locals(nonglobal)——嵌套名字空间(外层非全局名字空间包含非局部也非外层的变量)。
- G-Global(module)——全局名字空间(模块级名字空间,处于当前脚本的最外层,包含当前模块中定义的全局变量,也包含函数、类、其他导入的模块级名字空间中的变量)。
- B-Builtin(Python)——Python 内置名字空间(包含了 Python 内置的变量和关键字)。

这 4 种名字空间按照作用域形成图 2.13 所示的 4 个等级,并且是在系统开始工作后逐步建立,存放在栈区特定空间的。名字的加载和销毁顺序如下。

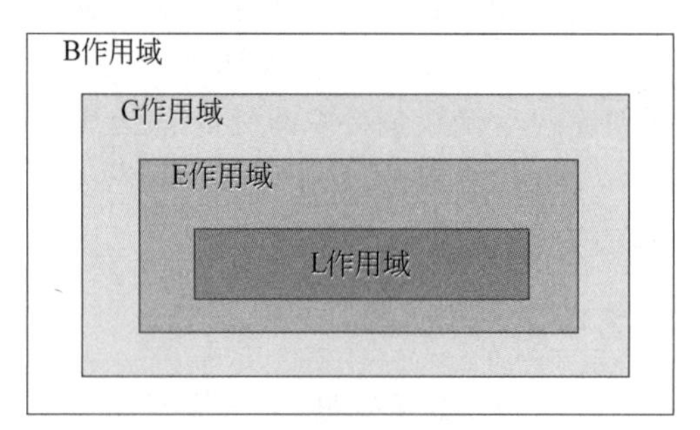

图 2.13　Python 的 4 级名字空间

(1) 名字空间的加载顺序:内置名字空间(Python 解析器启动时)→全局名字空间(模块导入时)→嵌套名字空间(嵌套函数被调用时)→局部名字空间(函数被调用时)。

(2) 名字空间的销毁顺序：局部名字空间（函数返回时）→嵌套名字空间（嵌套函数返回时）→全局名字空间（解析器退出时）→内置名字空间（解析器退出时）。

当 Python 解析程序代码时，每遇到一个名字，解析器会对这个名字进行解析：首先要找到这个名字所在的名字空间，然后在这个名字空间中找到这个名字所绑定（指向）的对象。

Python 的 LEGB 解析原则是：内部优先。即查找一个名称的顺序为：在全局作用域查找名字时，起始位置便是全局作用域，所以先查找全局命名空间，没有找到，再查找内置命名空间，最后都没有找到就会抛出异常。简单地说，就是按照 Local→Enclosing→Global→Builtin 的顺序进行解析。这就称为 Python 的名字解析 LEGB 规则。

在搜索中，如果一个名字在内部名字空间找到了，则外部的同名变量就被屏蔽了。具体来讲就是：当在一个表达式中遇到一个名字时，若这个表达式在一个嵌套函数内，则 Python 解析器就会先在该函数的局部命名空间搜寻这个名字；如果搜寻不到，则就接着到嵌套（闭包）命名空间搜寻；如果还没有搜寻到，就到当前模块中搜寻；若还没有搜到，就到内置命名空间搜寻；最后还没有搜到，就给出该名字错误（NameError）信息，并进一步说明这个名字没有定义。

习题 2.3

一、判断题

1. 在同一个作用域内，局部变量会屏蔽同名的全局变量。（　　）
2. 形参可以看作函数内部的局部变量，函数运行结束之后形参就不能访问了。（　　）
3. 不同作用域中的同名变量之间互不影响，即在不同的作用域内可以定义同名变量。（　　）
4. 本地变量创建于函数内部，其作用域从其被创建位置起，到函数返回为止。（　　）
5. 函数内部定义的局部变量当函数调用结束后会被自动删除。（　　）
6. 在函数内部没有办法定义全局变量。（　　）
7. 全局变量创建于所有函数的外部，并且可以被所有函数访问。（　　）
8. nonlocal 语句的作用是将全局变量降格为本地变量。（　　）
9. global 语句的作用是将本地变量升格为全局变量。（　　）
10. 全局变量会增加不同函数之间的隐式耦合度，从而降低代码可读性，因此应尽量避免过多使用全局变量。（　　）
11. 在函数内部，既可以使用 global 来声明使用外部全局变量，也可以使用 global 直接定义全局变量。（　　）

二、代码分析题

1. 代码

```
x,y = 6,9
def foo():
    global y
    x,y = 0,0
foo()
x,y
```

执行后的显示是(　　)。

A. 0,0　　　　B. (6,0)　　　　C. (0,9)　　　　D. (6,9)

2. 阅读下面的代码,指出程序运行结果。

```
a = 1
def second():
  a = 2
  def thirth():
     global a
     print (a)
     return None
  thirth()
  print (a)
  return None

second()
print(a)
print (x)
```

3. 阅读下面的代码,指出程序运行结果并说明原因。

```
x = 'abcd'
def func():
  global x = 'xyz'
  return None

func()
print (x)
```

4. 阅读下面的代码,指出程序运行结果并说明原因。

```
x = 'abcd'
def func():
  x = 'xyz'
  def nested():
    print (x)
    return None
  nested()
  return None

func()

x
```

5. 阅读下面的代码,指出程序运行结果并说明原因。

```
def func():
   x = 'xyz'
   def nested():
       nonlocal x
       x = 'abcd'
       return None
  nested()
  print (x)
  return None

func()
```

6. 阅读下面的代码,指出程序运行结果。

```
def funX():
   x = 5
   def funY():
      nonlocal x
      x += 1
      return x
   return funY

      a = funX()

print(a())
print(a())
print(a())
```

第 3 章　Python 函数式编程

λ演算与函数式编程

20 世纪 60 年代的软件危机爆发后不久，人们便开始从不同的角度寻找出路：一部分人以改革的思想开辟了结构化程序设计路径，开辟了软件工程领域；另一部分人则开始怀念数学高度的抽象性和严密的逻辑性，创立了一个“程序设计方法学”的研究方向，想从问题的需求出发一步一步地推导出程序来。他们认为这样得到的程序一定是严密的、不会有错误的程序。几十年来尽管人们付出了不懈的努力，在循环不变式等方面取得了一些成果，但一个完整的体系一直没有建立起来。

“有意栽花花不活，无心插柳柳成荫”。程序设计方法学研究领域的专家们想把数学逻辑应用到程序设计的追求却被一位研究人工智能的学者在 1958 年找到了突破口。这位学者就是麻省理工学院教授，后来被称为“人工智能之父”的约翰·麦卡锡(John McCarthy，1927—2011，见图 3.1)。他在研究符号计算时，从数学家阿隆佐·邱奇(Alonzo Church，1903—1995)的 λ 演算(lambda calculus)中得到启发，并基于 λ 演算开发出了人工智能领域的第一个程序设计语言——LISP(LISt Processing)语言(这也是第一个有别于命令式语言的声明式体系中的函数式程序设计语言)，并于 1960 年 4 月，以《递回函数的符号表达式以及由机器运算的方式(第一部)》为题，发表了相关论文。

图 3.1　约翰·麦卡锡

然而，这并没有引起太多的关注。致使在邱奇-麦卡锡的函数式编程思想被“冷藏”了近 20 年，直到 2010 年，由于 JavaScript 引入了 λ 演算并发挥出其强大功能，才让人们认识到它的意义。于是，几乎所有的程序设计语言都开始从引入 lambda 表达式(也称 lambda 函数或匿名函数)入手，开始支持函数式编程。Python 也不例外，并且做得更好。

3.1　Python 函数式编程基础

早在 1938 年，邱奇就提出了在 λ 演算中的每个函数都必须有如下特征。

(1) 单一参数。

(2) 函数的参数是一个单一参数的函数。

(3) 函数的(返回)值是一个单一参数的函数。

但是，那是程序设计还没有出现之前提出的。近年来，随着函数式编程得到广泛青睐，函数式编程思想也开始针对命令式编程中存在的问题，不断进行完善，具体如下。

(1) 函数是一类对象，并称为一种对象类型。

(2) 只用“表达式”(expression)，不用“语句”(statement)。

(3) 没有副作用，使用纯函数，不修改状态，数据不变，不含任何赋名语句。

(4) 引用透明性：表达式的值不依赖可以改变值的全局变量；对同样的输入，总是返回同样的结果。

(5) 惰性计算。惰性计算也称延迟求值(lazy evaluation,也称作 call-by-need),是指表达式不在它被绑定到变量时就立即求值,而是在该值被用到的时候才计算求值。

在前面介绍的内容中,Python 在这些方面的改进已经初见端倪,如将多数数据对象定义为不可变类型;将变量定义为赋名型,不再是原生型;赋名操作符(=)不再具有赋值功能等。这一节主要介绍 Python 支持函数式编程的其他一些基本机制。

3.1.1 函数作为“第一等对象”

“第一等对象”(first-class object)指的是函数与其他数据类型一样,处于平等地位,可以被变量引用,也可以作为参数,传入另一个函数,或者作为别的函数的返回值。这一特征 Python 是满足的。

1. Python 函数也是对象,有它自己的类型、身份码和值

Python 一切皆对象。函数也是一类数据对象,它们都满足 Python 对象的 3 个基本属性:具有身份码、类型和值。函数名就是指向函数对象的名字。

代码 3.1 获取函数的类型、身份码和值示例。

```
>>> def func():
...     print ('I am a function')
...     return (None)
...
>>> print (type(func))                    #输出函数的类型
    <class 'function'>
>>> print (id(func))                      #输出函数的身份码
    2182932023360
>>> print (func())                        #输出函数的值
    I am a function
    None
```

可见,Python 函数是一类 Python 数据类型,其类型名就是 function;而每个函数都是一个 function 类型的对象。None 是一个特殊值。

2. Python 函数是第一等对象

作为对象的一种,在 Python 中就可以像其他数据对象一样使用函数。具体地说,就是可以在下列 3 种情况下使用函数。这就为 Python 函数式编程提供了有力支持,为此也将 Python 函数称为第一等对象。

1) Python 函数可以作为元素添加到容器对象中

代码 3.2 函数作为元素存储在容器中示例。

```
>>> def disp1():
...     print("abcd")
...     return None
...
>>> def disp2():
...     print("efgh")
...     return None
```

```
...
>>> def disp3():
...     print("1357")
...     return None
...
>>> disps = [disp1,disp2,disp3]
>>> for d in disps:
...     d()
...
    abcd
    efgh
    1357
```

2）Python 函数可以作为参数传递给其他函数

如在代码 2.19 中，triArea()函数作为 print()的参数。

3）Python 函数可以被一个变量引用并作为函数返回的对象

如在代码 2.21 中，函数 type()成为函数 triArea()的返回值。

3.1.2 纯函数

函数式编程是抽象性很高的编程模式。理想的函数式编程基于数学中的函数映射来考虑问题求解，组织程序代码。这些数学层面上的函数的基本特征是计算的透明性(transparency)，即给定相同输入总能得到相同输出的函数，也就是把函数看作黑箱，其输出仅与输入参数有关。

现代多数程序设计环境还是基于命令式编程的，要在这种环境下实现数学层面上的函数难度不小，但是也并非是做不到的。实际上，只要对命令式环境中的函数进行约束，它们同样可以具有上述透明性。为了区别于一般的命令式函数，将这种具有透明性的函数称为纯函数(pure function)，纯函数应当具有如下两个特征。

(1) 函数的返回值只与输入参数相关，对于相同的输入参数一定会得到相同的返回值。

(2) 函数没有副作用。

这两个特征是通过相应的约束实现的。

1. 保证函数返回值只与函数参数相关的约束

为保证函数返回值只与函数参数相关，函数只能通过显式通道(参数)从环境中获取数据对象，而不能通过隐式通道从环境中获取数据对象。函数获取数据的隐式通道有如下3 种。

(1) 全局变量。

(2) input 函数。

(3) 调用非纯函数。

代码 3.3 非纯函数示例之一。

```
>> x = 3
>>> def add1(y):
...     return x + y
...
>>> add1(5)
    8
```

在函数 add1()中，返回表达式由两个数据对象组成，即显式通道获得的数据对象 x 和隐式通道获得的数据对象 y。由于 y 的存在就无法保证该函数的返回值仅与输入的参数相关。在函数设计时，对于同样的输入参数 x，因无法保证函数一定会从环境中获得同样的 y，因而无法保证同样的输入参数一定会得到同样的返回值。所以这个函数不是一个纯函数。

2. 保证函数无副作用的约束——计算环境不变原则

在程序中，一个操作在进行本职工作的同时，得到了超出本职工作要求的结果，就称其产生了副作用(side effect)。前面介绍过分配语句和分配表达式就是容易形成副作用的操作。在一般情况下，它们的本职工作是计算一个表达式的值，并把这个值对象引用到一个变量。但是，对于一个可变对象来说，操作的同时会修改变量所引用的对象，从而修改了计算环境，这就是它们的副作用。为了最大限度地降低这类操作的副作用，Python 采取了两项措施：一是摒弃了多数程序设计语言中使用的原生型变量，改用引用型变量；二是将多种数据对象定义为不可变对象。

对函数来说，其本职工作是完成某些计算。在函数式程序设计中，函数被用来实现输入参数到函数返回之间的映射。这就是函数的本职工作。但是，如果一个函数在完成本职工作的同时，还改变了函数环境，也就有了副作用。为保证函数没有副作用，就需要关闭所有隐式输出通道，只能通过返回语句向调用者返回输入参数的映射。函数的隐式输出通道大概有如下 6 种。

(1) 修改全局变量。

(2) 修改参数值。

(3) 对打印或其他设备进行控制操作。

(4) 与文件、数据库、网络等的数据交换。

(5) 抛出异常。

(6) 调用非纯函数。

代码 3.4 非纯函数示例之二。

```
>>> x = 3
>>> y = 5
>>> def add2(a,b):
...     global x
...     x = a + b
...     return x
...
>>> add2(x,y)
    13
```

函数 add2()包含修改外部变量 x 的操作，所以它不是纯函数。

3. 纯函数的优越性

函数式编程之所以备受青睐，是因为纯函数可以带来如下好处。

(1) 便于直接测试。相同的参数可以产生相同的返回值，从而使纯函数可以方便地进行直接测试。

(2) 提高程序设计效率,并便于维护和重构。纯函数不存在与外界环境进行交互的隐形通道,而且它具有对外部环境没有副作用的透明性,使得一段代码可以在不改变整个程序运行结果的前提下用其等价的运行结果替代,这意味着可以进行与数学中的等式推导类似的推导。这种等式推导就可以实现人们梦寐以求的程序代码自动生成,还为理解代码带来极大便利,使得代码维护和重构更加容易。

(3) 支持并行处理。一般说来,在多线程环境下并行操作共享的存储数据可能会出现意外情况,而纯函数不依赖于环境状态的特点,使其根本不需要访问共享的内存。纯函数不需要访问数据,所以在并行环境下可以随意运行纯函数。

3.1.3 lambda 表达式

这里说的 lambda 表达式,也称 lambda 函数或匿名函数,是在 λ 演算模型基础上衍化出来的一种程序设计语言表达形式。它的基本作用是把一个函数定义写成一个表达式,而不是语句块。

1. 用 lambda 表达式表示单参数函数

1) lambda 表达式有参数,可以调用并传递参数

代码 3.5 一个单参数函数的 lambda 表达式。

```
>>> g = lambda x:x + 1
>>> g(1),g(2),g(3)
    (2, 3, 4)
```

显然,这个 lambda 表达式就是下面函数的语法形式。

```
>>> def g(x):
...     return x + 1
...
>>> g(1),g(2),g(3)
    (2, 3, 4)
```

所以,用 lambda 表达式定义一个函数时,它的基本语法由如下冒号(:)分隔的两部分组成:

```
lambda 参数 :表达式
```

前面的部分是参数说明,用关键字 lambda(λ 演算中的 λ)将后面的自变量绑定到后面的表达式中。

2) 参数可以有默认值。

代码 3.6 一个有默认值的单参数函数的 lambda 表达式。

```
>>> g = lambda x = 2:x + 1
>>> g()
    3
>>> g(6)
    7
```

显然,lambda 表达式简化了函数定义的书写形式,使代码更为简洁。

2. 多参数函数的 lambda 表达式

代码 3.7　一个计算三数之和,部分参数有默认值的 lambda 表达式。

```
>>> sum = lambda a, b = 3, c = 5: a + b + c      #定义一个 lambda 表达式 f,有 3 个参数
>>> sum(1)                                        #调用表达式 f,参数 a 为 1,b、c 为默认值 3、5
    9
>>> sum(3,5,7)                                    #调用表达式 f,参数 a、b、c 为 3、5、7
    15
```

3. 选择结构的 lambda 表达式

代码 3.8　求绝对值。

```
>>> abs = lambda x : x if x >= 0 else -x
>>> abs(3)
    3
>>> abs(-3)
    3
```

这里使用了一个三元运算符。

4. lambda 表达式作为其他函数的参数

代码 3.9　lambda 表达式作为 print()的参数,打印出列表[0,1,2,3,4,5,6,7,8,9]中能被 3 整除的数组成的列表。

```
>>> print ([x for x in [0,1,2,3,4,5,6,7,8,9] if x %3 == 0])
    [0, 3, 6, 9]
```

一个清晰的写法如下:

```
>>> foo = [0,1,2,3,4,5,6,7,8,9]
>>> print ([x for x in foo if x %3 == 0])
    [0, 3, 6, 9]
```

更简便的写法如下:

```
>>> print ([x for x in range(10) if x %3 == 0])
    [0, 3, 6, 9]
```

这里顺便介绍了含重复结构的 lambda 表达式的写法。

习题 3.1

一、选择题

1. 下列关于匿名函数的说法中,正确的是(　　)。

   A. lambda 是一个表达式,不是语句

   B.在 lambda 的格式中,lambda 参数 1,参数 2,…是由参数构成的表达式

   C. lambda 可以用 def 定义一个命名函数替换

   D.对于 mn=(lambda x,y:x if x<y else y),mn(3,5)可以返回两个数字中的大者

2. 关于 Python 的 lambda 函数，以下选项中描述错误的是(　　)。

A. lambda 函数将函数名作为函数结果返回

B. f=lambda x,y:x+y 执行后，f 的类型为数字类型

C. lambda 用于定义简单的、能够在一行内表示的函数

D. 可以使用 lambda 函数定义列表的排序原则

二、判断题

1. 命令式编程以冯·诺依曼计算机为环境，函数式编程以图灵计算机为环境。(　　)

2. 第一等对象就是与其他对象具有相同的作用的对象。(　　)

3. 计算透明性要求函数中不使用全局变量。(　　)

4. Python 函数都是第一等对象。(　　)

三、代码分析题

阅读下面的代码，指出程序运行结果并说明原因。也可以先在计算机上执行，得到结果，再分析得到这种结果的理由。

1.

```
d = lambda p: p; t = lambda p: p * 3
x = 2; x = d(x); x = t(x); x = d(x); print(x)
```

2.

```
def is_not_empty(s):
    return s and len(s.strip()) > 0

print (filter(lambda s:s and len(s.strip())>0, ['test', None, '', 'str', '','END']))
```

四、实践题

1. 使用 lambda 匿名函数完成以下操作：

```
def add(x,y):
    return x+y
```

2. 台阶问题。一只青蛙一次可以跳 1 级台阶，也可以跳 2 级台阶。求该青蛙跳一个 n 级的台阶总共有多少种跳法。用函数和 lambda 表达式分别求解。

3. 变态台阶问题。一只青蛙一次可以跳 1 级台阶，也可以跳 2 级台阶……也可以跳 n 级。求该青蛙跳一个 n 级的台阶总共有多少种跳法。用函数和 lambda 表达式分别求解。

4. 矩形覆盖。可以用 2×1 的小矩形横着或者竖着去覆盖更大的矩形。请问用 n 个 2×1的小矩形无重叠地覆盖一个 2×n 的大矩形，总共有多少种方法？用函数和 lambda 表达式分别求解。

五、简答题

1. 命令式编程有哪些不足之处？

2. 简述函数式编程的核心特征。

3. 计算的透明性包括哪些内容?

4. 查询资料,列出所有你知道的支持函数式编程的语言。

3.2 Python 函数式编程模式

3.2.1 高阶函数

高阶函数(higher-order function)是函数式编程的基本机制,是至少满足下列一个条件的函数:

- 接受一个或多个函数作为参数输入。
- 输出一个函数(返回值中包含函数名)。

高阶函数的意义在于它能使功能相关的函数,像一串代数式一样,形成一个无副作用的函数调用链条或函数处理流水线。

Python 将函数作为第一类对象,就提供了对高阶函数的支持。此外它还内置了一些高阶函数,让程序员可以轻松地拿来构建应用函数链。

1. Python 内置的高阶函数

1) filter ()

filter()用于过滤掉可迭代对象中不符合条件的元素,返回符合条件的对象列表,语法如下:

```
reduce(function,iterable[,initializer])
```

通常它必须含如下两个参数:

- function:有两个参数的函数。
- iterable:可迭代象。

initializer 是一个可选的初始参数。filter()把传入的函数依次作用于每个元素,然后根据返回值是 True 还是 False 决定保留还是丢弃该元素。

代码 3.10 在一个 list 中,删掉偶数,只保留奇数。

```
>>> def is_odd(n):
...     return n %2 == 1
...
>>> list(filter(is_odd, [1,2,3,4,5,6,7,8,9]))
    [1, 3, 5, 7, 9]
```

也可以用 lambda 表达式作为参数,表示为:

```
>>> list1 = list(filter(lambda x : x %2 == 1,[1,2,3,4,5,6,7,8,9]))
>>> print(list1)
    [1, 3, 5, 7,9]
```

2) sorted ()

sorted()可以对 list 进行排序,语法如下:

```
sorted(iterable,key=None,reverse=False)
```

参数说明：

- iterable：序列容器。
- key：只有一个参数的函数，指定比较对象，默认本身数字值。
- reverse：排序规则，True 为降序，False 为升序(默认)。

代码 3.11 用 sorted()函数进行简单序列元素排序示例。

```
>>> sorted([22,5, -111, 99, -33])                              #按本身值比较升序排序
    [-111,-33, 5, 22, 99]
>>> sorted([22, 5, -111, 99, -33], key = abs)                 #按绝对值比较升序排序
    [5, 22, 99,-33,-111]
>>> sorted(['bcde','opq','asp','kmn'])                         #对字符串升序排序
    ['asp','bcde','kmn','opq']
>>> sorted(['bcde','opq','asp', 'kmn'],reverse=True)          #对字符串降序排序
    ['opq','kmn','bcde','asp']
>>> L=[('b',2),('a',1),('c',3),('d',4)]
>>> sorted(L, key=lambda x:x[1])                               #基于各元组第二个元素排序
    [('a', 1),('b', 2),('c', 3),('d', 4) ]
```

说明：排序的基本操作是比较和移位。其中，数字或基于数字(字符串)的大小比较非常简单。但是，对于无法取得数字值的元素，就必须使用自定义 key()函数进行特别的比较。

2. 自定义高阶函数与尾递归

仿照上面的内置高阶函数并不难。此外，上面的例子都是参数中有函数的。返回值有函数的典型是尾递归函数。

尾递归函数是指递归调用是整个函数体中最后执行的语句，且它的返回值不属于表达式的一部分时。这个递归调用就是尾递归。这样的递归函数没有任何递延操作，进行尾递归调用(或任何尾调用)时，调用者的返回位置不需要保存在调用栈上；当递归调用返回时，它将直接在先前保存的返回位置上进行分支。因此，尾部递归既节省了空间又节省了时间。在代码 2.30 中的 fact()函数的 return 语句中的递归调用是作为表达式的一部分，所以它不是尾递归函数。

代码 3.12 用尾递归函数计算阶乘。

```
>>> def fact_rial(n,acc = 1):
...     if n < 0:
...       return '错误的参数'
...     elif n== 1 or n == 0:
...       return acc
...     else:
...       acc = n * acc
...       return fact_rial(n - 1,acc)
...
>>> fact_rial(1)
    1
```

```
>>> fact_rial(5)
    120
>>> fact_rial(-2)
    '错误的参数'
```

3.2.2 闭包

1. 闭包的概念

闭包(closure)是一种特殊的嵌套函数。通俗地说,如果在一个嵌套函数中内层函数使用了包围(外层)函数中定义的局部变量,并且包围函数的返回值是内函数的引用,就构成了一个闭包。闭包可以用来在一个函数与一组私有变量之间创建关联关系。在给定函数被多次调用的过程中,这些私有变量能够保持其持久性。

代码 3.13 闭包性质演示。

```
>>> def showName(name):
...     def inner(age):
...         print ('My name is:',name)
...         print ('My age is:',age)
...     return inner                    #函数作为返回值
...
>>> #执行下面的语句
>>> f1 = showName                       #函数被变量 f1 引用
>>> f2 = f1('Zhang')                    #用 f1 代表 showName,其返回值(即 inner)被 f2 引用
>>> f2(18)                              #用 f2 代替 inner
    My name is: Zhang
    My age is: 18
>>>
>>> F2(20)                              #不需要前面两行代码
    My name is: Zhang
    My age is: 20
```

显然,代码 3.13 中的嵌套函数是符合闭包的定义的。在那里作为内函数中第一个 print()函数的 name 是包围函数的临时变量,并且包围函数的返回值是内函数的引用(函数名)。但是,讨论这样一个结构有什么意义呢?若重新执行一下这个闭包,就会发现其具有的特别之处。

这时就会惊奇地发现,第二段不需要前面两行代码,就得到了结果 My name is: Zhang 和 My age is: 20。

一般来说,一旦一个函数执行了返回语句,该函数内部的临时变量所占有的存储空间就会被释放掉,其值不会被保存。再次调用时,要为其重新分配内存。但是在 Python 中,函数对象有一个 __closure __属性。当内嵌函数引用了它的包围函数的临时变量后,这些被引用的自由变量会被保存在该包围函数的 __closure __属性中,成为包围函数本身的一部分;也就是说,这些自由变量的生命周期会和包围函数一样,并被称为闭包变量。这就是 Python 对函数式编程的重要支持机制之一。或者说不同于函数,闭包把函数和运行时的引用环境打包成一个新的整体,不同的引用环境和相同的函数组合可以产生不同的实例。如在代码 3.13 中,每次调用 ShowName()函数时都将返回一个新的闭包实例。这些实例之间是隔离的,分别包含调用时不同的引用环境现场。

2. 闭包的作用

闭包是函数式编程中的重要机制,其主要作用如下。

(1) 通常内部函数运行结束后,其运行的状态(局部变量)是不能保存的,而闭包使函数的局部变量信息依然可以保存下来。对于希望函数的每次执行结果都是基于这个函数上次的运行结果的程序设计,该机制非常有用。

(2) 闭包有效地减少了函数所需定义的参数数目,这对于并行运算来说有重要的意义。在并行运算的环境下,可以让每台计算机负责一个函数,然后将一台计算机的输出与另一台计算机的输入串联起来,形成流水线式的工作,即由串联的计算机集群一端输入数据,而从其另一端输出数据。这样的情境最适合只有一个参数输入的函数。

(3) 避免了使用全局变量。全局变量是一个程序文件中副作用最大的变量,为该程序文件中的所有表达式所共有。一处引用,有可能影响到其他处。因此,函数式编程要求使用闭包将函数与其所操作的某些数据(环境)关联起来。这样不同的函数需要同一个对象时,就不需要使用全局变量了。

(4) 可以根据闭包变量使内嵌函数展现出不同的功能。这有点类似配置功能,可以修改外部的变量,闭包根据这个变量展现出不同的功能。

3. 闭包示例

代码 3.14 在 50×50 的棋盘上,用闭包从方向(direction)和步长(step)两个参数的变化上描述棋子跳动过程的代码(去掉所有的提示符)。

```
>>> origin = [0, 0]                    #坐标系统原点
>>> legal_x = [0, 50]                  #x 轴方向的合法坐标
>>> legal_y = [0, 50]                  #y 轴方向的合法坐标
>>> def create(pos = origin):
...     def player(direction,step):
...         new_x = pos[0] + direction[0] * step
...         new_y = pos[1] + direction[1] * step
...         pos[0] = new_x
...         pos[1] = new_y
...         return pos
...     return player
...
>>> player = create()                  #创建棋子 player,起点为原点
>>> print (player([1,0],5))            #向 x 轴正方向移动 5 步
    [5, 0]
>>> print (player([0,1],10))           #向 y 轴正方向移动 10 步
    [5, 10]
>>> print (player([-1,0],3))           #向 x 轴负方向移动 3 步
    [2, 10]
>>> print (player([0,1],3))            #向 y 轴正方向移动 3 步
    [2, 13]
```

说明:

(1) 棋子移动是基于前一个位置的。由上述运行结果可以看出,闭包的记忆功能十分适合这种问题。

(2) 该程序代码仅用于说明闭包的作用,并非一个完整的棋子移动程序,还有许多功能需要补充,例如,每跳一步还需要判断是否出界等。

3.2.3 装饰器

1. 软件开发的开闭原则与 Python 装饰器

软件开发是一种高强度的脑力劳动,稍有不慎就会酿成大祸。为了尽量避免错误,在长期的开发实践和应对软件危机的过程中,人们总结出一些基本原则。

(1) 单一职责原则(single responsibility principle,SRP)。

(2) 里氏替换原则(Liskov substitution principle,LSP)。

(3) 依赖倒置原则(dependence inversion principle,DIP)。

(4) 接口隔离原则(interface segregation principle,ISP)。

(5) 迪米特法则(law of Demeter,LOD)。

(6) 开闭原则(open closed principle,OCP)。

其中,开闭原则是勃兰特·梅耶(Bertrand Meyer,1950—)在 1988 年提出的。其目的是给出一个软件在运行中随着需求改变应如何与时俱进地进行维护的原则:软件实体应当对扩展开放,对修改关闭。其核心思想是尽量对原来的软件进行功能扩张使其满足新的需求,而不是通过修改原来的软件使其满足新的需求,以保持和提高软件的适应性、灵活性、稳定性和延续性,避免由修改带来的可靠性、正确性等方面的错误,降低维护成本。

Python 装饰器(decorator)是一项基于开闭原则的技术,它可以在不侵入原有代码的前提下,从外部用一个 Python 函数或类对一个函数或类进行功能扩充,是代码复用的高级形式。这里,以对函数进行功能扩充的装饰器为例,介绍 Python 装饰器的基本原理。

2. Python 函数装饰器的实现

一个 Python 函数装饰器就是另一个函数,以函数作为参数并返回一个替换函数的可执行函数。或者说,装饰器就是一个返回函数的高阶函数。

代码 3.15 简单的装饰器示例函数 add()只有两个数相加的计算功能,用装饰器来补充一个打印功能。

```
>>> def add(x,y):                    #功能函数,只进行计算
...     return x + y
...
>>> def logger(func):                #参数剥离
...     def wrapper(a,b):            #增加一阶
...         print(f'{a} + {b} = ',end = '')
...         return func(a,b)
...     return wrapper
...
>>> add = logger(add)
>>> add(3,5)
    3 + 5 = 8
```

说明：

(1) 根据前面介绍的关于 Python 函数第一等对象的特征，从语法的角度不难理解上述代码。在这段代码中，add()是一个原来设计好的功能函数，用于实现两个数的相加。

(2) logger 是一个装饰器，就是一个函数，它的参数 func 用来接收要包装的函数名，其内部定义 wrapper()函数来接收 func 的参数进行处理，并用 return wrapper 返回结果。这样，执行 add＝logger(add)，就是让 add 指向装饰器返回的 wrapper。即调用 add，实际上是调用了 wrapper。

3. Python 装饰符

在代码 3.15 中，使用了语句 add＝logger(add)来说明函数 logger()是功能函数 add()的装饰器。不过，Python 中装饰器语法并不需要每次都用引用语句来说明装饰关系，在功能函数定义时只要在其前面加上“@＋装饰器名字”就可以了。@称为装饰符。

代码 3.16　代码 3.15 改用装饰符的情形。

```
>>> def logger(fun):                                #参数剥离
...     def wrapper(a,b):                           #增加一阶
...         print(f'{a} + {b} = ',end = '')
...         return fun(a,b)
...     return wrapper
...
>>> @logger
... def add(x,y):
...     return x + y
...
>>> print(add(3,5))                                 #第二次输入参数
    3 + 5 = 8
```

说明：在功能函数前添加@装饰器标注，就将装饰器绑定在了功能函数上。这时直接用功能函数名调用，也就添加了装饰器扩展功能。

3.2.4　函数柯里化

函数柯里化(Currying，以逻辑学家哈斯凯尔·加里(Hsakell Curry)命名)是单一职责原则在处理多参数函数时的应用，其基本思路是把多参数函数转化成每次只传递处理一部分参数(往往是一个参数)的函数链，即每个函数都接收一个(或一部分)参数并让它返回一个函数去处理剩下的参数。函数柯里化可以用高阶函数实现。

代码 3.17　一个两数相加的函数。

```
>>> def add(x,y):
...     return (x + y)
...
>>> add(3,5)
    8
```

用高阶函数进行柯里化的形式如下：

```
>>> def add(x):
...     def _add(y):
...         return x+y
...     return _add
...
>>> add(3)(5)
    8
```

3.2.5 偏函数

偏函数(partial function)机制是函数式编程中的一个重要机制,它的基本思想是将几个"残缺不全"的函数重新封装,形成一个完全的函数。其目的在于实现代码复用。为实现这一目的,需要借助于 Python 内置的 functools 模块。functools 模块提供了很多有用的概念,其中的 partial 用于实现偏函数。

下面通过一个例子来说明偏函数的机制。

例 3.1 内置的 int()函数称为 int 类的构造函数,它可以将一个任何进制的数字字符串转换为十进制整数。为此它需要两个参数：被转换的数字字符串和给定进制的 base 参数(默认为 10)。

1. 用不同的函数实现不同数制的转换

代码 3.18 内置函数 int()的应用示例。

```
>>> int('11100010110011',base = 2)
    14515
>>> int('111000101100111',2)
    29031
>>> int('12001222',base = 3)
    3698
>>> int('12312300123',4)
    1797147
>>> int('12341234001234',5)
    1897562694
>>> int('123450012345',6)
    522082505
>>> int('12345600123456',7)
    131869845750
>>> int('1234567001234567', base = 8)
    45954942450039
>>> int('123456780012345678',9)
    21107054117580488
>>> int('123456789abcd00123456789def', base = 16)
    23076874926821388572807795351023
```

假设要转换大量的二进制字符串,每次都传入 int(x,base=2) 非常麻烦。于是可以定义一个 int2()函数,默认把 base=2 传进去。

2. 用默认参数函数实现不同数制的转换

代码 3.19 内置定义有默认值参数的 int2()函数示例。

```
>>> def int2(x,base = 2):
...     return int(x,base = 2)
...
>>> int2('11100010110011')
    14515
>>> int2('111000101100111')
    29031
>>> int2('123456789abcd00123456789def', base = 16)
    Traceback (most recent call last):
      File "<pyshell#2>", line 1, in <module>
        int2('123456789abcd00123456789def', base = 16)
      File "<pyshell#0>", line 2, in int2
        return int(x,base = 2)
    ValueError: invalid literal for int() with base 2: '123456789abcd00123456789def'
```

这时,不可以再对其他进制字符串进行转换。

3. 用偏函数实现不同数制的转换

代码 3.20 由 functools.partial 创建一个偏函数 int2()示例。

```
>>> import functools
>>> int2 = functools.partial(int,base=2)        #functools.partial 创建偏函数 int2()
>>> int2('11100010110011')
    14515
>>> int2('111000101100111')
    29031
>>> int2('123456789abcd00123456789def', base = 16)
    23076874926821388572807795351023
```

显然,这时还可以再对其他进制字符串进行转换。

3.2.6 生成器

1. 生成器的概念及其特点

生成器(generator)是 Python 函数式编程中的一个典型应用。它也是函数,但是是一种惰性求值(lazy evaluation)函数,即它不是一次调用就进行完所有计算,而是一次调用只进行一个值的计算,并且下一次调用会在前一次调用计算的基础上进行。

为什么会这样呢?原因就在于它所使用的返回语句不是 return,而是 yield。yield 与 return 的区别在于,return 返回后,函数状态终止;而 yield 返回后仍会保存当前函数的执行状态,再次调用时会在之前保存的状态上继续执行。这种不断在前一个状态的基础上进行计算的过程称为迭代。这种迭代过程将在迭代不可再进行时结束。

具体地说,生成器具有如下特点。

(1) 生成器函数中会包含一个或多个 yield 语句。

(2) 生成器被调用时,会返回一个迭代器对象,但不会立即开始执行。

(3) 该函数一旦执行 yield,便会暂停,并将控制权转移给调用者。

(4) 调用者可以用 iter()和 next()这样的内置方法遍历迭代器对象,每触发一次,就会在生成器生成的可迭代对象中前进一步,给出所遍历到的一个元素对象。

(5) 每个生成器对象只能被迭代一次。

(6) 生成器可以直接应用于 for 循环。因为 for 循环接受一个迭代器,并使用 next()函数对其进行迭代。

(7) 当 StopIteration 被引发时,生成器自动结束。

例 3.2 斐波那契(Fibonacci,1175—1250,见图 3.2)是中世纪意大利数学家。他曾提出一个有趣的数学问题:有一对兔子,从出生后的第 3 个月起每个月都生一对兔子。小兔子长到第 3 个月又生一对兔子。如果生下的所有兔子都能成活,且所有的兔子都不会因年龄大而老死,问每个月的兔子总数为多少?这些数组成一个有趣的数列,人们将之称为 Fibonacci 数列。

图 3.2 斐波那契

代码 3.21 产生无穷 fibonacci 数列的生成器。

```
>>> def fib():
...     n,a,b = 0,0,1
...     while True:
...         yield b
...         a, b = b, a + b
...         n += 1
...
>>> f = fib()
>>> next(f)
    1
>>> next(f)
    1
>>> next(f)
    2
>>> next(f)
    3
>>> next(f)
    5
```

说明:

(1) 每用 next()向生成器请求一次数据,生成器将用下一个 yield 返回下一个数据。

(2) 这个生成器构造一个无穷 fibonacci 数列。但是,它不是一下子返回,而是随着用户的需要一个一个地陆续返回,充分显示出对内存的友好姿态。如果使用 return 把一整个序列返回,将会很快用尽内存。因此,利用生成器的惰性求值特点,可以在用多少生成多少的前提下构造一个无限的数据类型。

(3) 可以使用多个生成器对一系列操作进行流水线处理。

2. 生成器的其他应用方式

生成器运行后,除了可以 next()函数触发一步步地进行迭代,向生成器请求数据外,还有如下一些应用方法。

1) 用 for-in 向生成器请求数据

除了用 next(),还可以用 for。因为 for 中隐藏了一个 next()。它与直接用 next()请求的不同之处在于能一次生成序列中的全部元素，除非用条件终止这个 for 结构。

代码 3.22　用 for-in 向生成器请求数据示例。

```
>>> def fib(n):
...     i,a,b =0,0,1
...     while i <= n - 1:
...       yield b
...       a,b = b,a + b
...       i += 1
...
>>> for i in fib(5):
...     print(i,end = ',')
...
    1,1,2,3,5,
```

2）以管道生成器的形式请求生成器中的数据

以管道生成器的形式请求生成器中的数据可以使用多个生成器对一系列操作进行流水线处理。

代码 3.23　将斐波那契数列生成器与一个平方数生成器连接成管道示例。

```
>>> def fib(n):
...     a,b = 0,1
...     for i in range(n):
...       a,b = b,a + b
...       yield b
...
>>> def square(n):
...     for i in n:
...       yield i ** 2
...
>>> print(sum(square(fib(5))))        #连接成管道
    103
```

3）以生成器表达式与列表解析式的形式向生成器请求数据

简化 for 和 if 语句，使用圆括号将之括起就形成一个生成器表达式，若使用方括号则形成一个列表解析式，以向生成器请求数据。

代码 3.24　以生成器表达式和列表解析式的形式向生成器 range()请求数据示例。

```
>>> #生成器表达式
>>> result1= (x for x in range(5))
>>> result1
    <generator object <genexpr> at 0x0000025659D836D0>
>>> type(result1)
    <class 'generator'>
>>> next(result1)
    0
>>> next(result1)
    1
>>> next(result1)
    2
>>> next(result1)
    3
>>> next(result1)
```

```
    4
>>> next(result1)
    Traceback (most recent call last):
      File "<pyshell#18>", line 1, in <module>
        next(result)
    StopIteration
>>> #列表解析表达式
>>> result2 = [ x for x in range(5)]
>>> type(result2)
    <class 'list'>
>>> result2
    [0, 1, 2, 3, 4]
>>> result2
    [0, 1, 2, 3, 4]
```

说明:

(1) 生成器表达式只可向前迭代执行,不可逆执行;列表解析式则可以重复执行。

(2) 使用生成器表达式可以轻松地动态创建简单的生成器。它使得构建生成器变得容易。

3. Python 内置的生成器举例

为了方便用户,Python 自己定义了一些内置生成器,range()就是应用最多的一个生成器。前面已经介绍,这里不再赘述。但要注意的是,range()不可以用 next()函数迭代。

除此之外,还有一些,下面仅举两例。

1) zip ()函数

zip()是一个打包函数。它能将多个序列打包成一个元组列表。其打包过程如下:从每个序列里获取一项,把这些项打包成元组。如果有多个序列,以最短的序列为元组的个数。

执行 next()函数可以逐步观察到 zip()生成序列的过程。

代码 3.25　用 next()观察 zip()的工作过程。

```
>>> zipped = zip(a,b,c)
>>> next(zipped)
    (1, 'a', 5)
>>> next(zipped)
    (2, 'b', 6)
>>> next(zipped)
    (3, 'c', 7)
>>> next(zipped)
    Traceback (most recent call last):
      File "<pyshell#17>", line 1, in <module>
        next(zipped)
    StopIteration
```

next()称为迭代器。zip()称为可迭代对象(iterable)。

2) map ()函数

map()是一个生成器,它会根据提供的函数对指定的一个或多个可迭代对象进行映射。map()函数的语法如下:

```
map(function, iterable1[,iterable 2, …])
```

map()的第一个参数 function 是一个一对一或多对一的函数，剩下的参数是一个或多个可迭代对象。Map()被调用后，将用可迭代对象中的每个元素调用函数，返回包含每次function()函数的返回值，最后形成一个可迭代对象。

注意：如果是多个序列，要求序列包含的元素个数相同。

代码 3.26　map()函数用法示例。

```
>>> tup1 = (1,3,5,7,9)
>>> tup2 = (10,8,6,4,2)
>>> tup3 = tuple(map(lambda x,y: x + y,tup1,tup2))
>>> print(tup3)
    (11,11, 11,11,11)
```

它的参数由一个函数和多个可迭代对象组成，所生成的数据序列中的每项，都是由函数参数依次对可迭代对象的各项进行计算的结果。

代码 3.27　map()以一个可迭代对象为参数示例。

```
>>> m = map(lambda x : x * 2, [1, 2, 3])
>>> next(m)
    2
>>> next(m)
    4
>>> next(m)
    6
>>> next(m)
    Traceback (most recent call last):
      File "<pyshell#27>", line 1, in <module>
        next(m)
    StopIteration
>>> m1 = map(lambda x, y : x * y, [1, 3, 5], [2, 4, 6])
>>> next(m1)
    2
>>> next(m1)
    12
>>> next(m1)
    30
>>> next(m1)
    Traceback (most recent call last):
      File "<pyshell#32>", line 1, in <module>
        next(m1)
    StopIteration
```

代码 3.28　map()以三个可迭代对象为参数示例。

```
>>> m2 = map(lambda x, y, z : str(x) + str(y) + str(z), ['a', 'b', 'c'], ['p', 'q','r'],['x', '
        y', 'z'])
>>> next(m2)
    'apx'
>>> next(m2)
    'bqy'
```

```
>>> next(m2)
    'crz'
>>> next(m2)
    Traceback (most recent call last):
      File "<pyshell#38>", line 1, in <module>
        next(m2)
    StopIteration
```

习题 3.2

一、判断题

1. 闭包是在其词法上下文中引用了自由变量的函数。 （ ）

2. 包是由函数与其相关的引用环境组合而成的对象。 （ ）

3. 包在运行时可以有多个实例，不同的引用环境和相同的环境组合可以产生不同的实例。 （ ）

4. 闭包是延伸了作用域的函数，其中包含了函数体中引用而不是定义体中定义的非全局变量。 （ ）

5. 对于生成器对象 x=(3 for i in range(5))，连续两次执行 list(x)的结果是一样的。 （ ）

6. 包含 yield 语句的函数一般称为生成器函数，可以用来创建生成器对象。 （ ）

7. 在函数中 yield 语句的作用和 return 完全一样。 （ ）

8. 对于数字 n，如果表达式 0 not in [n%d for d in range(2,n)]的值为 True，则说明 n 是素数。 （ ）

二、代码分析题

阅读下面的代码，指出程序运行结果并说明原因。也可以先在计算机上执行，得到结果，再分析得到这种结果的理由。

1.

```
def greeting_conf(prefix):
    def greeting(name):
        print (prefix, name)
    return greeting

mGreeting = greeting_conf("Good Morning")
mGreeting("Wilber")
mGreeting("Will")
aGreeting = greeting_conf("Good Afternoon")
aGreeting("Wilber")
aGreeting("Will")
```

2.

```
def count():
    fs = []
```

```
    for i in range(1, 4):
        def f(j):
            def g():
                return j * j;
            return g
            fs.append(f(i))

    return fs

f1, f2, f3 = count()
print (f1(), f2(), f3())
```

3.

```
def log(f):
    def fn(*args, **kw):
        print ( 'call ' + f.__name__ + '()...')
        return f(*args, **kw)
    return fn

def factorial(n):
    return reduce(lambda x,y: x * y, range(1, n+1))

print (factorial(10))
call factorial()...
```

4.

```
def log(prefix):
    def log_decorator(f):
        def wrapper(*args, **kw):
            print (f'[{prefix}],{f.__name__}()...')
            return f(*args, **kw)
        return wrapper
    return log_decorator

@log('DEBUG')
def test():
    pass

print (test())
```

5.

```
Import time

def deco(func):
    def wrapper():
        startTime = time.time()
        func()
        endTime = time.time()
            msecs = (endTime - startTime) * 1000
        print(f"time is {msecs} ms")
    return wrapper

@deco
```

```
def func():
    print("hello")
    time.sleep(1)
    print("world")

if __name__ == '__main__':
    f = func
    f()
```

6.

```
import time

def deco(func):
    def wrapper(*args, **kwargs):
        startTime = time.time()
        func(*args, **kwargs)
        endTime = time.time()
        msecs = (endTime - startTime) * 1000
        print(f"time is {msecs} ms")
    return wrapper

@deco
def func(a,b):
    print("hello,here is a func for add :")
    time.sleep(1)
    print(f"result is {a+b}")

@deco
def func2(a,b,c):
    print("hello,here is a func for add :")
    time.sleep(1)
    print(f"result is {a+b+c}")

if __name__ == '__main__':
    f = func
func2(3,4,5)
f(3,4)
```

7.

```
def dec1(func):
    print("1111")
    def one():
        print("2222")
        func()
        print("3333")
    return one

def dec2(func):
    print("aaaa")
    def two():
    print("bbbb")
```

```
        func()
        print("cccc")
    return two

@dec1
@dec2
def test():
    print("test test")

test()
```

8.

```
def spamrun1(fn):
    def sayspam1( * args):
        print("spam1,spam1,spam1")
        fn( * args)
    return sayspam1

@spamrun
@spamrun1
def useful(a,b):
    print(a * b)

if __name__ == "__main__"
  useful(2,5)
```

9.

```
def attrs( * * kwds):
    def decorate(f):
        for k in kwds:
                setattr(f, k, kwds[k])
        return f

    return decorate

@attrs(versionadded="2.2",author="Guido van Rossum")
def mymethod(f):
    print(getattr(mymethod,'versionadded',0))
    print(getattr(mymethod,'author',0))
    print(f)

if __name__ == "__main__"
mymethod(2)
```

10.

```
def add(a,b):
    return a + b
def test():
    for r in range(4):
            yield r
g=test()
g=(add(10,i) for i in (add(10,i) for i in g))
print(list(g))
```

11.

```
def funA(desA):
    print("It's funA")

def funB(desB):
    print("It's funB")

@funB
@funA
def funC():
    print("It's funC")
```

12.

```
def funA(desA):
    print("It's funA")

print('---')
print(desA)
desA()
print('---')

def funB(desB):
    print("It's funB")

@funB
@funA
def funC():
    print("It's funC")
```

三、实践题

1. Python 提供的 sum()函数可以接受一个 list 并求和，编写一个高阶函数 prod()，可以接受一个 list 并利用 reduce()函数求积。

2. 利用 map()函数，把用户输入的不规范的英文名字，变为首字母大写，其他小写的规范名字。输入为['adam','LISA','barT']，输出为['Adam','Lisa','Bart']。

3. 设计一个杨辉三角形(图 3.3)生成器。

```
          1
         1 1
        1 2 1
       1 3 3 1
      1 4 6 4 1
    1 5 10 10 5 1
  … … … … … … …
```

图 3.3 杨辉三角形

4. 利用 map 和 reduce 编写一个 str2float 函数，把字符串'123.456'转换成浮点数 123.456。

5. 一个棋盘有 8×8 个格子，左上角为坐标系原点(0,0)，程序要通过方向(direction)、步长(step)控制棋子的运动。用闭包写出控制的程序(可以先不考虑移动棋子涉及的出界问题)。

6. 用偏函数把一个秒数转换为“时:分:秒”格式。

7. 回数是指从左向右读和从右向左读都是一样的数，例如 12321、909。利用 filter()筛选出回数。

8. 实现一个装饰器，限制某函数被调用的频率(如 10 秒一次)。

第4章　Python 基于类的编程

20 世纪 60 年代,刚经过蹒跚学步的少年计算机,正踌躇满志地开拓更广阔的发展空间,软件危机却如一场噩梦不期而至,搅得它如陷泥潭、晕头转向。然而,困境总是为想有作为的人提供大展才华的机会。1968 年,唐纳德·克努特(Donald Knuth,1938—)的以介绍算法为主的巨著《计算机程序设计的艺术》开始分卷陆续出版;同年,尼古拉斯·沃斯(Niklaus Wirth,1934—)提出了结构化程序设计的想法;1976 年,沃斯出版了他的名著《数据结构 + 算法 = 程序》。这些成果,标志着一条以“自顶向下,逐步细化”“清晰第一,效率第二”思想修筑的面向过程的软件开发大道已经形成。

但是,这并非人们的唯一选择。早在 1962 年,挪威科学家奥利-约翰·达尔(Ole-Johan Dahl,1931—2002)和克利斯登·奈加特(Kristen Nygaard,1926—2002)为进行计算机模拟,设计出了一种称为 Simula 的程序设计语言,并于 1967 年正式发布,命名为 Simula 67。在这个程序设计语言中,使用了对象(object)、类(class)和继承,来模拟现实世界中真实存在的个体、分类和继承关系。从而在那条面向过程的结构化主干线之旁,踩出了一条面向对象的人行小路。

1970 年,美国的艾伦·凯(Alan Kay,1940—)为开发图形用户界面,在 Simula 语言的启发下,构思出了面向对象的 Samlltalk 语言,将面向对象的人行小路碾扩成与面向过程的开发大道平行的乡间道路。20 世纪 80 年代,布莱德·考克斯(Brad Cox,1944—2021)在其公司 Stepstone 开发项目时,把 Smalltalk 中的一些机制引进 C 语言中,推出了 Objective-C,并马上红了起来,到 2010 年左右就在 TIOBE 编程榜上名列前茅。这标志着这条面向对象的乡间道路,正在与面向过程的大道走向合并。从此,面向对象程序设计雄风骤起,各种程序设计语言,开始宣布支持面向对象程序设计,Python 也不例外。

面向对象程序设计将每一个要求解的问题,解释为组成这个问题领域内的个体活动及相互作用。因此,编程的第一步是对问题领域中各个个体(即问题领域中的 object)进行分析,找出它们与问题相关的特征(行为特征——动态属性、状态特征——静态属性)。但是编码不按照问题领域的对象进行,而是将具有相同特征者抽象为程序中的类(class),以类为单位进行编码,然后用不同状态的值(简称属性)生成程序中的对象。这既符合结构化要求,又体现了代码复用。此外,还尽量找出类之间的层次关系,用继承手段,由高层类派生出低层类。这又是一种代码复用。由此可见,面向对象程序设计的核心是设计类并构造类之间的关系,所以它的实质是基于类的编程。

4.1　构建 Python 类

4.1.1　Python 类定义语法

类是一类对象的模型。在 Python 中,类用关键字 class 定义,其语法如下:

```
class 类名:
      类文档串            #一种注释,用于类的描述文档,可以省略
      类属性声明
      def__init__(self,实例参数 1,实例参数 2,…):
          实例属性声明
      方法定义
```

说明:

(1) 类定义由类头和类体两大部分组成。类头也称类首部,占一行,以关键字 class 开头,后面是类名,之后是冒号。类头下面是缩进的类体。

(2) 类名应当是合法的 Python 标识符。自定义类名的首字母一般采用大写。

(3) 类体由类文档串和类成员的定义(说明)组成。类文档串是一个对类进行说明的三双引号字符串,通常放在类体的最前面,对类的定义进行一些说明,可以省略。类体的成员可以分为方法和属性两大类。

(4) 在类体的方法中,有一个不可或缺的特殊方法__init __()。这是一个默认方法,用于对实例变量进行初始化,故称为初始化方法。

对问题领域进行分析,确定了需要哪些类,它们各有一些什么成员后,就可以构建类对象了。

代码 4.1 Employee 类构建示例。

```
>>> #mployee.py
>>> class Employee():
...   """
...   名称:公司员工类定义
...   开发时间:2022 年 8 月 8 日
...   开发人:XYZ
...   """
...       corpName = 'ABC 公司'                #类属性 1:公司名称
...       numEmpl = 0                         #类属性 2:公司人员数量
...       def __init__(self,empName,empAge):
...           self.empName = empName          #实例属性,公开属性
...           self.__empAge = empAge          #实例属性,私密属性
...           Employee.numEmpl += 1           #应用类属性
...           pass                            #空语句,表示该方法定义结束
...
...       def empIntroduction(self):          #实例方法:介绍员工,self 为参数
...           print('员工:{ self.empName },年龄:{ self.__empAge }',end =',')
...           pass                            #空语句,表示该方法定义结束
...
...       @classmethod                        #装饰器
...       def getNumEmpl(cls):                #类方法:输出员工数,cls 为参数
...           return cls.numEmpl
...
...       pass
```

说明:__init __()方法用于对一个新的实例对象进行初始化。它不仅对新对象的实例属性(如 empName 和 empAg)进行初始化,还要对与新对象有关的类属性(如 numEmpl)进行修改。对实例属性的初始化通过赋名操作进行,例如:

```
self.empName = empName
```

在这个语句中，赋名操作符(＝)左面的 self.empName 为 __init __()方法中定义的实例对象的一个成员，右面 empName 是别的函数向 __init __()方法传来的参数。

对于类属性的修改，可以直接进行。

4.1.2 由类生成实例对象

定义了类之后，就有了其所代表的这类对象的模型。这样，就可以由这个类来生成具体的实例对象了。

代码 4.2 由 Employee 类生成实例对象并进行有关测试示例。

```
>>> import Employee
>>> liu = Employee('刘柳',36)          #生成实例对象
>>> print(f"目前{Employee.corpName}职工人数为{Employee.numEmpl}人。")          #类属性
    目前 ABC 公司职工人数为 1 人。
>>> type(Employee)
    <class 'type'>
>>> type(liu)
    <class '__main__.Employee'>
>>> id(Employee)
    2583715053424
>>> id(liu)
    2583744729520
>>> liu.getNumEmpl()                    #实例名为前缀,访问类方法
    1
>>> liu.numEmpl                         #实例名为前缀,引用类属性
    1
>>> liu.empIntroduction()               #实例名为前缀,引用实例方法
    员工: 刘柳,年龄: 36.
>>> wang.__init__("王婉",35)            #实例名为前缀,引用实例方法__init__,()修改当前对象属性
>>> wang.empIntroduction()
    员工: 王婉,年龄: 35.
```

说明：经过对对象 liu 的 type()测试，得到的结果是＜class ' __main __.Employee'＞。这说明，其类型就是类 Employee，并且这个类名字是定义在当前的顶层模块中。这就让人想起，在第 1 章中，测试那些内置数据对象的类型时，得到的是＜class 'int'＞等结论。从前面的这些结论中可以悟出，int 等对象，也是由相应的类所生成的，并且那些对象的作用域内置作用域中。由此，也可以进一步悟出：在 Python 中，类与类型是一致的。类 Employee 的 type()测试得到的结果＜class 'type'＞，就更加证明了此结论。但是，这个统一是 Python 2.2 版本才开始的。这一改革导致了 Python 2.2 开始形成的新式类与经典类共存，直到进入 Python 3 后，才由新式类完全取代了经典类。

还有一些其他的测试，将在 4.2 节讨论。

习题 4.1

一、判断题

1. 一个实例对象一旦被创建，其作用域就是整个类。 ( )
2. 实例就是具体化的对象。 ( )
3. 方法和函数实际上是一回事。 ( )
4. Python 中一切内容都可以称为对象。 ( )

二、实践题

1. 设计一个 Rectangle 类，可由方法成员输出矩形的长、宽、周长和面积。
2. 设计一个大学生类，可由方法成员输出学生姓名、性别、年龄、学号、专业。
3. 设计一个 Cat 类，具有名字、品种、颜色、年龄、性别等属性，以及抓老鼠能力。再设计一个 Mouse 类，具有名字、品种、颜色、年龄、性别等属性。分别创建 3 个猫对象和 5 个老鼠对象，让猫抓老鼠，每只猫只抓一只老鼠，输出哪只猫抓了哪只老鼠。

4.2　Python 类成员

本节结合代码 4.1 讨论类定义中的有关成员的意义和用法。

4.2.1　cls 与 self

cls 和 self 是两个内置的、具有关键字性质的公约名字。cls 表示“此类”，self 表示“此实例对象”。

在类定义中，凡是加 self.前缀的属性都属于实例属性，或称实例变量。通常实例变量都定义在 __init __()方法中。这些属性将作为某个具体类实例(类对象)的成员。如在 Employee 的定义代码中，empName 和 __empWage 都属于实例属性，它们都定义在 __init __()方法中。在类定义中，使用它们，需要加上前缀 self.，以表明它们的作用域在实例对象中。在类定义外使用这些名字时，就要将 self 换为具体的对象名(实例名)。不可以使用类名引用实例成员。

凡在类定义中，没有用 self.作为前缀的属性变量，都是类对象属性(简称类属性)，或称类对象变量(简称类变量)。如在 Employee 的定义代码中，corpName 和 numEmpl 都是类属性。在类定义中可以直接使用类变量，但加上类名也可以。在外部使用时，需要加上类对象名或实例对象名前缀。

在类定义中定义的方法也分为类方法和实例方法。它们的区别不在前缀上，而是在参数上：类方法要装饰器@classmethod 修饰，并且它的第一个参数一定是 cls，如 getNumEmpl()；实例方法的第一个参数一定是 self，如 __init __()和 empIntroduction()都是实例方法。二者的用法分别与实例属性和类属性相同。

在代码 4.2 的测试中，已经可以看出类成员与实例成员的区别了。应当注意，类方法只能访问类变量，不可访问实例变量；而实例方法，既可访问实例变量，又可访问类变量，如本

例中的 __init()__,既可以访问实例变量 empName 和 __empWage,又可访问类变量 numEmpl。

4.2.2 公开成员与私密成员

按照信息隐藏原则,类定义中的成员分为公开和私密两种。Python 规定以双下画线(__)为开头的成员属于私密成员,其他为公开成员。一个成员一旦定义为私密成员,就不可在外部直接访问,只可以间接访问。代码 4.1 定义的类 Employee 中, __empAge 就是私密成员。

代码 4.3 Employee 类中的公开成员和私密成员测试示例。

```
>>> import Employee
>>> wang.empName                #实例对象名在外部访问公开实例属性,ok
    '王婉'
>>> wang.empAge                 #实例对象名在外部访问私密实例属性,no
    Traceback (most recent call last):
        File "<pyshell#94>", line 1, in <module>
          wang.empAge
    AttributeError: 'Employee' object has no attribute 'empAge'. Did you mean: 'empName'?
>>> wang.empIntroduction()      #实例对象通过公开实例方法间接访问私密实例属性,ok
    员工: 王婉,年龄: 35.
```

4.2.3 __new__()与__init__()

根据代码 4.1 中的 Employee 类定义给代码 4.2、代码 4.3 进行测试,大致可以有一个思路:当用 Employee 生成一个对象时,会由 Employee()将参数传给初始化函数 __init __(),并驱动 __init __()完成初始化,返回结果。

但实际上,并非完全如此。中间还有一个函数在默默地奉献。这个函数是 __new __()。

所以 Employee 生成一个对象的实际过程:Employee()将参数先传给 __new __(),由 __new __()进行存储分配,然后再由 __new __()返回实例化对象并将参数传给 __init __(),由 __init __()对已生成为对象的有关属性进行初始化。__init __()是在 __new __()基础上进行的初始化,所以它不需要返回对象。

__new __()和 __init __()都是系统提供的,只是由于实例化的初值往往会因用户要求不同,如果不重写,将无法进行实例对象的初始化。

__new __()是在 __init __()中被调用的。它的作用是根据属性类型开辟空间,并决定是否需要调用 __init __()进行初始化。没有 __new __()向 __init __()传递 cls 引用的实例对象属性, __init __()是起不了作用的。如果不重写,它的结构如下:

```
>>> def __new__(cls, * args, * * kwargs):
...     return super().__new__(cls, * args, * * kwargs)
...     #returnobject.__new__(cls, * args, * * kwargs)
```

已经可以满足众多需求,所以系统只会调用默认的 __new __()。

4.2.4 装饰器与静态方法

Python 提供了一些装饰器来扩展类成员的能力,下面介绍几个常用的装饰器。

1. @property

@property 装饰器可以将类中属性的访问和引用操作自动转为方法调用。常用于对属性值的条件限制上。这个装饰器常搭配下面的另两个装饰器使用。

(1) @属性名.setter：修改属性值。

(2) @属性名.deleter：删除属性。

代码 4.4 修改代码 4.1，使之可以对年龄范围进行限制、修改与删除。

```
>>> class Employee():
...     corpName = 'ABC 公司'
...     def __init__(self,empName,empAge):
...       self.empName = empName
...       self.__empAge = empAge
...       pass
...     @property
...     def age(self):                    #@property 装饰器定义的__empAge 值获取方法
...       return self.__empAge
...     @age.setter
...     def age(self,newEmpAge):          #@setter 装饰器定义的__empAge 值获取方法
...       if newEmpAge < 16 or newEmpAge >= 60:
...         print("年龄不在国家规定范围内!")
...       else:
...         self.__empAge = newEmpAge
...       pass
...     @age.deleter
...     def age(self):                    #@deleter 装饰器定义的__empAge 属性删除方法
...       del self.__empAge
...       pass
...     pass
...
>>> if __name__ == '__main__':
...     emp1 = Employee("王望",55)      #创建对象
...     emp1.age = 63                     #设置__empAge
...
    年龄不在国家规定范围内!
```

2. 静态方法与@staticmethod 装饰器

静态方法(static method)与类方法(class method)有许多相似之处。

(1) 可以由类对象或实例对象调用。

(2) 不可以对实例对象进行访问，即不传入实例对象及其参数。

(3) 只传入与实例对象无关的类属性。

它们的不同点如下。

(1) 定义时所使用的修饰器不同。静态方法使用@staticmethod，类方法使用@classmethod。

(2) 参数不同。类方法用类对象作为默认的第一参数，通常用 cls 指代；静态方法则没有 cls 参数。

代码 4.5 使用静态方法输出 Employee 类生成的实例对象数。

```
>>> class Employee():
...     numEmpl = 0              #类属性
...     def __init__(self):
...         Employee.numEmpl += 1
...         pass
...     @staticmethod
...     def getNumEmpl( ):       #静态方法
...         print(f'Number of instances created:{Employee. numEmpl}.')
...         pass
...
>>> emp1,emp2,emp3 = Employee(),Employee(),Employee()
>>> emp1.getNumEmpl( )
    Number of instances created:3.
>>> emp2.getNumEmpl( )
    Number of instances created:3.
>>> emp3.getNumEmpl( )
    Number of instances created:3.
```

习题 4.2

一、选择题

1. 只可访问一个类的静态成员的方法是(　　)。
   A. 类方法　B. 静态方法　C. 实例方法　D. 外部函数
2. 只有创建了实例对象,才可以调用的方法是(　　)。
   A. 类方法　B. 静态方法　C. 实例方法　D. 外部函数
3. 将第一个参数限定为定义给它的类对象的是(　　)。
   A. 类方法　B. 静态方法　C. 实例方法　D. 外部函数
4. 将第一个参数限定为调用它的实例对象的是(　　)。
   A. 类方法　B. 静态方法　C. 实例方法　D. 外部函数
5. 只能使用在成员方法中的变量是(　　)。
   A. 类变量　B. 静态变量　C. 实例变量　D. 外部变量
6. 不可以用 __init__() 方法初始化的实例变量称为(　　)。
   A. 必备实例变量　B. 可选实例变量
   C. 动态实例变量　D. 静态实例变量

二、填空题

1. 实例属性在类体内通过________访问,在外部通过________访问。
2. 类方法的第一个参数限定为________,通常用________表示。
3. 实例方法的第一个参数限定为________,通常用________表示。
4. 实例对象创建后,就会自动调用________进行实例对象的初始化。
5. 一个实例对象一经创建成功,就可以用________运算符调用其成员。
6. 在表达式“类名.成员变量”中的成员变量是________成员变量;在表达式“实例.成员变量”中的成员变量是________成员变量。

三、判断题

1. 在 Python 中定义类时，所有实例方法的第一个参数用来表示对象本身，在类的外部通过对象名来调用实例方法时不需要为该参数传值。 (　　)

2. 通过对象不能调用类方法和静态方法。 (　　)

3. Python 中没有严格意义上的私有成员。 (　　)

4. 一个实例对象一旦被创建，其作用域就是整个类。 (　　)

5. Python 允许为自定义类的对象动态增加新成员。 (　　)

6. 在 Python 中定义类时，实例方法的第一个参数名称必须是 self。 (　　)

7. Python 只允许动态为对象增加数据成员，而不能动态为对象增加成员方法。 (　　)

8. 在 Python 中定义类时，实例方法的第一个参数名称不管是什么，都表示对象自身。 (　　)

四、代码分析题

阅读下面的代码，判断其是否可以运行：若可以运行，给出输出结果；不可运行，说明理由。

1.

```
class A:
    def __init__(self,p = 'Python'):
        self.p = p
    def print(self):
        print(self.p)

a = A()
a.print()
```

2.

```
class A:
    def __init__(self):
        self.p = 1
        self._q = 1

    def getq(xyz):
        return self.-q

    a = A()
a.p = 20
print(a.p)
```

3.

```
class Account:
     def __init__ (self,id):
         self.id = id; id = 999

ac = Account(1000); print(ac.id)
```

4.

```
class Account:
    def __init__ (self, id, balance):
        self.id = id; self.balance = balance
    def deposit(self, amount): self.balance += amount
def withdraw(self, amount): self.balance -= amount
acc = Account('abcd', 200); acc.deposit(600); acc.withdraw(300)
print(acc.balance)
```

5.

```
class Test:
    def init(self, value):
        self.__value = value
    @property
    def value(self):
        return self.__value

t = Test(3)
t.value = 5
print(t.value)
```

6.

```
class Fibonacci():
    def __init__(self, all_num):
        self.all_num = all_num
        self.a = 1
        self.b = 1
        self.current_num = 0

    def __iter__(self):
        return self

    def __next__(self):
        if self.all_num <= 2:
            self.current_num += 1
            if self.current_num == 3:
                raise StopIteration
            return self.a
        else:
            if self.current_num < self.all_num:
                ret = self.a
                self.a, self.b = self.b, self.a + self.b
                self.current_num+=1
                return ret
            else:
                raise StopIteration

for i in Fibonacci(10):
    print(i)
```

4.3 类的派生

类的派生(derived)是基于已有类创建新类、实现代码复用的一条重要途径。

4.3.1 派生类

派生类就是以一个已有类为基础派生出一个新类。这个已有的类就称为新类的基类(base class)、父类(parent class)或超类(super class);反过来,这个新类称为基类的派生类(derived class)或子类(sub class,child class)。从基类的角度看,它与子类是派生关系;而从子类的角度看,它与父类是继承关系,即子类可以继承父类的属性和方法,实现代码复用。

通常,子类是在父类的基础上增加新的属性和方法而形成的。因为父类与子类相比,具有共性和一般性;而子类与父类相比,具有个性和特殊性。此外,在子类中也可以对父类的方法和属性进行改造。

1. 子类的创建与继承关系的测试

Python 同时支持单继承与多继承。继承的基本语法格式如下:

```
class 类名(父类 1,父类 2,…):
    类的文档串                    #关于类的文档描述,可以省略部分
    类体                          #类的属性和方法的定义
```

说明:

(1) 只有一个父类的继承称为单继承,存在多个父类的继承称为多继承。

(2) 子类会继承父类的所有属性和方法。

(3) 子类的类体中新增的属性和方法,可以覆盖父类中同名的变量和方法。

代码 4.6　以职员类为父类(超类)的管理者类定义及其测试示例。

```
>>> #manager.py
>>> import Employee
>>> class Manager(employee.Employee):                    #manager.py 与 employee.py 在同一目录下
...     def __init__(self,empName,empAge,position):  #增添一个 position 属性
...         super().__init__(empName,empAge)         #调用父类初始化方法,super()为父类对象
...         self.position = position
...         pass
...     def managerIntroduction(self):
...         super().empIntroduction()
...         print(f'职务:{self.position}.')
...         pass
...
>>> manager1 = Manager('李司',44,'总工程师')
>>> manager1.managerIntroduction()
    员工:李司,年龄:44,职务:总工程师.
```

说明:在本例中,父类采用“模块.类名”(即 employee.Employee)的形式给出,是因为 manager.py 与 employee.py 在同一目录下,但不在同一模块中。若它们在同一模块中,则

不需要作为模块名限定。

2. 继承与代码复用

程序设计是一项强度极大的智力劳动。在这种程序员个人的有限智力与客观问题的无限复杂性之间的博弈中，人们悟出了 3 个基本原则：抽象、封装和复用。面向对象程序设计就是这 3 个基本原则成功应用的结晶：它把问题域中的客观事物抽象为相互联系的对象，并把对象抽象为类；它把属性和方法封装在一起，使得内外有别，维护了对象的独立性和安全性；通过继承和组合，实现了代码复用，进而实现了结构和设计思想的复用。这也是面向对象程序设计发展的优势。

继承是一种代码复用机制，它可以使子类继承父类甚至祖类的代码，有效地提高了程序设计的效率和可靠性。对于一个开发成功的类，只要将其所在模块导入，并把它作为基类，无须对其进行修改，就可以通过派生的方法进行功能扩张，从而实现开闭原则(open-closed principle)，即对扩展开放(open for extension)，对修改关闭(closed for modification)。对于内置的类来说，连导入都可以省略，直接用其作为基类即可，这样的例子很多。Python 默认所有的类都是 object 的直接或间接子类，就是因为在 object 中已经定义了所有类都要用得到的方法和属性。

4.3.2 子类访问父类成员的规则

在 Python 中，每个类都可以拥有一个或者多个父类，并从父类那里继承属性和方法。如果一个方法在子类的实例中被调用，或者一个属性在子类的实例中被访问，但是该方法或属性在子类中并不存在，那么就会自动地去其父类中查找。但如果这个方法或属性在子类中被重新定义，就只能访问子类的这个方法或属性。

代码 4.7 在子类中访问父类成员。

```
>>> class A:
...     x = 5
...     def output(cls):
...         return ("AAAAA")
...
>>> class B(A):                         #类 B 为类 A 的子类,没有与类 A 同名的成员
...     pass
...
>>> b = B()
>>> b.x                                 #类 B 的实例访问类 A 的属性
    5
>>> b.output()                          #类 B 的实例调用类 A 的方法
    'AAAAA'
>>> class C(A):                         #类 C 为类 A 的子类,有与类 A 同名的成员
...     x = 1
...     def output(cls):
...         return ('CCCCC')
...
>>> c = C()
>>> c.x                                 #类 C 的实例访问与类 A 同名的属性
    1
```

```
>>> c.output()                          #类 C 的实例调用与类 A 同名的方法
    'CCCCC'
```

显然,子类实例在访问或调用时,其成员屏蔽了父类中的同名成员。

4.3.3 子类实例的初始化

由于所有类中的初始化方法__init__都是同名的,因此,在子类创建实例时就会出现如下两种情况。

1. 单继承时子类没有重写__init__方法

单继承时,若子类没有重写__init__方法,Python 就会自动调用基类的首个__init__方法。

代码 4.8 子类没有重写 __init __ 方法示例。

```
>>> class A:
...     def __init__(self,x = 0):
...         self.x = x
...         print('AAAAAA')
...
>>> class B:
...     def __init__(self,y = 0):
...         self.y = y
...         print('BBBBBB')
...
>>> class C:pass
...
>>> class D(A,B):pass
...
>>> d1 = D(1)
    AAAAAA
>>> d2 = D(1,2)                          #企图初始化继承来的两个实例变量
    Traceback (most recent call last):
      File "<pyshell#24>", line 1, in <module>
        d2 = D(1,2)
    TypeError: __init__() takes 2 positional arguments but 3 were given
>>> class E(B,A):pass
>>> e = E(3)
    BBBBB
>>> class F(C,B,A):pass
>>> f = F(4)
    BBBBB
>>> class G(F,A):pass
>>> g = G(5)
    BBBBB
```

代码 4.8 中 7 个类之间的继承路径如图 4.1 中的虚线所示。

2. 多继承时,子类中没有重写 __init __

在多继承时,如果子类中没有重写__init__,则实例化时将按照继承路径去找上层类中第一个有__init__定义的那个类的__init__作为自己的__init__。例如,D 实例化 d1 时,会

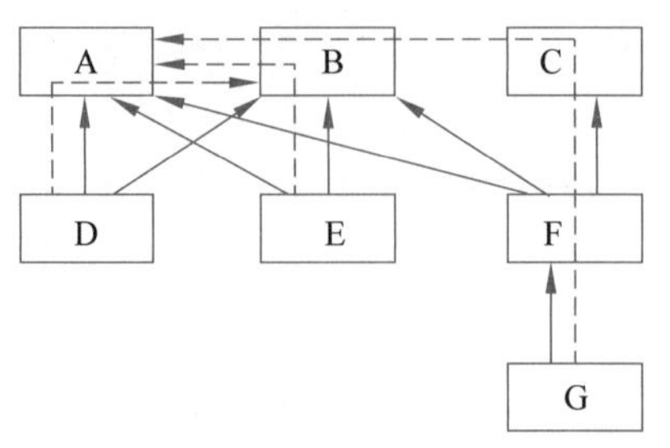

图 4.1 代码 4.8 中 7 个类之间的继承路径

以 A 的__init__作为自己的__init__;E 实例化 e 时,首先找到的是 B 的__init__,则以这个__init__作为自己的__init__;F 实例化 f 时,首先找 C,但 C 没有定义__init__,接着找到 B 有__init__,则以此__int__作为自己的__init__;G 实例化 g 时,首先找到 F,F 没有定义__init__,再找 C 也没有定义__init__,接着找到 B 有__init__,则以此__init__作为自己的__init__。

注意:沿着继承路径向上找__init__时,只能使用一个,不可使用两个或多个。若没有满足的__init__,就会触发 TypeError 错误。

3. 在子类初始化方法中显式调用基类初始化方法

当子类中重写__init__方法时,如果不在该__init__方法中显式调用基类的__init__方法,则只能初始化子类实例中的实例变量。因此,要能够在子类实例创建时有效地初始化从基类中继承来的属性,必须在子类的初始化方法中显式地调用基类的初始化方法。具体可以采用两种形式实现:直接用基类名字调用和用 super()函数调用。

例 4.1 创建自定义异常 AgeError,处理职工年龄出现不合法异常。

我国禁止任何单位或者个人为不满 16 周岁的未成年人介绍就业。禁止不满 16 周岁的未成年人开业从事个体经营活动。所以,一个单位的职工年龄小于 16 周岁,就是一个非法年龄。

Exception 是常规错误的基类,它包含的内容如代码 4.9 所示。

代码 4.9 Exception 类的内容。

```
>>> vars(Exception)
    mappingproxy({'__init__':<slot wrapper '__init__' of 'Exception' objects>,
    '__new__': <built-in method __new__ of type object at 0x000000007211CCF0>,
    '__doc__': 'Common base class for all non-exit exceptions.'})
```

所以,以其作为基类,就会继承这些内容。

代码 4.10 由 Exception 派生 AgeError 类:在子类初始化方法中,用基类名字调用基类初始化方法。

```
>>> class AgeError(Exception):                     #自定义异常类
...     def __init__(self,age):
...       Exception.__init__(self,age)             #用基类名调用基类初始化方法
...       self.age = age
...     def __str__(self):
```

```
...      return (self.age + '非法年龄(< 16)')
...
>>> class Employee:                                    #定义一个应用类
...    def __init__(self,name,age):
...      self.name = name
...      if age < 16:
...        raise AgeError(str(age))
...    else:
...        self.age = age
...
>>> e1 = Employee('ZZ',16)
>>> e2 = Employee('WW',15)
    Traceback (most recent call last):
     File "<pyshell#19>", line 1, in <module>
       e2 = Employee('WW',15)
     File "<pyshell#15>", line 5, in __init__
       raise AgeError(str(age))
    AgeError: 15 非法年龄(< 16)
```

说明：调用一个实例的方法时，该方法的 self 参数会被自动绑定到实例上，称为绑定方法。但是，直接用类名调用类的方法(如 Exception. __init __)就没有实例与之绑定。这种方式称为调用未绑定的基类方法。这样就可以自由地提供需要的 self 参数。

代码 4.11 由 Exception 派生 AgeError 类：在子类初始化方法中，用 super()函数调用基类初始化方法。

```
>>> class AgeError(Exception):                              #自定义异常类
...      def __init__(self,age):
...          super(AgeError,self).__init__(age)    #用 super()函数调用基类初始化方法
...          self.age = age
...      def __str__(self):
...          return (self.age + '非法年龄(< 16)')
...
>>> #其他代码与代码 4.10 中的代码相同
```

说明：super()会返回一个 super 对象，这个对象负责进行方法解析，解析过程中会自动查找所有的父类以及父类的父类。

例 4.2 由硬件(hard)和软件(soft)派生计算机系统(system)。

代码 4.12 用类名(即类对象)直接调用父类初始化方法。

```
>>> class Hard:
...    def __init__(self,cpuName,memCapacity):
...        self.cpuName = cpuName
...        self.memCapacity = memCapacity
...        def dispHardInfo(self):
...            print('CPU:'+self.cpuName)
...            print('Memory Capacity:'+self.memCapacity)
...
>>> class Soft:
```

```
...     def __init__(self,osName):
...         self.osName = osName
...     def dispSoftInfo(self):
...         print('OS:'+self.osName)
...
>>> class System(Hard,Soft):
...     def __init__(self,systemName,cpuName,memCapacity,osName):
...         self.systemName = systemName
...         Hard.__init__(self,cpuName,memCapacity)          #用类名调用父类方法
...         Soft.__init__(self,osName)                       #用类名调用父类方法
...     def dispSystemInfo(self):
...         print('System name:'+self.systemName)
...         Hard.dispHardInfo(self)                          #用类名调用父类方法
...         Soft.dispSoftInfo(self)                          #用类名调用父类方法
...
>>> def main():
...     s = System('Lenovo R700','Intel i5','8G','Linux')
...     s.dispSystemInfo()
...
>>> main()
    System name:Lenovo R700
    CPU:Intel i5
    Memory Capacity:8G
    OS:Linux
```

4.3.4 object 类

Python 新类按照"一个接口(界面)多种实现"的原则,将为 object 类作为所有类的基类,即在定义类时,如果没有指定继承哪个类,则默认的基类就是 object 类。作为所有类的基类,object 类定义了所有类需要的共用成员。表 4.1 单独列出了其中 7 个重要的方法。

代码 4.13 object 类的成员。

```
dir(object)
['__class__', '__delattr__', '__dir__', '__doc__', '__eq__', '__format__', '__ge__',
 '__getattribute__', '__gt__', '__hash__', '__init__', '__init_subclass__', '__le__',
 '__lt__', '__ne__', '__new__', '__reduce__', '__reduce_ex__', '__repr__', '__setattr__',
 '__sizeof__', '__str__', '__subclasshook__']
```

表 4.1 object 类中 7 个重要的方法

方法原型	方法功能
__del __(self)	删除该对象时自动调用
__dict __()	以字典形式显示对象的所有属性名和属性值
__dir __()	显示对象内部所有属性和方法
__eg __()	比较两个对象是否相等,即两个对象名是否指向同一对象
__init __(self)	初始化函数
__new __(cls, * args,**kwargs)	创建对象,给该对象分配空间
__str __(self)	默认情况下,返回描述对象的字符串:默认为对象所属类名以及十六进制的内存地址

习题 4.3

一、判断题

1. 子类是父类的子集。（ ）
2. Python 类不支持多继承。（ ）
3. 子类可以覆盖父类的私密方法。（ ）
4. 子类可以覆盖父类的初始化方法。（ ）
5. 所有的对象都是 object 类的实例。（ ）
6. 父类中非私密的方法能够被子类覆盖。（ ）
7. 在设计派生类时，基类的私有成员默认是不会继承的。（ ）
8. 当创建一个类的实例时，该类的父类初始化方法会被自动调用。（ ）
9. 如果一个类没有显式地继承自某个父类，则默认它继承自 object 类。（ ）

二、代码分析题

阅读下面的代码，给出输出结果。

1.

```
class Parent(object):
    x = 1

class Child1(Parent):
    pass

class Child2(Parent):
    pass

print (Parent.x, Child1.x, Child2.x)
Child1.x = 2
print (Parent.x, Child1.x, Child2.x)
    Parent.x = 3
print (Parent.x, Child1.x, Child2.x)
```

2.

```
class FooParent(object):
    def __init__(self):
        self.parent = 'I\'m the parent.'
        print ('Parent')

    def bar(self,message):
        print( message,'from Parent')

class FooChild(FooParent):
    def __init__(self):
        super(FooChild,self).__init__()
        print ('Child')

    def bar(self,message):
        super(FooChild, self).bar(message)
```

```
        print ('Child bar fuction')
        print (self.parent)

if __name__ == '__main__':
    fooChild = FooChild()
    fooChild.bar('HelloWorld')
```

3.

```
class A(object):
    def tell(self):
        print( 'A tell')
        self.say()
    def say(self):
        print('A say' )
        self.__work()

    def __work(self):
        print( 'A work')

class B(A):
    def tell(self):
        print ('\tB tell')
        self.say()
        super(B,self).say()
            A.say(self)
    def say(self):
        print ('\tB say')
        self.__work()

    def __work(self):
        print ('\tB work')
        self.__run()

    def __run(self): #private
        print ('\tB run')

b = B();b.tell()
```

三、实践题

1. 编写一个类,由 int 类型派生并且可以把任何对象转换为数字进行四则运算。

2. 编写一个方法,当访问一个不存在的属性时,会提示“该属性不存在”,但不停止程序运行。

3. 为学校人事部门设计一个简单的人事管理程序,满足如下管理要求。

(1) 学校人员分为 3 类:教师、学生、职员。

(2) 3 类人员的共同属性是姓名、性别、年龄、部门。

(3) 教师的特别属性是职称、主讲课程。

(4) 学生的特别属性是专业、入学日期。

(5) 职员的特别属性是部门、工资。

(6) 可以统计学校总人数和各类人员的人数,并随着新人进入注册和离校人员注销而动态变化。

4. 为交管部门设计一个机动车辆管理程序，功能如下。

(1) 车辆类型(大客车、大货车、小客车、小货车、摩托车)、生产日期、牌照号、办证日期。

(2) 车主姓名、年龄、性别、住址、身份证号。

5. 编写一个继承自 str 的 Word 类，要求：

(1) 重写一个比较运算符，用于对两个 Word 类对象进行比较。

(2) 如果传入带空格的字符串，则取第一个空格前的单词作为参数。

6. 定义“圆”Circle 类，圆心为“点”Point 类，构造一圆，求圆的周长和面积，并判断某点与圆的关系。

扩　展　篇

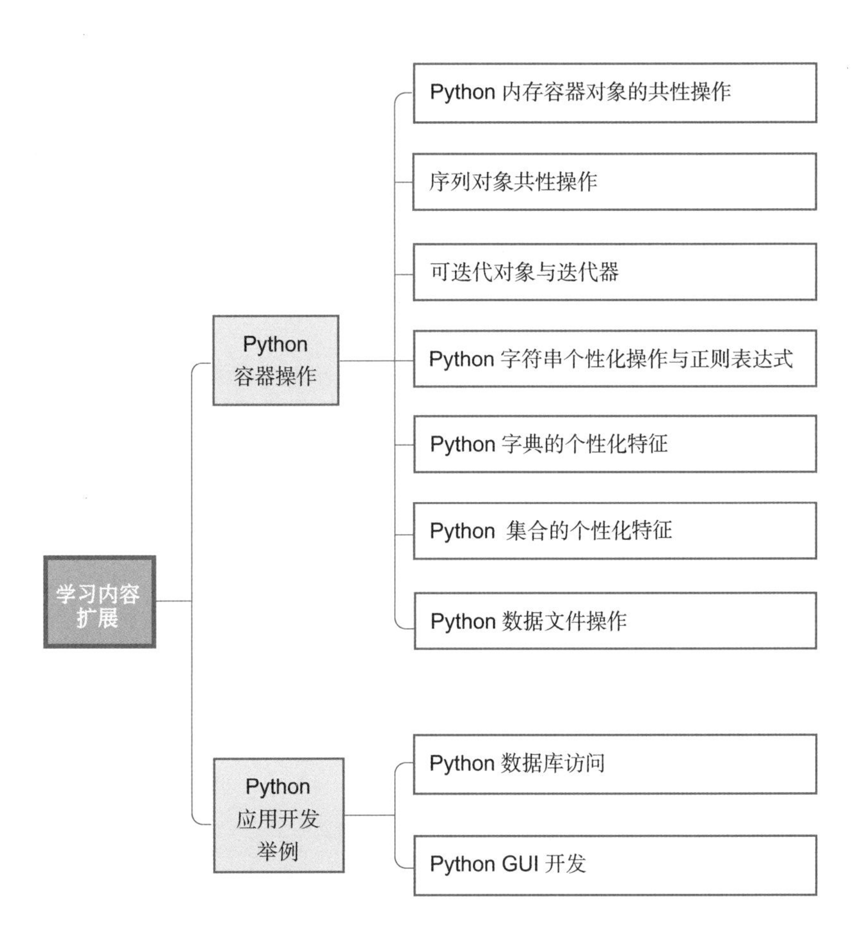

学习内容扩展
Python容器操作
Python 内存容器对象的共性操作
序列对象共性操作
可迭代对象与迭代器
Python 字符串个性化操作与正则表达式
Python 字典的个性化特征
Python 集合的个性化特征
Python 数据文件操作
Python应用开发举例
Python 数据库访问
Python GUI 开发

第5章 Python容器操作

容器(container)是指用以容纳物料并以壳体为主的基本装置。这是一个宽泛的概念。但是在Python领域中,许多人将其窄化了,认为只有list、tuple、dict和set才是容器。实际上,并非如此,上述4个类型的对象仅仅是Python内置的对象容器。如图5.1所示,本章所讨论的Python容器包括内存容器和外存容器。它们都是组织数据对象的容器对象,但存放的物理容器不同:一个在内存,一个在外存。

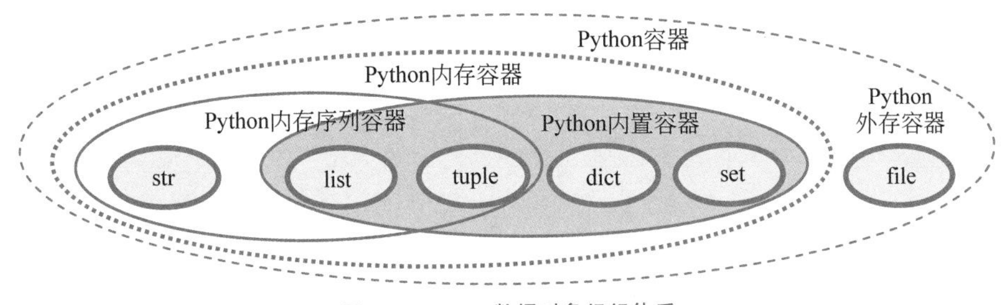

图5.1 Python数据对象组织体系

内存容器由Python内置的容器类型和Python内置的字符串类型数据对象两部分组成。如表5.1所列,str与list、tuple、dict和set都有壳体,都可以存放数据对象,并且在对存放元素的操作上还有许多共同之处。唯一的不同是字符串太单纯,只存放字符,不像其他容器那样,只要是数据对象都可以存放。此外,str与list和tuple在可解析性等方面也极为类似,都属于Python的序列容器。

表5.1 Python内置内存容器的基本特征

<table>
<tr><th>名称</th><th>标识符</th><th>边 界 符</th><th>元 素 类 型</th><th>元素可变</th><th>元素有序</th><th>元素分隔</th><th>元素互异</th></tr>
<tr><td>字符串</td><td>str</td><td>'…'、"…"、'''…'''、"""…"""</td><td>字符串</td><td rowspan="2">否</td><td rowspan="3">位置顺序</td><td>无</td><td rowspan="3">否</td></tr>
<tr><td>元组</td><td>tupie</td><td>(…)</td><td>任何类型</td><td rowspan="5">,</td></tr>
<tr><td>列表</td><td>list</td><td>[…]</td><td>任何类型</td><td rowspan="3">是</td></tr>
<tr><td>字典</td><td>dict</td><td rowspan="3">{…}</td><td>键有限制,值可为任何对象</td><td rowspan="3">否</td><td>值否</td></tr>
<tr><td rowspan="2">集合</td><td>set</td><td rowspan="2">任何类型</td><td rowspan="2">是</td></tr>
<tr><td>forzenset</td><td>否</td></tr>
</table>

5.1 Python内存容器对象的共性操作

5.1.1 内存容器对象的创建与类型转换

内存容器(简称容器)对象都可以用如下3种方式构建对象:用字面量直接书写、用构造方法构造和用推导式创建。

1. 用字面量直接书写容器实例对象

不管是元组、列表、字符串，还是字典、集合，只要用相应的边界符将合法的元素括起来，就成为某个容器的字面量，这个字面量是某种类型容器的实例对象。

代码 5.1　用字面量创建容器实例对象的同时，用引用变量指向该对象。

```
>>> a = 1;b = 2; c = 3
>>> #####列表对象创建#####
>>> list1 = [a,b,c,a,3]
>>> list1; type(list1)
    [1, 2, 3, 1, 3]
    <class 'list'>
>>> #####元组对象创建#####
>>> tuple1 = a,b,c,a,3
>>> tuple1; type(tuple1)
    (1, 2, 3, 1,3)
    <class 'tuple'>
>>> #####集合对象创建#####
>>> set1 = {a,b,c,1,2,5}
>>> set1; type(set1)
    {1, 2, 3, 5}
    <class 'set'>
>>> #####字典对象创建#####
>>> dict1 = {'a':a,'b':b,'c':c,'a':5,'d':a}
>>> dict1; type(dict1)
    {'a': 5, 'b': 2, 'c': 3, 'd': 1}
    <class 'dict'>
>>> #####字符串对象创建#####
>>> str1= 'abcde 123abc'
>>> str1; type(str1)
    'abcde123abc'
    <class 'str'>
```

说明：

从上述容器对象创建过程可以看出：

(1) Python 内置容器不一定都要求只存储相同类型的元素。

(2) 列表和元组允许有重复的元素，而集合不能有重复元素，因为集合是按值分配存储空间的。这符合数学中的集合概念。此外，字典不能有重复的键，若有重复的键，则只取最后出现的键-值对。因为在字典中是按键存储值的，遇到先出现的键-值对，就先存储起来，后面再出现相同的键，就用其对应的值覆盖原先的值。

(3) 在用字面量创建容器对象的同时，还可以用变量引用这些容器实例对象。

(4) 一般来说，元组就是一组以逗号分隔的数据对象，不一定要以圆括号为边界符。但从易读的角度，还是加一对圆括号为好。

(5) 上述对象的类型分别是<class 'list'>、<class 'tuple'>、<class 'set'>和<class 'str'>，说明这些对象都是相关类的实例，它们的类名分别为 list、tuple、set 和 str。

2. 用构造方法构造容器对象与容器对象类型转换

每一个类都有自己的构造方法，用于创建这个类的对象(包括空对象)。在面向对象的程序设计中，把作为类成员的函数称为方法。类的构造方法用于构造该类的对象。在创建非空容器对象时，构造方法要求使用相容对象参数——可以将其转换为所需类型的数据对象，如将字符串参数向列表转换等。对于列表、元组、字符串、集合和字典这些内置的容器，Python 提供了内置的构造方法，分别为 list()、tuple()、str()、set()和 dict()。在前面的应用中已经可以体会到，这些构造函数不仅可以创建数据对象，还可以进行类型转换。但是，列表、元组、集合、字典不能转换为有意义的字符串对象，因为转换时将边界符也作为字符串的一部分了。

代码 5.2 列表、元组、集合、字典不能转换为有意义的字符串对象示例。

```
>>> s3 = str([5,3,1,'b','a','c',1]);s3,id(s3)              #列表转换为字符串
    ("[5, 3, 1, 'b', 'a', 'c', 1]", 1928842938480)
>>> s4 = str((5,3,1,'b','a','c',1));s4,id(s4)              #元组转换为字符串
    ("(5, 3, 1, 'b', 'a', 'c',1)", 1928842938568)
>>> s5 = str({5,3,1,'b','a','c',1});s5,id(s5)              #集合转换为字符串
    ("{5, 3, 1, 'b', 'a', 'c',1}", 1928842938656)
>>> s6 = str({5:'a',7:'c',9:'s',3:'x'});s6,id(s6)          #字典转换为字符串
    ("{5: 'a', 7: 'c', 9: 's', 3: 'x'}", 1928842938744)
```

3. 用推导式创建容器对象

为了动态地修改或创建容器对象，Python 推出了推导式(comprehension)。

代码 5.3 用推导式创建容器对象示例。

```
>>> [i * 2 for i in range(10)]                               #不带条件的列表推导式
    [0, 2, 4, 6, 8, 10, 12, 14, 16, 18]
>>> [i * 2 for i in range(10)  if  i %2 != 0]                #带有条件的列表推导式
    [2, 6, 10, 14, 18]
>>> {i * 2 for i in range(10)}                               #不带条件的集合推导式
    {[0, 2, 4, 6, 8, 10, 12, 14, 16, 18]}
>>> [i * 2 for i in range(10)  if  i % 2 != 0]               #带有条件的集合推导式
    {2, 6, 10, 14, 18}
>>> [x + y for x in 'ab' for y in '123']                     #形成字符串列表
    ['a1', 'a2', 'a3', 'b1', 'b2', 'b3']
>>> d5 = dict(zip(('a','b','c'),(1,2,3)));d5,id(d5)        #基于 zip 创建字典对象
    ({'a': 1, 'b': 2, 'c': 3}, 1570113683176)
```

注意：不要用推导式代替一切。若只需要执行一个循环，就应当尽量使用循环，更符合 Python 提倡的直观性。

4. 其他

字典除用 dict()作为构造方法外，还提供了用 fromkeys()构建字典的手段。fromkeys()是 dict 类的成员，其语法如下：

```
dict.fromkeys(seq[,value]))
```

这里的 dict 也可以用{}代替，语法如下：

```
{}.fromkeys(seq[,value]))
```

它的参数是两个序列：seq(字典键值序列)和 value(可选参数,设 seq 的值,返回值为一个字典元素序列)。

代码 **5.4** 用 fromkeys()构建字典对象示例。

```
>>> seq = ('name', 'age', 'sex')
>>> value = ('张', 28, 'male')
>>> dict1 = dict.fromkeys(seq,value)
>>> print (f"创建的字典为{str(dict1):s}。")
    创建的字典为{'name': ('张', 28, 'male'), 'age': ('张', 28, 'male'), 'sex': ('张', 28, 'male')}。
>>> dict2 = dict.fromkeys(seq,'x')
>>> print (f"创建的字典为{str(dict2):s}。")
    创建的字典为{'name': 'x', 'age': 'x', 'sex': 'x'}。
>>> dict3 = dict.fromkeys(seq)
>>> print (f"创建的字典为{str(dict3):s}。")
    创建的字典为{'name': None, 'age': None, 'sex': None}。
>>> dict4 = {}.fromkeys(seq)
>>> print (f"创建的字典为{str(dict4):s}。")
    创建的字典为{'name': None, 'age': None, 'sex': None}。
```

5.1.2 容器对象的通用操作

所有的容器对象都可以进行下列操作。

1. type、ID 码和 len

类型(type)与 ID 码是对象最重要的两个属性,前面已经使用过许多,这里不再赘述。另一个重要属性是容器中元素的个数,它可以使用函数 len()获取。

代码 **5.5** 获取容器对象的长度。

```
>>> t1 = 'a','b','c','d','e','f',1,2,3,4,5,6
>>> len(t1)
    12
>>> l1 = [t1]
>>> len(l1)
    1
>>> s1 = set(t1)
>>> len(s1)
    12
>>> l2 = list(t1)
>>> len(l2)
    12
>>> l1
    [('a','b','c','d','e','f', 1, 2, 3, 4, 5)]
```

说明：代码 5.5 中,先测试 t1 的长度,得到 12;若用 l1=[t1]将 t1 转换成列表,测试的结果却是 1;再将 t1 用 s1=set(t1) 转换为集合 s1,测试结果为 12;再用 l2=list(t1)测试又得到 12。最后显示 l1,得到 [('a','b','c','d','e','f',1,2,3,4,5)]。这说明 l1=[t1]是将 t1 作为一个元素了。所以,进行容器类型转换,必须显式地使用构造方法。

2. 获取容器中的最大元素、最小元素与数值元素和

下面 3 个 Python 内置函数可用于获取容器有关数据。

max(s)：返回容器 s 的最大值(仅限字符串或数值序列)。

min(s)：返回容器 s 的最小值(仅限字符串或数值序列)。

sum(s)：返回容器 s 的元素之和(仅限数值序列)。

代码 5.6 获取容器最大元素、最小元素与和示例。

```
>>> t2 = (2,3,4,5,9,2,1)
>>> max(t2),min(t2)
    (9,1)
>>> t3 = {'s','v','ab','wq'}
>>> max(t3),min(t3)
    ('wq','ab')
>>> sum(t3)
    Traceback (most recent call last):
     File "<pyshell#11>", line 1, in <module>
       sum(t3)
    TypeError: unsupported operand type(s) for +: 'int' and 'str'
>>> sum(t2)
    26
>>> d1 = {'v':1,'y':8,'g':5,'p':9,'ab':6}
>>> max(d1),min(d1)
    ('y','ab')
```

说明：对于字典，元素的最大值与最小值，从可比较的键中选取。

3. 用 dir()获取对象的其他属性

dir()函数不带参数时，返回当前范围内的变量、方法和定义的类型列表；带参数时，返回参数的属性、方法列表。图 5.2 为用 dir()显示几个容器对象属性的示例。

```
IDLE Shell 3.10.3
File Edit Shell Debug Options Window Help
Python 3.10.3 (tags/v3.10.3:a342a49, Mar 16 2022, 13:07:40) [MSC v.1929 64 bit (
AMD64)] on win32
Type "help", "copyright", "credits" or "license()" for more information.
>>> t1 = 9,7,5,3,1
>>> dir(t1)
['__add__', '__class__', '__class_getitem__', '__contains__', '__delattr__', '__
dir__', '__doc__', '__eq__', '__format__', '__ge__', '__getattribute__', '__geti
tem__', '__getnewargs__', '__gt__', '__hash__', '__init__', '__init_subclass__',
 '__iter__', '__le__', '__len__', '__lt__', '__mul__', '__ne__', '__new__', '__r
educe__', '__reduce_ex__', '__repr__', '__rmul__', '__setattr__', '__sizeof__',
 '__str__', '__subclasshook__', 'count', 'index']
>>> l1 = [9,7,5,3,1]
>>> dir(l1)
['__add__', '__class__', '__class_getitem__', '__contains__', '__delattr__', '__
delitem__', '__dir__', '__doc__', '__eq__', '__format__', '__ge__', '__getattrib
ute__', '__getitem__', '__gt__', '__hash__', '__iadd__', '__imul__', '__init__',
 '__init_subclass__', '__iter__', '__le__', '__len__', '__lt__', '__mul__', '__n
e__', '__new__', '__reduce__', '__reduce_ex__', '__repr__', '__reversed__', '__r
mul__', '__setattr__', '__setitem__', '__sizeof__', '__str__', '__subclasshook__
', 'append', 'clear', 'copy', 'count', 'extend', 'index', 'insert', 'pop', 'remo
ve', 'reverse', 'sort']
>>>
Ln: 9 Col: 0
```

图 5.2 用 dir()获取容器对象属性示例

4. 容器及其成员的判定运算

容器对象的判定运算包括如下 5 类，它们均得到 bool 值：True 或 False。

(1) 对象值比较运算符：>、>=、<、<=、==和!=。

(2) 对象身份判定运算符：is 和 is not。

(3) 成员属于判定运算符：in 和 not in。

(4) 布尔运算符：not、and 和 or。

(5) 判定容器对象的元素是否全部或部分为 True 的内置函数：all()和 any()。

代码 5.7　对序列进行判定运算示例。

```
>>> list1 = ['ABCDE','Hello',"ok",'''Python''',123]; list2 = ['xyz',567]
>>> list1 == list2, list1 != list2, list1 > list2, list1 < list2
    (False, True, False, True)
>>> 'ABCDE' in list1
    True
>>> ['xyz',567] is list2,list2 is ['xyz',567],list2 == ['xyz',567]
    (False, False, True)
>>>
>>> tup1 = (1,2,3); tup2 = (1,2,3); tup3 = ('a','b','c')
>>> tup1 == tup2,tup1 is tup2
    (True, False)
>>> tup1 = tup2; tup1 is tup2
    True
>>> tup3 < tup2,tup3 > tup2
    Traceback (most recent call last):
      File "<pyshell#65>", line 1, in <module>
        tup3 < tup2,tup3 > tup2
    TypeError: '<' not supported between instances of 'str' and 'int'
>>> tup3 != tup2
    True
>>>
>>> str1 = 'abcxy';str2 = 'abcdef'
>>> str1 < str2, str1 > str2
    (False, True)
>>>
>>> set1 = {1,2,3};set2 = {1,2,3,4,5}
>>> set1 > set2,set1 < set2,set1 == set2,set1 != set2
    (False, True, False, True)
>>>
>>> all(tup3),any(tup3)
    (True, True)
```

说明：

(1) 相等比较(==)与是否比较(is)不同，相等比较的是值，是否比较的是 ID 码。

(2) 只有相同元素类型的容器对象才可以进行大小比较。不同元素类型的容器对象只可以进行相等或不等的比较。

(3) 字符串之间的比较是按正向下标，从 0 开始以对应字符的码值(如 ASCII 码值)作为依据进行的，直到对应字符不同，或所有字符都相同，才能决定大小或是否相等。

5.1.3 对象的浅复制与深复制

在 Python 中,"="的本职操作是为对象添加引用,只有对修改后的不可变对象进行引用时,才会形成新的对象;要复制数据对象,应当通过有关类或模块中的复制函数进行。这些复制函数可以分为两类:浅复制(shallow copy)和深复制(deep copy)。

- 可以进行浅复制的函数或方法包括:copy 模块中的 copy()函数、序列的切片操作、对象的实例化等。
- 可以进行深复制的函数或方法包括:copy 模块中的 deepcopy()函数等。

下面分两种情形举例说明浅复制和深复制的区别。

1. 浅复制和深复制仅对可变数据对象有区别

代码 5.8 对于可变数据对象和不可变数据对象来说,浅复制与深复制的作用区别示例。

```
>>> import copy                                    #导入 copy 模块
>>> x = (1,2,3,('a','b'))                          #x 为不可变对象
>>> y = copy.copy(x)                               #y 为 x 的浅复制
>>> z = copy.deepcopy(x)                           #z 为 x 的深复制
>>> id(x),id(y),id(z)                              #比较 x、y、z 三者的 ID 码
    (2319542617016, 2319542617016, 2319542617016)
>>> x1 = [1,2,3,['a','b']]                         #x1 为可变对象
>>> y1 = copy.copy(x1)                             #y1 为 x1 的浅复制
>>> z1 = copy.deepcopy(x1)                         #z1 为 x1 的深复制
>>> id(x1),id(y1),id(z1)                           #比较 x1、y1、z1 三者的 ID 码
    (2319502470600, 2319542524936, 2319542496392)
```

说明:

(1) id(y)和 id(z)都与 id(x)相同,说明对于不可变对象,浅复制与深复制都不重新创建新的对象。

(2) id(x1)、id(y1) 与 id(z1) 三者都不相同,说明对于可变对象,浅复制与深复制都重新创建了新的对象,但三者所创建的新对象是不相同的对象。

2. 对层次性对象(如嵌套的对象容器以及派生类对象)进行浅复制,只复制最上一层

代码 5.9 对于嵌套容器中的可变数据元素来说,浅复制与深复制复制深度的不同示例。

```
>>> import copy
>>> x = [1,2,3,['a','b','c'],4]
>>> y = copy.copy(x)
>>> z = copy.deepcopy(x)
>>> id(x[2]),id(y[2]),id(z[2])                     #获取同一整数对象的 ID 码
    (1584641152, 1584641152, 1584641152)
>>> id(x[3][0]),id(y[3][0]),id(z[3][0])            #获取同一字符串的 ID 码
    (1907772550704, 1907772550704, 1907772550704)
>>> id(x[3]),id(y[3]),id(z[3])                     #获取同一可变对象成员的 ID 码
    (1907782020168, 1907782020168, 1907782020040)
```

说明：

(1) 在容器嵌套的情况下，对于可变元素来说，浅复制与深复制的情形就不相同了。尽管浅复制的数据对象的ID码与源对象的ID码不同，但其所有元素的ID码都与源对象对应相同，即浅复制虽然会创建新对象，但其内容是原对象的引用，即它只复制了一层外壳。而对于深复制来说，其内嵌的可变元素对象的ID码与源对象的对应元素的ID码不再相同，即这些内嵌元素也被复制了。所以深复制是完全复制，包括了多层嵌套复制，复制的深度大于浅复制。

(2) 对于在第4章介绍的派生类对象复制，也会产生类似的情况。

习题 5.1

一、判断题

1. 元组与列表的不同仅在于一个是用圆括号作为边界符，另一个是用方括号作为边界符。 (　　)

2. 创建只包含一个元素的元组时，必须在元素后面加一个逗号，例如(3,)。 (　　)

3. 列表是可变的，即使它作为元组的元素，也可以修改。 (　　)

4. 表达式 list('[1,2,3]') 的值是 [1,2,3]。 (　　)

5. 表达式 []==None 的值为 True。 (　　)

6. 生成器推导式比列表推导式具有更高的效率。 (　　)

7. 代码

```
>>> aList = []
>>> for x in range(30):aList.append(x + x)
```

与代码

```
>>> aList = [x + x for x in range(30)]
```

等价。 (　　)

二、选择题

1. 在后面的可选项中选择下列 Python 语句的执行结果。

print(type ({}))的执行结果是(　　)。

print(type([]))的执行结果是(　　)。

print(type(()))的执行结果是(　　)。

A. <class 'tuple'>　　B. <class 'dict'>

C. <class 'set'>　　D. <class 'list'>

2. 推导式 [4(x,y) for x in [1,2,3] for y in [3,1,4] if x !=y] 的执行结果是(　　)。

A. [(1,3),(2,1),(3,4)]

B. [(1,3),(1,4),(2,3),(2,1),(2,4),(3,1),(3,4)]

C. [1,2,3,3,1,4]

D. [(1,3),(1,1),(1,4),(2,3),(2,1),(2,4),(3,3),(3,1),(3,4)]

3. 代码

```
>>> vec = [(1,2,3),(4,5,6),(7,8,9)]
>>> [num for e in vec for num in e}
```

执行的结果是(　　)。

A. [1,2,3,4,5,6,7,8,9]

B. [[1,2,3],[4,5,6],[7,8,9]]

C. [[1,4,7],[2,5,8],[3,6,9]]

D. (1,2,3,4,5,6,7,8,9)

4.下面不能创建一个集合的语句是(　　)。

A. s1=set ()

B. s2=set("abcd")

C. s3=(1,2,3,4)

D. s4=frozenset((3,2,1))

5. 下列代码执行时会报错的是(　　)。

A. v1={}

B. v2={3:5}

C. v3={[1,2,3]:5}

D. v4={(1,2,3) :5}

6. 以下不能创建一个字典的语句是(　　)。

A. dict1={}

B. dict2={3:5}

C. dict3=dict([2,5],[3,4])

D. dict4=dict(([1,2],[3,4]))

7. 代码

```
nums=set{1,1,2,3,3,3,4};print(len(nums)
```

执行后的输出结果为(　　)。

A. 2　　B. 4　　C. 2　　D. 7

8. 代码

```
a={1:/a/,2:/b/,3:/c/};print(len(a))
```

执行后的输出结果为(　　)。

A. 1　　B. 43　　C. 0　　D. 6

9. 代码

```
a=[1,2,3,None,(),[],];print(len(a))
```

执行后的输出结果为(　　)。

A. 1　　B. 43　　C. 0　　D. 6

三、填空题

1. Python 语句 list1=[1,2,3,4];list2=[5,6,7];print(len(list1+list2)的执行结果是________。

2. Python 语句 print(tuple([1,3,]),list([1,3,])) 的执行结果是________。

3. Python 语句 print(tuple(range2),list(range2)) 的执行结果是________。

4. Python 列表生成式 [i for i in range7 if i % 2!= 0] 和 [i ** 2 for i in range5] 的值分别为________。

5. Python 代码 print(set([3,5,3,5,8])) 的执行结果是________。

6. 使用列表推导式生成包含 10 个数字 5 的列表,语句可以写为________。

7. Python 代码 score={'language':80,'math':90,'physics':88,'chemistry':82}; score['physics']=96; print(sum(score.value()/len(score))) 的执行结果是________。

8. Python 代码 d={1:'a',2:'b',3:'c',4:'d'};del d[1]; del d[3];d[1]='A';print(len(d))的执行结果是________。

9. Python 代码 score={'language':80,'math':90,'physics':88,'chemistry':82}; score['physics']=96; print(sum(score.value()/len(score)))的执行结果是________。

10. Python 代码 print(sum(range(10)的执行结果是________。

11. Python 代码 s1=[1,2,3,4]; s2=[5,6,7]print(sum(range(10)的执行结果是________。

12. 在 Python 代码中,first,*middles,last=range6 执行后,middles 的值为________; first,second,third,* lasts=range6 执行后,lasts 的值为________; *firsts,last3,last2.Last=range6 执行后,firsts 的值为________; *middles,last=[88,85,99,95,66,77,96]执行后,sum(middles)//len(middles)/的值为________。

四、代码分析题

1. 阅读下面的代码片段,给出各行的输出。

```
list = [[]] * 5;  list            #output?
```

2. 执行下面的代码,会出现什么情况?

```
a = []
for i in range(10):
     a[i] = i * i
```

3. 分析下面的代码,给出输出结果。

```
def multipliters():
    return [lambda x:i * x for i in range(4)]
print([m2 for m in multipliters()])
```

4. 分析下面的代码,给出输出结果。

```
L = ['Hello','World','IBM','Apple']
print([s.lower() for s in L])
```

5. 指出下面代码的输出是什么,并解释理由。

```
def multipliers():
    return [lambda x : i * x for i in range(4)]
print [m2 for m in multipliers()]
```

怎么修改 multipliers 的定义才能达到期望的结果?

五、实践题

1. 编写代码,实现下列变换。

(1) 将字符串 s="alex"转换成列表。

(2) 将字符串 s="alex"转换成元组。

(3) 将列表 li=["alex","seven"]转换成元组。

(4) 将元组 tu=("Alex","seven")转换成列表。

2. 有如下列表,分别写出实现下面两个要求的代码。

```
lis = [5, 7, "S", ["wxy", 50, ["k1", ["aa", 3, "1"]], 89], "ab", "rst"]
```

(1) 将列表 lis 中的"aa"变成大写(用两种方式)。

(2) 将列表中的数字 3 变成字符串"100"(用两种方式)。

3. 只用一个输入语句,输入某年某月某日,判断这一天是这一年的第几天。

4. 将一个单词表映射为一个以单次长度为元素的整数列表,用如下 3 种方法实现。

(1) for 循环。

(2) map()。

(3) 列表推导式。

5. 有一个拥有 N 个元素的列表,用一个列表解析式生成一个新的列表,使元素的值为偶数且在原列表中索引为偶数。

6. 有列表 a=[1,2,3,4,5,6,7,8,9,10],用列表推导式求列表 a 中所有奇数并构造新列表。

5.2 序列对象共性操作

在内存容器对象通用操作的基础上,3 种序列元素也有其通用操作。序列的基本特征是元素位置有序。这一特征带来了对这些容器及其元素的特别操作。属于序列的容器有列表、元组以及字符串。

5.2.1 序列索引、遍历与切片

1. 序列索引

在序列容器中,每个元素都隐含着其在序列中的位置信息。这个位置信息用其相对于首尾的偏移量表示。这个位置偏移量被称索引(index),也称序列号或下标。根据偏移量是相对于首元素还是尾元素,形成如图 5.3 所示的正向和反向两个索引体系:正向索引(下标)最左端为 0,向右按 1 递增;反向索引(下标)最右端为-1,向左按-1 递减。

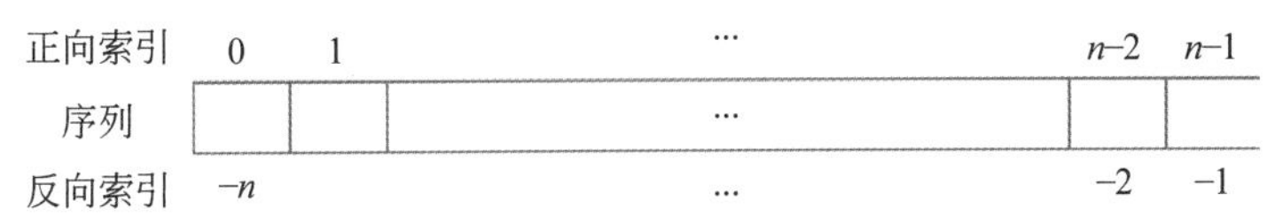

图 5.3 序列的正向索引(下标)与反向索引(下标)

在序列容器中,索引一个元素的操作由索引操作符([],也称下标操作符)和下标进行。

代码 5.10 序列索引示例。

```
>>> aList = ['ABCDE','Hello',"ok",'''Python''',123]
>>> aList[3]
    'Python'
>>> aStr = 'abcd1234'
>>> aStr[-3]
    '2'
>>> aTup = ('ABCDE','Hello',"ok",'''Python''',123)
>>> aTup[-5]
    'ABCDE'
```

2. 序列元素遍历

在计算机程序设计中，遍历(traversal)是指按某条路径寻访容器中的元素，使每个元素均被访问到，而且仅被访问一次。对于序列容器来说，一个直接的思路是按照索引顺序用 for-in 结构进行遍历。

代码 5.11 用 for-in 结构实现序列遍历示例。

```
>>> aList = ['ABCDE','Hello',"ok",'''Python''',123]
>>> for i in range(len(aList)):
...    print(aList[i])
...
    ABCDE
    Hello
    ok
    Python
    123
```

3. 序列切片

在序列中获取一个子序列就称为序列切片(slice)。序列切片语法如下：

```
序列对象[起始下标:终止下标:步长]
```

说明：

(1) 步长的默认值为 1，即不指定步长。这时将获取指定区间中的每个元素，但不包括终止下标指示的元素。

(2) 起始下标和终止下标省略或表示为 None，分别默认为起点和终点。

(3) 起始在左、终止在右时，步长应为正；起始在右、终止在左时，步长应为负，否则切片为空。

代码 5.12 序列切片示例。

```
>>> list1 = ['ABCDE','Hello',"ok",'''Python''',123]
>>> list1[:]                              #起始、终止、步长都默认
    ['ABCDE','Hello','ok','Python', 123]
>>> list1[None:]                          #起始为 None,其他默认
    ['ABCDE','Hello','ok','Python', 123]
>>> list1[::2]                            #起始、终止默认,步长为 2
    ['ABCDE','ok', 123]
```

```
>>> list1[1:3]                                #步长默认,起始、终止分别为1、3
    ['Hello','ok']
>>> list1[-5:-2]                              #反向索引:起始在左,步长为正
    ['ABCDE','Hello','ok']
>>> list1[2:2]                                #起始与终止相同,取空
    []
>>> list1[2:3]
    ['ok']
>>> s1 = "ABCDEFGHIJK123"
>>> s1[-2:-10:2]                              #反向索引:起始在右,步长为正,将得空序列
    ''
>>> s1[-2:-11:-2]                             #反向索引:起始在右,步长为负
    '2KIGE'
>>> s1[11:2:-2]                               #正向索引:起始在右,步长为负
    '1JHFD'
```

4. 由元素获取索引

由元素获取索引值,就是由元素值获取其在序列中的位置值。语法如下:

```
序列对象.index(元素值)
```

代码 5.13　由元素值获取索引值示例。

```
>>> aList = ['abc','xyz','def','lmn',123,678]
>>> aList.index('def')
    2
>>>
>>> aTup = ('abc','xyz','def','lmn',123,678)
>>> aTup.index('xyz')
    1
>>> aStr = 'abcdefghijk'
>>> aStr.index('g')
    6
>>> aSet = {1,3,5,7,8,9,6}
>>> aSet.index (8)
    Traceback (most recent call last):
     File "<pyshell#8>", line 1, in <module>
        aSet.index (8)
    AttributeError: 'set' object has no attribute 'index'
```

说明:

(1) 圆点(.)称为分量运算符,表明其后的对象是其前对象或模块的分量。也可以说其后的对象是其前对象自带的。这里的语法解释为一个序列对象用自带的方法 index()来返回一个元素的索引值。一个方法(method)实质上就是一个函数,一类对象的一个属性只能由该类的对象调用。index 就是列表类、元组类和字符串类的属性,只能由序列对象调用,不可由集合对象调用,因为集合对象没有 index 属性。

(2) 当被检测的元素值有重复时,返回该值第一次出现的位置索引值。

(3) 当被测序列中不存在被测值的元素时,抛出异常。

5.2.2 序列解包、连接与重复

1. 序列解包

序列解包就是把一个序列(列表、元组或字典)中的元素用多个变量赋名,如果赋名操作符(=)的右侧有表达式,则要先执行表达式再执行对象赋名。

代码 5.14 序列解包示例。

```
>>> aTup = ("zhang",'male',20,"computer",3,(70,80,90,65,95)
>>> name,sex,age,major,year,grade = aTup
>>> name
    'zhang'
>>> sex
    'male'
>>> age
    20
>>> major
    'computer'
>>> year
    3
>>> grade
    (70, 80, 90, 65, 95)
```

说明:

(1) 当变量数与元素数一致时,将为每个变量按顺序依次分配一个元素。

(2) 变量前加一个星号(*)表示要获取一个子序列兜底部分。

代码 5.15 用变量获取子序列示例。

```
>>> grade = (70, 80, 90, 65, 95)
>>> a,b, * c = grade
>>> c
    [90, 65, 95]
>>>  * a,b,c = grade
>>> a
    [70, 80, 90]
>>> a, * b,c = grade
>>> b
    [80, 90, 65]
```

(3) 为了获取仅关心的元素,可以用匿名变量(_)进行虚读。

代码 5.16 在序列中安排部分虚读示例。

```
>>> aTup = ("zhang",'male',20,"computer",3,(70,80,90,65,95))
>>> name,_,_, * learningStatus = aTup                    #嵌入虚读的匿名变量
>>> name
    'zhang'
>>> learningStatus
    ['computer', 3,(70, 80, 90, 65, 95)]
```

2. 用运算符+和 * 进行序列的简单拼接和重复

用运算符+和 * 进行序列的简单拼接和重复的用法第 1 章已经介绍,这里不再赘述,但要注意如下两点。

(1) 列表是可变容器,当用扩展赋名运算符"+="进行拼接时,会以修改左值对象的方式进行拼接;而元组和字符串是不可变容器,所有的拼接操作都将创建一个新的容器。

(2) 拼接只能在同类型序列之间进行。

代码 **5.17** 用+对序列进行拼接操作示例。

```
>>> a = 'abc'
>>> b = [1,2,3]
>>> c = [4,5,6]
>>> d = ['a','b']
>>> a + b                        #不同类型序列之间相拼接
    Traceback (most recent call last):
      File "<pyshell#3>", line 1, in <module>
        a + b
    TypeError: can only concatenate str (not "list") to str
>>> b + c + d                    #同类型序列之间相拼接
    [1, 2, 3, 4, 5, 6, 'a', 'b']
```

5.2.3 列表元素变化操作

在 3 种序列类型中,只有列表可以在原地进行元素的增加、删除、排序、反转,以及列表复制、清空等操作。因为它是可变类型容器。对不可变容器进行的变化性操作都不能在当前容器中进行,需要建立新的对象。表 5.2 给出了列表个性化操作的主要方法。

表 5.2 列表个性化操作的主要方法(设 aList=[3,5,7,5])

函数名	功能	参数示例	执行结果
aList.append(obj)	将对象 obj 追加到列表末尾	obj='a'	aList:[3,5,7,5,'a']
aList.clear()	清空列表 aList		aList:[]
aList.copy()	复制列表 aList	bList=aList.copy() id(aList) id(bList)	bList:[3,5,7,5] 2049061251528 2049061251016
aList.count(obj)	统计元素 obj 在列表中出现的次数	obj=5	2
aList.extend(seq)	把序列 seq 一次性追加到列表末尾	seq=['a',8,9]	aList:[3,5,7,'a',8,9]
aList.insert(index,obj)	将对象 obj 插入列表中下标为 index 的位置	index=2,obj=8	aList:[3,5,8,7,5]
aList.pop(index)	移除 index 指定元素(默认尾元素),返回其值	index=3	3,aList:[3,5,7]
aList.remove(obj)	移除列表中 obj 的第一个匹配项	obj=5	aList:[3,7,5]
aList.reverse()	列表中的元素进行原地反转		aList:[5,7,5,3]
aList.sort()	对原列表进行原地排序		aList:[3,5,5,7]

1. 向序列增添元素

向序列增添元素有如下 3 种方法。

(1) 用 append()方法向列表尾部添加一个对象。

(2) 用 extend()方法向列表尾部添加一个列表。

(3) 用 insert()方法将一个元素插入指定位置。

代码 5.18　向列表尾部添加对象示例。

```
>>> aList = [3,5,9,7];bList = ['a','b']
>>> aList.append(bList)
>>> aList
    [3, 5, 9, 7, ['a', 'b' ]]
>>> aList.extend(bList)
>>> aList
    [3, 5, 9, 7, ['a', 'b'],'a', 'b']
>>> aList.insert(2,bList)
>>> aList
    [3, 5, ['a', 'b'], 9, 7, ['a', 'b'], 'a', 'b']
```

2. 从列表中删除元素

从列表中删除元素，Python 有 del、remove、pop 3 种操作，它们的区别如下。

(1) del 根据索引(元素所在位置)删除。

(2) remove()是删除首个符合条件的元素。

(3) pop()返回的是弹出的那个数值。

代码 5.19　在列表中删除元素示例。

```
>>> aList = [3,5,7,9,8,6,2,5,7,1]
>>> del aList[3]
>>> aList
    [3, 5, 7, 8, 6, 2, 5, 7, 1]
>>> aList.remove(7)
>>> aList
    [3, 5, 8, 6, 2, 5, 7, 1]
>>> aList.remove(10)
    Traceback (most recent call last):
     File "<pyshell#39>", line 1, in <module>
       aList.removel(0)
    ValueError: list.remove(x): x not in list
>>> aList.pop(3)
    6
>>> aList
    [3, 5, 8, 2, 5, 7, 1]
```

3. 列表排序与反转

sort()是 Python 的一个内置方法，用于对列表元素进行排序，其语法如下。

```
sort([key=None,reverse=False])
```

其中 reverse：True 反序；False 正序(默认值)。

代码 5.20　列表元素简单排序与反转示例。

```
>>> aList = [3,5,7,9,8,6,2,5,7,1]
>>> aList.sort()
```

```
>>> aList
    [1, 2, 3, 5, 5, 6, 7, 7, 8, 9]
>>> aList.reverse()
>>> aList
    [9, 8, 7, 7, 6, 5, 5, 3, 2, 1]
```

代码 5.21　列表元素按键值的正、反排序示例。

```
>>> student_list = [('Zhang', 'A', 15),('Wang', 'C', 12),('Li', 'B', 16)]
>>> student_list.sort(key = lambda student: student[0])               #按姓名正序排序
>>> student_list
    [('Li', 'B', 16),('Wang', 'C', 12),('Zhang', 'A', 15)]
>>>
>>> student_list = [('Zhang', 'A', 15),('Wang', 'C', 12),('Li', 'B', 16)]
>>> student_list.sort(key = lambda student: student[0],reverse = True)    #按姓名反序排序
>>> student_list
    [('Zhang', 'A', 15),('Wang', 'C', 12),('Li', 'B', 16)]
```

4. 列表复制与清空

代码 5.22　列表复制与清空示例。

```
>>> aList = [9, 8, 7, 7, 6, 5, 5, 3, 2, 1]
>>> bList = aList.copy()
>>> bList
    [9, 8, 7, 7, 6, 5, 5, 3, 2, 1]
>>> bList.clear()
>>> bList
    [ ]
```

习题 5.2

一、选择题

1. 已知 x=[1,2]和 y=[3,4],那么 x+y 等于(　　)。

A. 3　　B. 7　　C. [1,2,3,4]　　D. [4,6]

2. 代码

```
>>> str1 = 'hello world'
>>> str1[-2]
```

的输出为(　　)。

A. 'r'　　B. 'ld'　　C. 'l'　　D. l

3. Python 语句 s='Python';print(s[1:5]) 的执行结果是(　　)。

A. Pytho　　B. ytho　　C. ython　　D. Pyth

4. Python 语句 list1 = [1, 2, 3]; list2 = list1; list1[1] = 5; print(list1) 的执行结果是(　　)。

A. [1,2,3]　　B. [1,5,3]　　C. [5,2,3]　　D. [1,2,5]

5. Python 中列表切片操作非常方便,若 l=range(100),以下选项中正确的切片方式是(　　)。

A. l[-3]　　　B. l[-2:13]　　　C. l[::3]　　　D. l[2-3]

6. 下面的引用语句

```
if__name__=='__main__':
    x,y = x[y] = {},None
    y
    x
```

执行后的输出是(　　)。

A. {}
None

B. {…}
None

C. {None:({…}, None)}

D. 出错信息

二、判断题

1. Python 字典和集合属于无序容器。(　　)

2. Python 中的 list、tup、str 类型统称为序列。(　　)

3. Python 中的 list、tup、str、dict、set 类型统称为序列。(　　)

4. 字符串属于 Python 有序序列,和列表、元组一样都支持双向索引。(　　)

5. 只能通过切片访问列表中的元素,不能使用切片修改列表中的元素。(　　)

6. 只能通过切片访问元组中的元素,不能使用切片修改元组中的元素。(　　)

7. 已知列表 x=[1,2,3,4],那么表达式 x.find(5)的值应为-1。(　　)

8. 假设 x 是含 5 个元素的列表,那么切片操作 x[10:]是无法执行的,会抛出异常。(　　)

9. 只能对列表进行切片操作,不能对元组和字符串进行切片操作。(　　)

10. 对于列表而言,在尾部追加元素比在中间位置插入元素速度更快一些,尤其是对于包含大量元素的列表。(　　)

11. 假设有非空列表 x,那么 x.append(3)、x=x+[3]与 x.insert(0,3)在执行时间上基本没有太大区别。(　　)

12. 列表对象的 append()方法属于原地操作,用于在列表尾部追加一个元素。(　　)

13. 用 Python 列表方法 insert()为列表插入元素时会改变列表中插入位置之后元素的索引。(　　)

14. 假设 x 为列表对象,那么 x.pop()和 x.pop(-的作用是一样的。(　　)

15. 用 del 命令或者列表的 remove()方法删除列表中的元素时会影响列表中部分元素的索引。(　　)

16. 若列表 x=[1,2,3],则执行操作 x=3 之后,变量 x 引用的地址不变。(　　)

17. 已知 x 为非空列表,那么 x.sort(reverse=True)和 x.reverse()的作用是等价的。(　　)

三、填空题

1. Python 代码 d1={1: 'food '}; d2 = {1: '食品 ',2: '图书 '}; d1.update(d2) ; print(d1.[1])的执行结果是________。

2. 在下画线处填写其上代码执行后的输出。

```
>>> b = [{'g':1}] * 4
>>> print(b)
    ______________________
>>> b[0]['g'] = 2
>>> print(b)
    ______________________
```

3. 在下画线处填写其上代码执行后的输出。

```
>>> b = [{'g':1}] + [{'g':1}] + [{'g':1}] + [{'g':1}]
>>> print(b)
    ______________________
>>> b[0]['g'] = 2
>>> print(b)
    ______________________
```

4. 设有 Python 语句 t='a','b','c','d','e','f','g',则 t[3] 的值为________、t[3:5] 的值为________、t[:5] 的值为________、t[5:] 的值为________、t[2::3] 的值为________、t[−3] 的值为________、t[::−2] 的值为________、t[−3:−1] 的值为________、t[−3:] 的值为________、t[−99:−7] 的值为________、t[−99:−5] 的值为________、t[::] 的值为________、t[1:−1] 的值为________。

5. 设有 Python 语句 list1=['a','b'],则语句系列 list1=append([1,2]); list1.extend('34'); list1.extend([5,6]);list1.insert(1,7) ;list1.insert(10,8) ;list1.pop(): list1.remove('b'): list1[3:]=[];list1.reverse()执行后,list1 的值为________。

四、代码分析题

1. 阅读下面的代码片段,给出各行的输出。

```
>>> list = [[]] * 5;list                #output?
>>> list[0].append10;; list             #output?
>>> list[1].append(20); list            #output?
>>> list.append(30);list                #output?
```

2. 执行下面的代码,会出现什么情况?

```
a = []
for i in range(10):
    a[i] = i * i
```

3. 对于 Python 语句

```
s1 = '''I'm Zhang, and I like Python.''';s2 = s1
s3 = '''I'm Wang, and I like Python.''';s4 = 'too'
```

下列各表达式的值是什么?

a. s2 == s1　　b. s2.count('n')　　c. id(s1) ==id(s2)　　d. id(s1) ==id(s3)
e.s1 <= s4　　f. s2 >= s4　　g. s1 != s4　　h. s1.upper()
i. s1.find(s4)　　j. len(s1)　　k. s1[4:8]　　l. 3 * s4

m. s14]　　n. s1[－4]　　o. min(s1)　　p. max(s1)
q. s1.lower()　　r. s1.rfind('n')　　s. s1.startswith("n")　　t. s1.isalpha()
u. s1.endswith("n")　　v. s1＋s2

4. 下面代码的输出是什么？并解释理由。

```
def multipliers():
    return [lambda x : i * x for i in range(4)]
print [m(2) for m in multipliers()]
```

怎么修改 multipliers 的定义才能达到期望的效果？

5. 下面的代码能否正确运行？若不能，解释原因；若能，分析其执行结果。

```
x = list(range(20))
    for i in range(len(x)):
      del x[i]
```

6. 阅读下面的代码，解释其功能。

```
x = list(range(20))
for index, value in enumerate(x):
    if value == 3:
    x[index] = 5
```

7. 阅读下面的代码，解释其功能。

```
x = [range(3 * i, 3 * i+5) for i in range(2)]
x = list(map(list, x))
x = list(map(list, zip( * x)))
```

8. 阅读下面的代码，解释其功能。

```
import string
x = string.ascii_letters + string.digits
import random
print(".join(random.sample(x,10)))
```

9. 阅读下面的代码，分析其执行结果。

```
def demo( * p):
      return sum(p)


print(demo(1,2,3,4,5))
print(demo(1,2,3))
```

10. 阅读下面的代码，分析其执行结果。

```
def demo(a, b, c=3, d=100):
        return sum((a,b,c,d))


print(demo(1, 2, 3,4))
print(demo(1, 2, d=3))
```

11. 下面代码的输出结果是什么？

```
def demo():
    x = 5
    x = 3

demo()
print(x)
```

12. 阅读下面的代码,分析其执行功能。

```
lis = [56,12,1,8,354,10,100,34,56,7,23,456,234,-58]

def sortport():
    for i in range(len(lis)-1):
        for j in range(len(lis)-1-i):
            if lis[j]>lis[j+1]:
                lis[j],lis[j+1] = lis[j+1],lis[j]
    return lis

if __name__ == '__main__':
    sortport()
    print(lis)
```

13. 阅读下面的代码,分析其执行功能。

```
num = ["harden","lampard",3,34,45,56,76,87,78,45,3,3,3,87686,98,76]
print(num.count(3))
print(num.index(3))
for i in range(num.count(3)):
    ele_index = num.index(3)
    num[ele_index]="3a"
print(num)
```

14. 阅读下面的代码,分析其执行功能。

```
list1 = [2,3,8,4,9,5,6]
list2 = [5,6,10,17,11,2]
list3 = list1 + list2
print(list3)
print(set(list3))
print(list(set(list3)))
```

五、实践题

1. 依次完成下列列表操作。

(1) 创建一个名字为 names 的空列表,往里面添加元素 Lihua、Rain、Jack、Xiuxiu、Peiqi 和 Black。

(2) 在 names 列表中 Black 前面插入一个 Blue。

(3) 把 names 列表中 Xiuxiu 的名字改成中文。

(4) 在 names 列表中 Rain 后面插入一个子列表 ["oldboy","oldgirl"]。

(5) 返回 names 列表中 Peiqi 的索引值(下标)。

(6) 创建新列表 [2,3,4,5,6,7,1,2,],合并到 names 列表中。

(7) 取出 names 列表中索引为 3～6 的元素。

(8) 取出 names 列表中最后 5 个元素。

(9) 循环 names 列表,打印每个元素的索引值和元素,当索引值为偶数时,把对应的元素改成—1。

2. 有商品列表如下:

```
products =[["华为 8",14800],["小米 6",2499],["OPPO9",31],["Book",60],,
["Nike",699]]
```

设计程序,打印出以下格式:

```
    ------ 商品列表 ------
0 华为 8          6888
1 小米 6          2499
2 OPPO9           31
3 Book            60
4 Nike            699
```

3. 有元组 tu=('alex','eric','rain'),编写代码,实现下列功能。

(1) 计算元组长度,并输出。

(2) 获取元组的第 2 个元素,并输出。

(3) 获取元组的第 1～2 个元素,并输出。

(4) 使用 for 输出元组的元素。

(5) 使用 for、len、range 输出元组的索引。

(6) 使用 enumerate 输出元组元素和序号(序号从 10 开始)。

4. 使用一行代码实现 1～100 之和(利用 sum()函数求和)。

5. 用 extend 将两个列表 [1,5,7,9] 和 [2,2,6,8] 合并为一个 [1,2,2,3,6,7,8,9],并分析与 append 添加的不同。

6. 从排好序的列表里面,删除重复的元素,重复的数字最多只能出现两次,如 nums=[1,1,1,2,2,3] 要求返回 nums=[1,1,2,2,3]。

5.3 可迭代对象与迭代器

5.3.1 可迭代对象及其判断

1. 迭代

迭代(iterate)是按某种规则从一个对象导出另一个相关对象的过程。对一个容器进行迭代,就是对其进行遍历。在命令式编程中,迭代需要使用重复结构。

代码 5.23 用重复结构在序列中由一个元素迭代出下一个元素。

```
>>> aTup = (9,7,5,3,1)
>>> i = 0
>>> while i < len(aTup):
...     print(aTup[i])
...     i += 1
...
```

```
    9
    7
    5
    3
    1
>>>
>>> aStr = 'abcde'
>>> i = 0
>>> while i < len(aStr):
...     print(aStr[i])
...     i += 1
...
    a
    b
    c
    d
    e
```

随着数据处理技术的发展,迭代成为一种重要的数据操作。为了方便用户操作,Python 将可迭代对象归纳为一种重要的数据类型,在 collections 模块中给其定义了一个常量 Iterable 作为这种类型的名字。

2. 可迭代对象及其判断

并非所有对象都是可以迭代的。由于迭代与重复执行相关联,因此能否被迭代操作,就看它能否被重复执行。但是,这是很费事的。为了判定一个对象是否可以被迭代,Python 给出了一个 isinstance()内置函数,用它可以简便地判断一个对象是不是 Iterable。

isinstance()函数是把一个对象的类型与一个已知类型名称进行比较,用返回的值是 True 还是 False 来判定该对象是不是这个类型。为判定一个对象是不是可迭代类型,还需要导入 collections 模块中的常量 Iterable。

代码 5.24　用 isinstance()函数判断一个对象是不是 Iterable 示例。

```
>>> from collections.abc import Iterable      #导入 collections 模块中的变量 Iterable
>>> isinstance([], Iterable)
    True
>>> isinstance((), Iterable)
    True
>>> isinstance('', Iterable)
    True
>>> isinstance({}, Iterable)
    True
>>> isinstance((x for i in range(10)), Iterable)
    True
>>> isinstance(range(10), Iterable)
    True
>>> isinstance(int, Iterable)
    False
>>> isinstance(123, Iterable)
    False
>>> isinstance(float, Iterable)
    False
>>> isinstance(123.456, Iterable)
    False
```

说明：

(1) Python 内置的容器 list、tuple、string、dictionary、set 以及生成器对象和带 yield 的生成器函数都是可迭代的。

(2) range 也是一个可迭代对象。

(3) 整数、浮点数都不是可迭代的。

(4) collections 模块需事先下载。若没有下载，也可以用下面介绍的 iter()函数测试所传入的对象是否可迭代。

5.3.2 迭代器

1. 迭代器对象及其判定

基于循环的迭代是命令式编程中的迭代形式。这种迭代有以下不足。

(1) 可用于这种迭代的对象种类有限。例如，它对 tuple、list 和 string 是管用的，但对 dictionary 不会奏效。

(2) 使用它，需要将容器中的全部元素预先计算出来。

(3) 使用它需要了解对象的某些内部细节，如长度等。

针对这些局限，多数程序设计语言都推出了迭代器(iterator)机制。迭代器是函数式编程中一个非常重要的工具对象。它提供了一种遍历一个容器(container)对象，而又不必暴露该对象内部细节的机制，使开发人员不需要了解容器底层的结构，就可以实现对容器的遍历。由于创建迭代器的代价小，因此迭代器通常被称为轻量级的容器。

为了方便用户，Python 内置了一些迭代器对象，并在内置的 collections 模块中定义了一个常量 Iterator 作为迭代器类型名。要判定哪些对象是迭代器，可以使用 isinstance()函数。当然还需要导入 collections 模块中的常量 Iterator。

代码 5.25 用 isinstance()函数判定一个对象是不是迭代器对象示例。

```
>>> from collections.abc import Iterator
>>> isinstance([], Iterator)
    False
>>> isinstance({}, Iterator)
    False
>>> isinstance('abc', Iterator)
    False
>>> isinstance({1,2,3,4}, Iterator)
    False
>>> isinstance({'a':1,'b':2,'c':3,'d':4}, Iterator)
    False
>>>
>>> isinstance(iter([]), Iterator)
    True
>>> isinstance(iter('abc'), Iterator)
    True
>>> isinstance(iter({1,2,3,4}), Iterator)
    True
>>> isinstance(iter({'a':1,'b':2,'c':3,'d':4}), Iterator)
    True
```

结论：Python 内置的容器虽然都是可迭代对象，但都不是迭代器对象。当它们被 iter()方法包装后，才能成为迭代器对象。

2. iter()函数

iter()是 Python 的一个内置函数，其作用是为一个可迭代对象构造出对应类型的迭代器对象。

代码 5.26　用 iter()函数构造不同类型的迭代器对象示例。

```
>>> aList = ['a','b','c']
>>> iter(aList)
    <list_iterator object at 0x000001BE10957B38>
>>> aStr = 'abcd'
>>> iter(aStr)
    <str_iterator object at 0x000001BE109F8A20>
>>> aTup = (1,2,3,4)
>>> iter(aTup)
    <tuple_iterator object at 0x000001BE10957B38>
>>> aDict = {'a':1,'b':2,'c':3,'d':4}
>>> iter(aDict)
    <dict_keyiterator object at 0x000001BE10A1E048>
>>> aSet = {1,2,3,4}
>>> iter(aSet)
    <set_iterator object at 0x000001BE10A223A8>
>>> iter(range (10))
    <range_iterator object at 0x000001BE10967910>
```

结论：迭代器有一些具体的迭代器类型，如 list_iterator、set_iterator 等。

代码 5.27　用 iter()函数测试一个传入对象是否可迭代对象的代码。

```
>>> def is_iterrable(obj):
...     try:
...         iter(obj)
...         return True
...     except TypeError:
...         return False
```

3. 迭代器的迭代方式

Python 的 Iterator 对象表示的是一个数据流，Iterator 对象可以被 next()函数调用并不断返回下一个数据，直到没有数据时抛出 StopIteration 错误。

代码 5.28　迭代器工作方式示例。

```
>>> aList = [1,2,3]
>>> itList = iter(aList)
>>> next(itList)
    1
>>> next(itList)
    2
>>> next(itList)
    3
```

```
>>> next(itList)
    Traceback (most recent call last):
     File "<pyshell#31>", line 1, in <module>
       next(itList)
    StopIteration
```

结论：

(1) 迭代器使用 next()方法迭代，而非通过索引计数迭代。iter()的一个基本作用就是为可迭代对象提供 next()方法。因此可以说，能实现 next()操作的对象就是可迭代对象。

(2) 程序设计者可以将抽象容器和通用算法有机地统一起来，不必关心容器的内部结构，不需要使用任何参数，从而具有了鲜明的函数式编程特征，降低程序设计的复杂性，也使代码简洁、优雅。

(3) 迭代器可以在不提前知道序列长度的情况下，以及在不要求事先准备好整个迭代过程中所有元素的前提下，不断通过 next()函数按需计算出下一个数据，不像循环结构那样需要用变量表示迭代状态。所以 Iterator 的计算是惰性的，仅仅在迭代到某个元素时才计算该元素，而在这之前或之后，元素可以不存在或者被销毁。这特别适用于遍历一些巨大的或是无限的集合。

(4) 迭代器也有一些限制。例如，迭代器是一次性消耗品，使用完就空了。此外迭代器不能向后移动，不能回到开始。

4. 可迭代概念的扩展

经过前面的讨论，对于迭代器已经有了一定印象。但是迭代器与循环是什么关系呢？为此，先看下面的代码。

代码 **5.29** 一段迭代器代码。

```
>>> it = iter([1, 2, 3, 4, 5])              #首先获得 Iterator 对象
>>> while True:                             #循环
...     try:
...         x = next(it)                    #获得下一个值
...     except StopIteration:               #遇到 StopIteration 就退出循环
...         break
```

显然，这段代码与下面的代码是等价的。

```
>>> for x in [1, 2, 3, 4, 5]:
...     pass
```

可以得到如下结论。

(1) Python 的 for 循环本质上就是通过不断调用 next()函数实现的。

(2) 凡是可作用于 for 循环的对象都是 Iterable 类型。

(3) 凡是可作用于 next()函数的对象都是 Iterator 类型，可表示一个惰性计算的序列。

(4) 生成器不但可以作用于 for 循环，也可以被 next()函数不断调用并返回下一个值，直到最后抛出 StopIteration 错误，表示无法继续返回下一个值了。所以生成器是可迭代对象，也是一种特殊的迭代器。但迭代器不一定是生成器。

习题 5.3

一、判断题

1. 表达式 int('1' * 64,2)与 sum(2**i for i in range(64))的计算结果是一样的,但是前者更快一些。 ( )

2. 已知 x=list(range(20)),那么语句 del x[::2]可以正常执行。 ( )

3. 已知 x=list(range(20)),那么语句 x[::2]=[]可以正常执行。 ( )

4. 已知 x=list(range(20)),那么语句 print(x[100:200])无法正常执行。 ( )

5. 表达式(i**2 for i in range(100))的结果是一个元组。 ( )

6. 判断下列数据类型是可迭代对象还是迭代器,或二者都是。

```
s='hello'
l=[1,2,3,4]
t=(1,2,3)
d={'a':1}
set={1,2,3}
f=open('a.txt')
```

二、实践题

1. 假设用一组 tuple 表示学生的名字和成绩:L=[('Bob',75),('Adam',92),('Bart',66),('Lisa',88)],用 sorted()对上述列表分别按名字排。

2. 用 filter 打印 100 以内的素数。

3. 回数是指从左向右读和从右向左读都是一样的数,例如 12321、909。利用 filter()滤掉非回数。

4. 使用迭代查找一个 list 中的最小值和最大值,并返回一个 tuple。

5. 写一个迭代器 reverse_iter,输入列表,倒序输出列表元素。

5.4 Python 字符串个性化操作与正则表达式

Python 2.6 及之后版本,开始内置了 str 类,string 模块中的函数基本被丰富的 str 类方法代替。

5.4.1 字符串测试与搜索方法

1. 字符串测试

字符串测试是判断字符串元素的特征,具体方法见表 5.3。

表 5.3 Python 字符串不划分区间的检查统计类操作方法

方法	功能
s.isalnum()	若 s 非空且所有字符都是字母或数字,则返回 True,否则返回 False
s.isalpha()	如果 s 至少有一个字符并且所有字符都是字母,则返回 True,否则返回 False

续表

方　法	功　能
s.isdecimal()	如果 s 只包含十进制数字，则返回 True，否则返回 False
s.isdigit()	如果 s 只包含数字，则返回 True，否则返回 False
s.islower()	如果 s 中包含区分大小写的字符，并且它们都是小写，则返回 True，否则返回 False
s.isnumeric()	若 s 中只包含数字字符，则返回 True，否则返回 False
s.isspace()	若 s 中只包含空格，则返回 True，否则返回 False
s.istitle()	若 s 是标题化的，则返回 True，否则返回 False
s.isupper()	若 s 中包含区分大小写字符，并且它们都是大写，则返回 True，否则返回 False
s.isdecimal()	检查字符串是否只包含十进制字符。只用于 Unicode 对象

这些方法都比较简单，就不举例说明了。

2. 字符串搜索

字符串搜索是在给定的区间[beg，end]内搜索指定字符串，默认的搜索区间是整个字符串。Python 字符串的搜索方法见表 5.4。

表 5.4　Python 字符串的搜索方法

方　法	功　能
s.count(str,beg=0,end=len(s))	返回区间内 str 出现的次数
s.endswith(obj,beg=0,end=len(s))	在区间内检查字符串是否以 obj 结尾：若是，则返回 True，否则返回 False
s.find(str,beg=0,end=len(s))	在区间内检查 str 是否包含在 s 中：若是，则返回开始的索引值，否则返回－1
s.index(str,beg=0,end=len(s))	与 find()方法一样，只不过如果 str 不在 s 中，就会报一个异常
s.rfind(str,beg=0,end=len(s))	类似于 find()函数，不过是从右边开始查找
s.rindex(str,beg=0,end=len(s))	类似于 index()，不过是从右边开始
s.startswith(obj,beg=0,end=len(s))	在区间内检查字符串是否以 obj 开头：若是，则返回 True，否则返回 False

5.4.2　字符串拆分与连接方法

表 5.5 给出了对 Python 字符串进行拆分与连接的方法。

表 5.5　对 Python 字符串进行拆分与连接的方法

方　法	功　能
s.split(str="",num=s.count(str))	返回以 str 为分隔符将 s 分隔为 num 个子字符串组成的列表，num 为 str 个数
s.splitlines()	返回在每个行终结处进行分隔产生的行列表，并剥离所有行终结符
s.partition(str)	返回第一个 str 分隔的三个字符串元组：(s_pre_str,str,s_post_str) 若 s 中不含 str，则 s_pre_str==s
s.rpartition(str)	类似于 partition()，不过是从右边开始查找
sep.join(seq)	以 sep 作为分隔符，将 seq 中的所有字符串元素合并成一个新的字符串

代码 5.30　字符串拆分与连接示例。

```
>>> s1 = "red/yellow/blue/white/black"
>>> list1 = s1.split('/')                    #返回用每个'/'分隔子串的列表
```

```
>>> list1
    ['red', 'yellow', 'blue', 'white', 'black']
>>>
>>> s1.partition('/')                          #返回用第一个'/'分隔为3个子串的元组
    ('red', '/', 'yellow/blue/white/black')
>>> s1.rpartition('/')                         #返回用最后一个'/'分隔为3个子串的元组
    ('red/yellow/blue/white', '/', 'black')
>>>
>>> s2 = '''red
    yellow
    blue
    white
    black'''
>>> s2.splitlines()                            #返回按行分隔的列表
    ['red', 'yellow', 'blue', 'white', 'black']
>>> '#'.join(list1)                            #用#连接各子串
    'red#yellow#blue#white#black'
```

5.4.3 字符串修改

字符串是不可变(immutable)序列对象。字符串修改实际上是基于一个字符串创建新字符串,并用指向原来字符串的变量指向它。

表5.6列出了Python字符串的修改操作方法。

表5.6 Python字符串的修改操作方法

方　法	功　能
s.capitalize()	把字符串s的第一个字符大写
s.center(width)	返回一个原字符串居中并使用空格填充至长度为width的新字符串
s.expandtabs(tabsize=(8)	把字符串s中的tab符号转为空格,tab符号默认的空格数是8
s.ljust(width)	返回一个原字符串左对齐,并使用空格填充至长度为width的新字符串
s.lower()	将s中的所有大写字符转换为小写
s.lstrip()	删除s首部的空格
s.rstrip()	删除s末尾的空格
s.strip([obj])	删除s首尾的空格
s.maketrans(intab,outtab)	创建字符映射转换表。Intab:需要转换的字符串;outtab:转换目标字符串
s.replace(str1,str2,num=s.count(str1))	把s中的str1替换成str2,若num指定,则替换不超过num次
s.rjust(width)	返回一个原字符串右对齐,并使用空格填充至长度为width的新字符串
s.swapcase()	翻转s中的大小写
s.title()	返回"标题化"的s,即所有单词都以大写开始,其余字母均为小写
s.translate(table,del="")	根据table给出的转换表转换s中的字符,del参数为要过滤掉的字符
s.upper()	将s中的小写字母转换为大写
s.zfill(width)	返回长度为width的字符串,原字符串s右对齐,前面填充0

代码5.31 s.translate(table,del="")应用示例。

```
>>> if __name__ == '__main__':
...     m = {'a':'A','e':'E','i':'I'}
```

```
...     s = "this is string example....wow!!!"
...     transtab = str.maketrans(m)                          #构建转换表
...     print (s.translate(transtab))                        #进行转换
...
    thIs Is strIng ExAmplE....wow!!!
```

说明：方法 str.maketrans(m)是用字典 m 构建一个转换表。除 translate()方法外，其他方法的使用比较简单，这里就不举例说明了。

5.4.4 字符串排序

Python 字符串是一种不可变对象。而排序就要对其值进行改变。因此不能使用类方法，只能使用外部函数。最常用的就是 Python 的内置函数 sorted()。sorted()对字符串进行排序，将要排序的字符串作为它的参数，以字符为单位进行排序，得到一个新字符串。

代码 5.32 用 sorted()函数对字符串进行排序用法示例。

```
>>> s = 'Hello 2019 I an MrZhang 0510'
>>> sorted(s,key=lambda x:x[0])            #按照空格、数字、大写、小写的顺序排序
    [' ', ' ', ' ', ' ', ' ', '0', '0', '0', '1', '1', '2', '5', '9', 'H', 'I', 'M', 'Z', 'a', 'a',
'e', 'g', 'h', 'l', 'l', 'n', 'n', 'o', 'r']
>>> ''.join(sorted(s,key=lambda x:x[0])) #排序后连接成一个字符串
    '     00011259HIMZaaeghllnnor'
```

说明：这样对字符串进行排序意义不大。一般对单词组成的字符串可以单词为单位进行排序，为此要使用字符串的切片方法 split()。split()语法如下：

```
str.split(sep="",num=string.count(str)).
```

其中，sep 为分隔符，默认为空字符，包括空格、换行(\n)、制表符(\t)等。num 为拆分次数，默认为－1，即分隔所有。

代码 5.33 用 sorted()函数对字符串按单词进行排序示例。

```
>>> sorted("This is a test string from Andrew".split())                    #按码表排序
        ['Andrew', 'This', 'a', 'from', 'is', 'string', 'test']
>>> sorted("This is a test string from Andrew".split(), key=len)           #按长度排序
    ['a', 'is', 'This', 'test', 'from', 'string', 'Andrew']
>>> sorted("This is a test string from Andrew".split(), key=str.lower)     #按字母序排序
    ['a', 'Andrew', 'from', 'is', 'string', 'test', 'This']
```

5.4.5 re 模块与正则表达式

在数据处理中，常常需要在一段文本中寻找某些符合一定规则的文本。这样，就需要对所要寻找文本的模式进行描述。例如，中国固定电话号码要描述为：以 0 开头，后面跟着 2～3 个数字，然后是一个连字号“-”，最后是 7 或 8 位数字的字符串。这样用人类自然语言描述的文本模式极不规范，还容易产生二义性，基本上无法用于计算机处理。正则表达式

(regular expression,简写为 regexp、regex、RE,复数为 regexps、regexes、regexen、Res)又称为正则表示法、正规表示法,就是一种以表达式形式,规范而又简洁地描述文本模式的语言。它最早由神经生理学家沃伦·麦卡洛克(Warren McCulloch,1898—1969)和沃尔特·皮茨(Walter Pitts,1923—1969)提出,以作为描述神经网络模型的数学符号系统。1956 年,斯蒂芬·克莱恩(Stephen Kleene,1909—1994)在其论文《神经网事件的表示法》中将其命名为正则表达式。后来 UNIX 之父肯尼斯·汤普森(Ken Thompson,1943—)把这一成果应用于计算机领域。现在,在很多文本编辑器中正则表达式用来检索、替换符合某个模式的文本。

1. 正则表达式语法

正则表达式由普通字符和有特殊意义的字符组成。这些有特殊意义的字符称为元字符(meta characters)。或者说,元字符就是文本进行文本操作的操作符。元字符及其组合组成一些"规则字符串",用来表达对字符串的某种过滤逻辑。下面是一些常用元字符。

1)基本正则元符号

表 5.7 为一些基本的正则元符号字符。

表 5.7 基本的正则元符号字符

字符	说明	举例
[]	其中的内容任选其一字符	[1234],指 1、2、3、4 任选其一
()	表示一组内容,括号中可以使用"|"符号	(Python)表示要匹配的是字符串"Python"
|	逻辑或	a|b 代表 a 或者 b
^	在方括号中,表示"非";不在方括号中,匹配开始	[^12],指除 1 或 2 的其他字符
-	范围(范围应从小到大)	[0-6a-fA-F] 表示在 0、1、2、3、4、5、6、a、b、c、d、e、f、A、B、C、D、E、F 中匹配

2)类型匹配元符号特殊字符

表 5.8 为一些用于指定匹配类型的元符号特殊字符。

表 5.8 用于指定匹配类型的元符号特殊字符

字符	说明	字符	说明
.	匹配终止符之外的任何字符	\n	匹配一个换行符
\w	匹配字母、数字及下画线,等价于[a-z A-Z 0-9]	\W	匹配非字母、数字及下画线,等价于[^a-z A-Z 0-9]
\s	匹配任意空白字符,等价于 [\t\n\r\f]	\S	匹配任意非空字符,等价于 [^\t\n\r\f]
\d	匹配任意数字,等价于 [0-9]	\D	匹配任意非数字,等价于[^0-9]
\t	匹配一个制表符		

3)边界匹配元符号字符

表 5.9 为一些用于边界匹配的元符号特殊字符。

表 5.9　用于边界匹配的元符号特殊字符

字符	说　明	举　例
^	匹配字符串的开头	^a 匹配 "abc" 中的 "a"; "^b" 不匹配 "abc" 中的 "b"; ^\s* 匹配 " abc" 中左边空格
$	匹配字符串的末尾	c$ 匹配 'abc' 中的 'c',b$ 不匹配 'abc' 中的 'b';'^123$' 匹配 '123' 中的 '123'; \s*$ 匹配 "abc" 中的左边空格
\A	匹配字符串的开始	略
\Z	匹配字符串的结束(不包括行终止符)	略
\z	匹配字符串的结束	略
\G	匹配最后匹配完成的位置	略
\b	匹配单词边界,即单词和空格间位置	'py\b' 匹配 "python" "happy",但不能匹配 "py2"、'py3'
\B	匹配非单词边界	py\B' 能匹配 "py2" "py3",但不能匹配 "python" "happy"

4）限定重复匹配次数元符号字符

表 5.10 为一些用于限定重复匹配次数的元符号特殊字符。

表 5.10　用于限定重复匹配次数的元符号特殊字符

字符	说　明	字符	说　明
*	前一字符重复 0 或多次	*?	重复任意次,但尽量少重复
+	前一字符重复 1 或多次	+?	重复 1 或多次,但尽量少重复
?	前一字符重复 0 或 1 次	??	重复 0 或 1 次,但最好是 0 次
{m}	前一字符重复 m 次	{m,n}	重复 m～n 次,但尽量少
{m,}	前一字符至少重复 m 次		

5）常用的正则表达式示例

中华人民共和国手机号码：如+86 15811111111、0086 15811111111、15811111111 可表示为^(\+86|008(6)?\s?\d{11}$。

中华人民共和国身份证号：15 位或 18 位,18 位最后一位有可能是 X(大小写均可),可表示为^\d{15}(\d{2}[0-9xX])?$或^\d{17}[\d|X]|\d{15}$。

日期格式：如 2012-08-17 可表示为^\d{4}-\d{2}-\d{2}$或^\d{4}(-\d{2}){2}$。

E-mail 地址：^\w+@\w+(\.(com|cn|net))+$。

Internet URL：^https?：//\w+(?：\.[^\.]+)+(?：/.+)*$。

2. re 模块

re 模块是 Python 提供的正则表达式引擎接口。在这个模块中,定义了一些相关类和函数(方法),以便人们将正则表达式编译为正则表达式对象,供 Python 程序引用,进行模式匹配搜索或替换等操作。

通常,在这些方法中,需要使用如下一些参数。

pattern：模式或模式名。

string：要匹配的字符串或目标字符串。

flags：标志位，用于控制正则表达式的匹配方式。

count：替换个数。

maxsplit：最大分隔字符串数。

1）re 模块中的查找、替换、分隔与编译方法

（1）re.findall()。re.findall()在目标字符串中查找所有符合规则的字符串。如果匹配成功，则返回的结果是一个列表，其中存放的是符合规则的字符串；如果没有符合规则的字符串，则返回一个 None。

原型：

```
findall(pattern, string, flags = 0)
```

代码 5.34 查找邮件账号。

```
>>> import re
>>> text = '<abc01@mail.com><bcd02 * mail.com>cde03@mail.com'#第 3 个故意没有角括号
>>> re.findall(r'(\w+@m....[a-z]{3})',text)
    ['abc01@mail.com', 'cde03@mail.com']
```

（2）re.sub()。re.sub()用于替换字符串的匹配项，并返回替换后的字符串。

原型：

```
sub(pattern, repl, string, count = 0)
```

代码 5.35 将空白处替换成 * 。

```
>>> import re
>>> text="Hi, nice to meet you where are you from?"
>>> re.sub(r'\s','*',text)
    'Hi,*nice*to*meet*you*where*are*you*from?'
>>> re.sub(r'\s','*',text,(5))              #替换至第 5 个
    'Hi,*nice*to*meet*you*where are you from?'
```

（3）re.split()。re.split()用于分隔字符串。

原型：

```
split(pattern, string, maxsplit = 0)
```

代码 5.36 分隔所有的字符串。

```
>>> import re
>>> text = "Hi, nice to meet you where are you from?"
>>> re.split(r"\s+",text)
    ['Hi,', 'nice', 'to', 'meet', 'you', 'where', 'are', 'you', 'from?']
>>> re.split(r"\s+",text,5)                              #分隔前 5 个
    ['Hi,', 'nice', 'to', 'meet', 'you', 'whereareyoufrom?']
```

（4）re.compile()。re.compile()可以把正则表达式编译成一个正则对象。

原型：

```
compile(pattern, flags = 0)
```

代码 5.37 编译字符串示例。

```
>>> import re
>>> k = re.compile('\w*o\w*')                          #编译带 o 的字符串
>>> dir(k)                                              #证明 k 是对象
    ['__class__','__copy__','__deepcopy__','__delattr__','__dir__','__doc__',
     '__eq__', '__format__', '__ge__', '__getattribute__', '__gt__', '__hash__',
     '__init__', '__init_subclass__', '__le__', '__lt__', '__ne__', '__new__',
     '__reduce__', '__reduce_ex__', '__repr__', '__setattr__', '__sizeof__', '__str__',
     '__subclasshook__', 'findall', 'finditer', 'flags', 'fullmatch', 'groupindex',
     'groups', 'match', 'pattern', 'scanner', 'search', 'split', 'sub', 'subn']
>>> text = "Hi, nice to meet you where are you from?"
>>> print(k.findall(text))                              #显示所有包含 o 的字符串
    ['to', 'you', 'you', 'from']
>>> print(k.sub(lambda m: '[' + m.group(0) + ']',text)) #将字符串中含 o 的单词用[]括起来
    Hi, nice [to] meet [you] where are [you][from]?
```

2）re 模块中的匹配方法

re 模块中提供了两个匹配方法：re.match()和 re.search()。它们的区别在于前者只从字符串开始处匹配，而后者是匹配整个字符串。它们的一个共同点是原型中的参数相同，如下所示：

```
re.match(pattern,string,flags=0)
re.search(pattern,string,flags=0)
```

它们的另一个共同点是，它们匹配成功都会返回一个 match 对象，匹配失败则返回 none。它们返回 match 对象后，还可以进一步使用 match 对象的方法进行分组匹配。

match 对象的分组匹配也称子模式匹配，方法如下，其中 m 为指向一个 match 对象名。

- m.group([group1,…])：返回匹配到的一个或者多个子组。
- m.groups([default])：返回一个包含所有子组的元组。
- m.groupdict([default])：返回匹配到的所有命名子组的字典。key 是 name 值，value 是匹配到的值。
- m.start([group])：返回匹配的组的开始位置。
- m.end([group])：返回匹配的组的结束位置。

代码 5.38 用 match()方法匹配 Hello。

```
>>> import re
>>> text = "Hello,My name is kuangl,nice to meet you..."
>>> k=re.match("(H...)",text)
>>> if k:
...     print (k.group(0),'\n',k.group(1))
... else:
...     print ("Sorry,not match!")
...
    Hello
     Hello
```

- m.span([group])：返回匹配的组的位置范围，即(m.start(group),m.end(group))。

代码 5.39 用 search()方法匹配 Zhang。

```
>>> import re
>>> text ="Hello,My name is Zhang3,nice to meet you..."
>>> k =re.search(r'Z(han)g3',text)
>>> if k:
...     print (k.group(0),k.group(1))
... else:
...     print ("Sorry,not search!")
...
    Zhang3 han
```

代码 5.40 提取文本中的电话号码示例。

```
>>> import re
>>> if __name__ == '__main__':
...     findsPhoneNum = "Zhang's 0510-13571998,Wang's 020-13572010,Li's 010-13572008,
            Zhao's 0351-13571956"
...       patt = re.compile(r'(0\d{2,3})-(\d{7,8})')
...       index = 0
...       mResult = patt.search(findsPhoneNum,index)
...       patt = re.compile(r'(0\d{2,3})-(\d{7,8})')
...       index = 0
...       while True:
...         mResult = patt.search(findsPhoneNum,index)
...         if not mResult:
...             break
...         print('*'* 50)
...         print('结果:')
...         for i in range(3):
...             print(f"搜索内容:
                  {mResult.group(i)}从{mResult.start(i)}到{mResult.end(i)},\
              范围:{mResult.span(i)}")
                  index = mResult.end(2)
**************************************************
结果:
搜索内容:0510-13571998 从 8 到  21 ,范围:(8, 21)
搜索内容:0510 从 8 到  12 ,范围:(8, 12)
搜索内容:13571998 从 13 到  21 ,范围:(13, 21)
**************************************************
结果:
搜索内容:020-13572010 从 29 到  41 ,范围:(29, 41)
搜索内容:020 从 29 到  32 ,范围:(29, 32)
搜索内容:13572010 从 33 到  41 ,范围:(33, 41)
**************************************************
结果:
搜索内容:010-13572008 从 47 到  59 ,范围:(47, 59)
搜索内容:010 从 47 到  50 ,范围:(47, 50)
搜索内容:13572008 从 51 到  59 ,范围:(51, 59)
**************************************************
结果:
搜索内容:0351-13571956 从 67 到  80 ,范围:(67, 80)
搜索内容:0351 从 67 到  71 ,范围:(67, 71)
搜索内容:13571956 从 72 到  80 ,范围:(72, 80)
```

习题 5.4

一、选择题

下列关于字符串的说法中，错误的是（　　）。

A. 字符串以\0 标志字符串的结束

B. 字符应该视为长度为 1 的字符串

C. 既可以用单引号，也可以用双引号创建字符串

D. 在三引号字符串中可以包含换行、回车等特殊字符

二、判断题

1. ' '、\t、\f、\n 和\r 统称为空白字符。（　　）

2. Python 3.x 中字符串对象的 encode()方法默认使用 UTF-8 作为编码方式。（　　）

3.对字符串信息进行编码以后，必须使用同样的或者兼容的编码格式进行解码才能还原本来的信息。（　　）

4. 表达式 'a'+1 的值为'b'。（　　）

5. 正则表达式中的 search()方法可用来在一个字符串中寻找模式，匹配成功则返回对象，匹配失败则返回空值 None。（　　）

6. 正则表达式中的元字符\D 用来匹配任意数字字符。（　　）

7. 正则表达式元字符“^”一般用来表示从字符串开始处进行匹配，用在一对方括号中的时候则表示反向匹配，不匹配方括号中的字符。（　　）

8. 使用正则表达式对字符串进行拆分时，可以指定多个分隔符，而字符串对象的 split()方法无法做到这一点。（　　）

9. 已知 x='hello world.'.encode()，那么表达式 x.decode('gbk')的值为 'hello world.'。（　　）

10 .正则表达式 '^http' 只能匹配所有以 'http' 开头的字符串。（　　）

11. 正则表达式 '^\d{18}|\d{15}$' 只能检查给定字符串是否为 18 位或 15 位数字字符，并不能保证一定是合法的身份证号。（　　）

12. 正则表达式 '[^abc]' 可以匹配一个除 'a'、'b'、'c' 之外的任意字符。（　　）

13. 正则表达式 'python|perl' 或 'p(ythonC++ erl)' 都可以匹配 'python' 或 'perl'。（　　）

14. 正则表达式模块 re 的 match()方法是从字符串的开始匹配特定模式，而 search()方法是在整个字符串中寻找模式，这两个方法如果匹配成功则返回 match 对象，匹配失败则返回空值 None。（　　）

15. 正则表达式元字符"\s"用来匹配任意空白字符。（　　）

三、代码分析题

阅读下面的各代码，分析其输出结果。

1.

```
max('I love FishC.com')
```

2.

```
import re
sum = 0;pattern = 'boy'
if re.match(pattern,'boy and girl'): sum += 1
if re.match(pattern,'girl and boy'): sum += 2
if re.search(pattern,'boy and girl'): sum += 3
if re.search(pattern,'girl and boy'): sum += 4
print (sum)
```

3.

```
import re
re.match("to"."Wang likes to swim too")
re.search("to"."Wang likes to swim too")
re.findall("to"."Wang likes to swim too")
```

4.

```
import re
m = re.search("to"."Wang likes to swim too")
print (m.group(),m.span())
```

5.

```
"{{1}}".format("不打印",?"打印")
```

6.

```
import re
 text = '''Suppose my Phone No.is 0510-12345678,Wang's 0351-13572468,
Li's 010-19283746.'''
 matchResult = re.findall(r'(\d{3,4})-(\d{7,8})',text)
for item in matchResult:
      print(item[0],item[1],sep = '-')
```

四、实践题

1. 输入一个字符串，然后输出一个在每个字符之间添加了“*”的字符串。

2. 有如下列表

```
li = ["hello", 'seven', ["mon", ["h", "kelly"], 'all'], 123, 446]
```

编写代码，实现下列功能。

(1) 输出 Kelly。

(2) 使用索引找到 all 元素并将其修改为 ALL。

3. 编写一个程序，找出字符串中的重复字符。

4. 处理一个字符串(仅英文字符)，将里面的特殊符号转义为表情：

```
/s 转为 ^_^
/f 转为 @_@
/c 转为 T_T
```

5. 设计一个函数 myStrip(),可以接收任意一个字符串,输出一个前端和后端都没有空格的字符串。

6. 设计一个函数,可以将阿拉伯数字转成中文数字,例如,输入字符串“我爱 12 你好 34”,输出“我爱一二你好三四”。

7. 给定两个字符串 s1、s2,判定 s2 能否给 s1 做循环移位得到字符串的包含。例如:

```
s1="AABBCD", s2="CDAA"
```

8. 给定一个字符串,寻找没有字符串重复的最长子字符串。例如,给定 "abcabcbb",找到的是 "abc",长度为 3;给定 "bbbbb",找到的是 "b",长度为 1。

9. 编写代码,用正则表达式提取另一个程序中的所有函数名。

5.5 Python 字典的个性化特性

5.5.1 字典与哈希函数

字典(dictionary)是 Python 的内置无序容器,它有如下特点。

(1) 以花括号({})作为边界符。

(2) 可以有 0 个或多个元素,元素间用逗号分隔,没有顺序关系。

(3) 每个元素都是一个 key:value 的键-值对,键-值之间用冒号(:)连接。

(4) 不可变数据对象才可以作为键;而值可以是可变对象,也可以是不可变对象。

(5) 键是可哈希(hash)的对象。

哈希也称散列,就是把任意长度的输入(又称预映射,pre-image)通过散列算法变换成固定长度的输出,该输出就是散列值。这些值具有均匀分布性和唯一性。所以,字典的键具有唯一性和不可变性。在 Python 中,不可变对象(bool、int、float、complex、str、tuple、frozenset 等)是可哈希对象,可变对象通常是不可哈希对象。

代码 5.41 哈希对象举例。

```
>>> import math
>>> hash(123456)
    123456
>>> hash(1.23456)
    540858536241164289
>>> hash(math.pi)
    326490430436040707
>>> hash(math.e)
    1656245132797518850
>>> hash('123456')
    -7223035130123995062
>>> hash('abcdef')
    -6277361403050886944
>>> hash((1,2,3,4,5,6))
    -14564427693791970
```

```
>>> hash(3+5j)
    5000018
>>> hash([1,2,3,4,5,6])                        #对可变对象进行哈希计算出现错误
    Traceback (most recent call last):
      File "<pyshell#17>", line 1, in <module>
        hash([1,2,3,4,5,6])
    TypeError: unhashable type: 'list'
```

(6) 键-值映射(mapping):键的作用是通过哈希函数计算出对应值的存储位置。或者说,通过键可以方便地计算出对应值的存放地址(ID码),而不需要一个一个地寻找地址。

(7) 值是可变对象或不可变对象。

5.5.2 字典操作

1. 操作符

表5.11列出了可作用于字典的主要操作符。

表5.11 可作用于字典的主要操作符

操作符	功　能	操作符	功　能
=	d2=d1,为字典对象增添一个赋名型变量d2	in、not in	测试一个键是否在字典中
is	d1 is d2,测试d1与d2是否指向同一字典对象	[ ]	用于以键查值、以键改值、增添键-值对

代码5.42 可作用于字典的主要操作符应用示例。

```
>>> studDict1 = {'name':'Zhang','major':'computer'}
>>> studDict2 = studDict1                              #赋名操作
>>> studDict2 is studDict1                             #ID码是否相同测试
    True
>>> studDict2 == studDict1                             #取值是否相等测试
    True
>>> 'major' in studDict2                               #测试键是否存在
    True
>>> 'sex' in studDict2                                 #测试键是否存在
    False
>>> studDict1['name']                                  #以键查值
    'Zhang'
>>> studDict2['sex'] = 'm'                             #增添键-值对
>>> studDict2
    {'name': 'Zhang', 'major': 'computer', 'sex': 'm'}
>>> studDict2['name'] = 'Wang';studDict2               #以键改值
    {'name': 'Wang', 'major': 'computer', 'sex': 'm'}
>>> len(studDict2)                                     #计算字典长度
    3
>>> del studDict2['major']; studDict2                  #删除元素
    {'name': 'Wang', 'sex': 'm'}
>>> del studDict2                                      #删除字典对象
>>> studDict2                                          #显示不存在字典内容
    Traceback (most recent call last):
      File "<pyshell#25>", line 1, in <module>
        studDict2
    NameError: name 'studDict2' is not defined
```

2. 方法

除了构造方法 dict()外，Python 还为字典定义了一些其他方法，见表 5.12。

表 5.12 Python 字典中定义的内置方法

方法	功能
dict1.clear()	删除字典内的所有元素
dict1.copy()	返回一个 dict1 的副本
dict1.fromkeys(seq,val=None)	创建一个新字典，以序列 seq 中的元素为键，val 为字典所有键对应的初始值
dict1.get(key[,d=None])	key 在，返回 key 的值；key 不在，返回 d 值或无返回
dict1.has_key(key)	如果键在字典 dict1 里，则返回 True，否则返回 False
dict1.items()	返回 dict1 中可遍历的(键，值) 组成的序列
dict1.keys()	以列表返回一个字典所有的键
dict1.pop(key[,d])	若 key 在 dict1 中，则删除 key 对应的键-值对；否则返回 d，若无 d，则出错
dict1.popitem()	在 dict1 中随机删除一个元素，返回该元素组成的元组；若 dict1 为空，则出错
dict1.setdefault(key,d=None)	若 key 已在 dict1 中，则返回对应值，d 无效；否则添加 key:d 键-值对，返回值 d
dict1.update(dict2)	把字典 dict2 的元素追加到 dict1 中
dict1.values()	返回一个以字典 dict1 中所有值组成的列表

代码 5.43 字典方法应用示例。

```
>>> studDict1 = {'name':'Zhang','sex':'m','age':18,'major':'computer'}
>>> studDict2 = studDict1.copy();studDict2
    {'name': 'Zhang', 'sex': 'm', 'age': 18, 'major': 'computer'}
>>> studDict3 = studDict1.fromkeys(studDict1);studDict3
    {'name': None, 'sex': None, 'age': None, 'major': None}
>>> list1 = studDict1.keys();list1
    dict_keys(['name', 'sex', 'age', 'major'])
>>> list2 =studDict1.values();list2
    dict_values(['Zhang', 'm', 18, 'computer'])
>>> studDict3 = studDict1.fromkeys(list1,88);studDict3
    {'name': 88, 'sex': 88, 'age': 88, 'major': 88}
>>> studDict4 = studDict1.popitem();studDict4
    ('major', 'computer')
>>> studDict1
    {'name': 'Zhang', 'sex': 'm', 'age': 18}
>>> studDict1.pop('age',20)
    18
>>> studDict1
    {'name': 'Zhang', 'sex': 'm'}
>>> studDict1.setdefault('city','wuxi')
    'wuxi'
>>> studDict1
    {'name': 'Zhang', 'sex': 'm', 'city': 'wuxi'}
>>> studDict1.update(studDict2);studDict1
    {'name': 'Zhang', 'sex': 'm', 'city': 'wuxi', 'age': 18, 'major': 'computer'}
```

习题 5.5

一、选择题

下列说法中,错误的是(　　)。

A. 除字典类型外,所有标准对象均可用于布尔测试

B. 空字符串的布尔值是 False

C. 空列表对象的布尔值是 False

D. 值为 0 的任何数字对象的布尔值都是 False

二、判断题

1. 字典的“键”必须是不可变的。(　　)
2. 无法删除集合中指定位置的元素,只能删除特定值的元素。(　　)
3. Python 支持使用字典的“键”作为下标来访问字典中的值。(　　)
4. 列表可以作为字典的“键”。(　　)
5. 元组可以作为字典的“键”。(　　)
6. Python 字典中的“键”不允许重复。(　　)
7. Python 字典中的“值”不允许重复。(　　)
8. Python 字典支持双向索引。(　　)
9. Python 内置的字典 dict 中的元素是按添加的顺序依次进行存储的。(　　)
10. 已知 x={1:1,2:2},那么语句 x[3]=3 无法正常执行。(　　)
11. Python 内置字典是无序的,如果需要一个可以记住元素插入顺序的字典,可以使用 collections.OrderedDict。(　　)

三、代码分析题

1. 指出下面代码的执行输出结果,说明原因。

```
v = dict.fromkeys(['k1','k2'],[])
v['k1'].append(666)
print(v)
v['k1'] = 888
print(v)
```

2. 指出下面代码的执行输出结果,说明原因。

```
dict1 = {"A":"a","B":"b","C":"c"}
dict2 = {y:x for x,y in dict1.items()}
print(dict2)
```

四、实践题

1. 有字典 dic1={"k1":"v1","k2":"v2","k3":"v3"},用程序依次实现以下操作。

(1) 遍历字典 dic1 中所有的 key。

(2) 遍历字典 dic1 中所有的 value。

(3) 循环遍历字典 dic1 中所有的 key 和 value。

(4) 添加一个键-值对 "k4":"v4",输出添加后的字典 dic1。

(5) 删除字典 dic1 中的键-值对 "k1":"v1",并输出删除后的字典 dic1。

(6) 获取字典 dic1 中 "k2"对应的值。

2. 有字典 dic={'k1':"v1","k2":"v2","k3":[11,22,33]},编写代码,实现下列功能。

(1) 循环输出所有的 key。

(2) 循环输出所有的 value。

(3) 循环输出所有的 key 和 value。

(4) 在字典中添加一个键-值对 "k4":"v4",输出添加后的字典。

(5) 修改字典中 "k1"对应的值为 "alex",输出修改后的字典。

(6) 在 k3 对应的值中追加一个元素 44,输出修改后的字典。

(7) 在 k3 对应的值的第 1 个位置插入一个元素 18,输出修改后的字典。

3. 对下面的字典,根据键从小到大对其进行排序。

```
dict = {"name":"zs","age":18,"city":"深圳","tel":"1362626627"}
```

4. 有一个列表嵌套字典如下,分别根据年龄和姓名进行排序。

```
foo = [{"name":"zs","age":19},{"name":"ll","age":54}, {"name":"wa","age":17},{"name":
"df","age":23}]
```

5.6 Python 集合的个性化特性

集合是以大括号作为边界符的一种 Python 内置容器。它具有数学意义上集合的所有概念。作为容器,它的基本特点是元素无序、互异,并可分为可变集合(set)和不可变集合(frozenset)两种类型。可变集合的元素可以添加、删除,而不可变集合则不能。可变集合是不可哈希的,而不可变集合是可哈希的。

集合关系运算操作分为操作符和方法两种。这些运算操作符都不对被操作集合对象进行修改,因此既适用于可变集合,也适用于不可变集合。

5.6.1 集合及其对象创建

代码 5.44 集合对象创建示例。

```
>>> s1 = {1,3,2,5}                          #用字面量创建 set 对象
>>> s1
    {1,3,2,5}
>>> s2 = {}                                 #空花括号不是空集合
>>> type(s2)
    <class 'dict'>
>>> s3 = set()                              #创建空集合对象
>>> type(s3)
    <class 'set'>
>>> s4 = set(1,3,2,5)                       #set()只接收容器参数
    Traceback (most recent call last):
```

```
      File "<pyshell#29>", line 1, in <module>
        s3 = set(1,3,2,5)                   #set()只接收容器参数
    TypeError: set expected at most 1 argument, got 4 s4 = set("Python")
                                            #set()接收字符串参数
>>> s5 = set("Python")                      #set()接收字符串参数
>>> s5
    {'t', 'h', 'o', 'n', 'y', 'P'}
>>> s6 = set([1,3,5,2])                     #set()接收列表参数
>>> s6
    {1, 2, 3, 5}
>>> s7 = set((1,3,5,2))                     #set()接收元组参数
>>> s7
    {1, 2, 3, 5}
```

说明：

(1) 可以用字面量集合创建集合对象，但是不能用这个方法创建空集合。因为空的花括号被 Python 定义为空字典。

(2) 可以用 set()方法将字符串、元组和列表参数转换为集合，但是不能用数字类型作参数。

5.6.2 集合属性获取与测试

集合属性获取与测试是一些不修改集合的操作，适合 set，也适合 frozenset。

1. 集合属性获取函数

集合属性指元素个数、最大元素、最小元素和元素之和(不含非数字元素的集合)，这就是 4 个内置函数 len()、max()、min()和 sum()。

2. 集合属性测试与判断

集合属性测试与判断可以利用表 5.13 中所列集合属性测试运算符进行。

表 5.13 Python 集合属性测试运算符

运算符	数学符号	功　能	运算符	数学符号	功　能
in、not in	∈、∉	判断对象是不是集合的成员	<=	⊆	子集判断
==、!=	=、≠	判断两集合是否相等	>	⊃	严格超集判断
<	⊂	严格子集判断	>=	⊇	超集判断

代码 5.45 集合属性获取及测试、判断示例。

```
>>> set1 = {'a','c','e','b'}
>>> 'c' in set1                         #成员判断
    True
>>> set1 < {'a','c','e','b'}            #严格子集判断
    False
>>> set1 <= {'a','c','e','b'}           #子集判断
    True
>>> set1 >= {'a','c','e'}               #超集判断
    True
```

5.6.3 Python 集合关系运算

Python 集合关系运算对应数学中的求并集、求交集、求差集和求对称差集等运算。图 5.4 形象地说明了两个集合之间的交、并、差和对称差之间的关系。

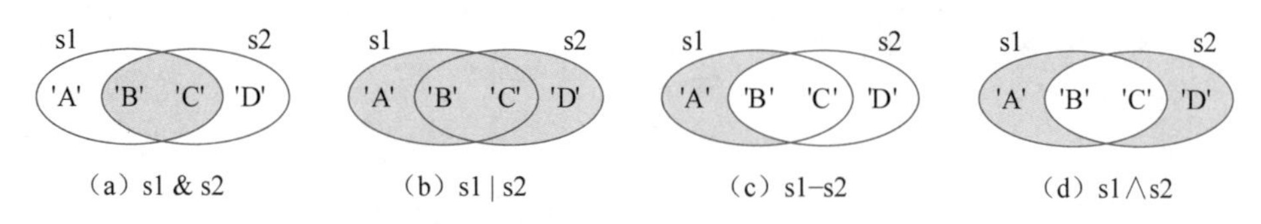

图 5.4　两个集合之间的交、并、差和对称差示意

表 5.14 为 Python 提供的集合关系运算符。这些运算符也可以组成对应的复合赋名操作符,但执行这些复合赋名操作,将会建立新的对象。

表 5.14　Python 集合关系运算符

运算符	对应数学符号	功　能	复合赋名操作符
&	∩	获取交集	&=
|	∪	获取并集	|=
−	−或\	相对补集或差补	-=
^	△	对称差分	^=

代码 5.46　集合的复合赋名操作示例。

```
>>> s1= frozenset({1,2,3,4,5});s1
    frozenset({1, 2, 3, 4, 5})
>>> s2 ={'a','b','c'}
>>> s1 &= s2
>>> s1= frozenset({1,2,3,4,5})
>>> id(s1)
    1935428451016
>>> s1 &= s2;s1
    frozenset()
>>> id(s1)
    1935428451912
```

5.6.4 可变集合操作方法

表 5.15 为仅适用于可变集合的一些方法。它们将对原集合进行改变。

表 5.15　仅适用于可变集合的主要操作方法

set 专用方法	功　能
s1.add(obj)	在 s1 中添加对象 obj
s1.clear()	清空 s1
s1.discard(obj)	若 obj 在 s1 中,将其删除
s1.pop()	s1 非空,则随机移出一个元素;否则导致 KeyError

续表

set 专用方法	功　能
s1.remove(obj)	若 s1 有 obj，则移出；若无，则导致 KeyError
s1.update(s2)	将 s1 修改为与 s2 之并集
s1.intersection_update (s2)	将 s1 修改为与 s2 之交集
s1.difference_update (s2)	将 s1 修改为与 s2 之差集
s1.symmetric_difference_update (s2)	将 s1 修改为与 s2 之对称差集

代码 5.47　修改可变集合示例。

```
>>> s1 = {1,2,3,4,5};s2 = {3,4,5,6,7}
>>> s1.pop()
    1
>>> s1
    {2, 3, 4, 5}
>>> s2.discard(3); s2
    {4, 5, 6, 7}
>>> s1.update(s2); s1
    {2, 3, 4, 5, 6, 7}
>>> s1={2,3,4,5}; s1.intersection_update (s2); s1
    {4, 5}
>>> s1 = {2,3,4,5}; s1.difference_update (s2); s1
    {2, 3}
>>> s1 ={2,3,4,5}; s1.symmetric_difference_update (s2); s1
    {2, 3, 6, 7}
```

习题 5.6

一、选择题

集合 s1＝{2,3,4,5}和 s2＝{4,5,6,7}执行操作 s3＝s1;s1.update(s(2))后，s1、s2、s3指向的对象分别是(　　)。

A. {2,3,4,5,6,7}、{2,3,4,5,6,7}、{2,3,4,5,6,7}

B. {2,3,4,5,6,7}、{4,5,6,7}、{2,3,4,5,6,7}

C. {2,3,4,5,6,7}、{4,5,6,7}、{2,3,4,5}

D. {2,3,4,5}、{2,3,4,5,6,7}、{2,3,4,5}

二、判断题

1. Python 集合不支持使用下标访问其中的元素。 (　　)
2. Python 集合可以包含相同的元素。 (　　)
3. Python 集合中的元素可以是元组。 (　　)
4. Python 集合中的元素可以是列表。 (　　)
5. 运算符“-”可以用于集合的差集运算。 (　　)
6. 表达式{1,3,2}＞{1,2,3}的值为 True。 (　　)

7. 对于集合 s1 和 s2，若已知表达式 s1＜s2 的值为 False，则表达式 s1＞s2 一定为 True。（　　）

8. 已知 A 和 B 是两个集合，且表达式 A＜B 的值为 False，那么表达式 A＞B 的值一定为 True。（　　）

9. Python 内置的集合 set 中元素顺序是按元素的哈希值进行存储的，并不是按先后顺序。（　　）

10. 无法删除集合中指定位置的元素，只能删除特定值的元素。（　　）

11. 删除列表中重复元素最简单的方法是将其转换为集合后再重新转换为列表。（　　）

三、代码分析题

```
tu = ("alex", [11, 22, {"k1": 'v1', "k2": ["age", "name"], "k3": (11,22,33}, 44])
```

回答下列问题：

(1) tu 变量中的第一个元素 alex 是否可被修改？

(2) tu 变量中的 "k2"对应的值是什么类型？是否可以被修改？如果可以，在其中添加一个元素 Seven。

(3) tu 变量中的 "k3"对应的值是什么类型？是否可以被修改？如果可以，在其中添加一个元素 Seven。

四、实践题

1. 有如下值集合[11,22,33,44,55,66,77,88,99,90]，将所有大于 66 的值保存至字典的第一个 key 中，将小于 66 的值保存至第二个 key 中。

2. 给出 0～1000 的任一个整数值，就会返回代表该值的符合语法规则的形式英文，如输入 89，返回 eight-nine。

5.7 Python 数据文件操作

5.7.1 文件对象

1. 文件及其分类

文件(file)对象是一种建立在外部介质上、可以实现数据持久化的被命名数据大容器。下面是从不同角度对文件进行分类。

(1) 按存储内容分类。按照存储内容，文件分为程序文件和数据文件。其中，数据文件又可以按照表现形式分为文本文件、图像文件、音频文件、视频文件等。

(2) 按操作特点分类。按照操作特点，文件可分为顺序读写文件和随机读写文件。

(3) 按编码形式分类。按照编码形式，文件可分为文本文件(text file)和二进制文件(binary file)。表 5.16 列出了两种文件的区别。

表 5.16　文本文件与二进制文件的区别

文件类型	存储单位	类型信息	进行换行符变换	用文本编辑器阅读
文本文件	字符编码(ASCII、UTF-8、GBK 等)	带	有需要	可以
二进制文件	二进制字节	不带	不需要	不可以

说明：

(1) 文本文件以 ASCII、UTF-8、GBK 等字符编码为单位存储,即文本文件是字符串组成的文件,包括纯文本文件(txt 文件)、HTML 文件和 XML 文件等。文本编辑器可以识别这些编码格式,并将编码值转换为字符展示。二进制文件以字节为单位进行存储,即二进制文件是字节串组成的文件,如音频、图像、视频等数据。文本编辑器无法识别这些文件的编码格式,往往只能按照字符编码格式胡乱解析,所以在文本编辑器中打开时看到的是一堆乱码。

(2) 文件通常都是一行一行地排列的,而且长短不一。于是就有了如何表示换行的问题。因此,打开文件时,还需要说明使用什么样的换行符。一般来说,不同平台用来表示行结束的符号是不同的。在 Windows 系统中,用\r\n 作为行末标识符(即换行符),当以文本格式读取文件时,会将\r\n 转换为\n;反之,以文本格式将数据写入文件时,会将\n 转换为\r\n。而在 UNIX/Linux 系统中,默认的文件换行符就是\n。如果只写一种处理换行符的方法,则无法被其他平台认可,而要为每个平台都写一个方法又太麻烦。为此,Python 2.3 创建了一个特殊换行符 newline(\n),并用 U 表示以通用换行符模式打开。这样,当打开注明是 U 标志的文件时,所有的行分隔符(或行结束符,无论它原来是什么)通过 Python 的输入方法(如 read())返回时都会被替换为 newline(\n),同时还用对象的 newlines 属性记录它曾"看到的"文件的行结束符。

2. Python 文件名与后缀

一个完整的文件名由文件名和文件名后缀组成。文件名由用户自己命名,文件名后缀一般用于表示文件的类型,由系统指定并自动添加。Python 常用文件名后缀有如下。

- py：Python 程序的文件名后缀。
- txt：文本文件的文件名后缀。
- dat：二进制文件的文件名后缀。

5.7.2　文件对象打开方法 open()

在 Python 中,最常用的文件打开方式是使用 Python 的内置函数 open()。它执行后创建 1 个文件对象和 3 个标准 I/O 对象,并返回 1 个文件描述符(句柄)。其语法格式如下：

```
open(filename[, mode[, buffering[, encoding[, errors[, newline[, closefd=True]]]]]])…
```

这些参数用来初始化文件属性,下面进一步介绍这些参数的意义。

1. 文件名

filename 是要打开的文件名,是 open()函数中唯一不可或缺的参数。通常,上述

filename 包含了文件存储路径在内的完整文件名。只有被打开的文件位于当前工作路径下时，才可以忽略路径部分。为把文件建立在特定位置，可以使用 os 模块中的 os.mkdir() 函数。

代码 5.48 创建一个文件夹。

```
>>> import os
>>> os.mkdir(('D:\myPythonTest'))
```

如果在给定路径或当前路径下找不到指定的文件名，将会触发 IOError。

2. 文件的打开模式

mode 是文件打开时需要指定的打开模式，通过打开模式向系统请求下列资源。

(1) 指定打开的文件是哪种类型，以便系统进行相应的编码配置。

① 文本文件(以 t 表示)。

② 二进制操作(以 b 表示)。

(2) 打开后进行哪种类型的操作。

① 读操作(以 r 或缺省表示)。

② 写操作(以 w 表示覆盖式从头写，以 a 表示在文件尾部追加式写)。

③ 读写操作(以＋表示)。

(3) 系统为其配备相应的缓冲区、建立相应的标准 I/O 对象，并初始化文件指针位置是在文件头(r 或缺省、w)还是在文件尾(a)。

以上文件的打开模式。把它们总结一下，就得到表 5.17 所示的关于 Python 文件打开模式的简洁描述。

表 5.17　Python 文件打开模式

文件打开模式		操作说明
文本文件	二进制文件	
r	rb	以只读方式打开，是默认模式，必须保证文件存在
rU 或 Ua		以读方式打开文本文件，同时支持文件含特殊字符(如换行符)
w	wb	以写方式新建一个文件，若已存在，则自动清空
a	ab	以追加模式打开：若文件存在，则从 EOF 开始写；若文件不存在，则创建新文件写
r＋	rb＋	以读写模式打开
w＋	wb＋	以读写模式新建一个文件
a＋	ab＋	以读写模式打开

3. 文件缓冲区

buffer 用来指定文件缓冲区。

0：代表 buffer 关闭(只适用于二进制文件模式)。

1：代表 line buffer(只适用于文本文件模式)。

＞1：表示初始化的 buffer 大小。

若不提供该参数或者该参数给定负值，则按照如下系统默认缓冲机制进行。

（1）二进制文件使用固定大小缓冲区。缓冲区大小由 io.DEFAULT_BUFFER_SIZE 指定，一般为 4096B 或 8192B。

（2）对文本文件，若 isatty()返回 True，则使用行缓冲区；其他与二进制文件相同。

4. 传入参数 closefd

True：传入的 file 参数为文件的文件名（默认值）。
False：传入的 file 参数只能是文件描述符。
Ps：文件描述符，一个非负整数。

注意：使用 open 打开文件后一定要记得关闭文件对象。

---

5. 其他

encoding：返回数据的编码（一般为 UTF-8 或 GBK）。
newline：用于区分换行符（只对文本文件模式有效，可取的值有 None、\n、\r、␣ 、\r\n）。
strict：字符编码出现问题时会报错。
ignore：字符编码出现问题时程序会忽略，继续执行下面的代码。

5.7.3 文本文件读写

1. 文本文件读写方法

表 5.18 为文本文件的常用内置方法。在文件对象方法中，最关键的两类方法是文件对象的关闭方法 close()和文件对象的读写方法。

表 5.18 文本文件的常用内置方法（f 表示文件对象）

文件对象的方法		操　作
读	f.read([size=-1])	从文件读 size 字节（Python 2）或字符（Python 3）；size 缺省或负，读剩余内容
	f.readline([size=-1])	从文件中读取并返回一行（含行结束符），若 size 有定义，返回 size 个字符
	f.readlines([size])	读出所有行组成的 list，size 为读取内容的总长
写	f.write(str)	将字符串 str 写入文件
	f.writelines(seq)	向文件写入可迭代字符串序列 seq，不添加换行符
文件指针	f.tell()	获得文件指针当前位置（以文件的开头为原点）
	f.seek(offset[,where])	从 where（0：文件开始；1：当前位置；2：文件末尾）将文件指针偏移 offset 字节
其他	f.flush()	把缓冲区的内容写入硬盘，刷新输出缓存
	f.close()	刷新输出缓存，关闭文件，否则会占用系统的可打开文件句柄数
	f.truncate([size])	截取文件，只保留 size 字节
	f.isatty()	文件是否为一个终端设备文件（UNIX 系统中）：是则返回 True；否则返回 False
	f.fileno()	获得文件描述符——一个数字

2. 文本文件读写示例

代码 5.49　文件读写示例。

```
>>> import os
>>> os.mkdir('D:\myPythonTest')                        #创建一个文件夹
>>> f = open(r'D:\\myPythonTest\test1.txt','w')        #以写方式打开 f
>>> f.write('Python\n')                                #写入一行
    7
>>> f.close()                                          #文件关闭
>>> f = open(r'D:\\myPythonTest\test1.txt','r')        #以读方式打开
>>> f.read()                                           #读出剩余内容
    'Python\n'
>>> f.write('how are you?\n')                          #企图在读模式下写,导致错误
    Traceback (most recent call last):
     File "<pyshell#59>", line 1, in <module>
       f.write('abcdefg\n')
    io.UnsupportedOperation: not writable
>>> f.close()                                          #关闭文件
>>> f = open(r'D:\\myPythonTest\test1.txt','a')        #为追加打开
>>> f.write('how are you?\n')                          #在追加模式下写
    13
>>> f.close()                                          #关闭文件
>>> f = open(r'D:\\myPythonTest\test1.txt')            #以默认(读)方式打开文件
>>> f.read(20)                                         #读出 20 个字符
    'Python\nhow are you?\n'
>>> f.close()                                          #关闭文件
>>> f.read()                                           #在文件关闭之后操作
    Traceback (most recent call last):
     File "<pyshell#10>", line 1, in <module>
       f.read()
    ValueError: I/O operation on closed file.
```

说明:

(1) 在字符串前面添加符号 r,表示使用原始字符串。

(2) 不按照打开模式操作,会导致 io.UnsupportedOperation 错误。

(3) 一个文件在关闭后还对其进行操作会产生 ValueError。

5.7.4　二进制文件的序列化读写

1. 对象序列化与反序列化

Python 二进制文件除了用于图像、视频和音频等数据的保存外,也可用于数据库文件、WPS 文件和可执行文件。所有这些应用中,数据都是以二进制字节串的形式存放的。这样,在向文件写字符数据时,要把内存中的数据对象在不丢失其类型信息的情况下,转换成对象的二进制字节串。这一过程称为对象序列化(object serialization)。在读取时,要把二进制字节串准确地恢复成原来的对象,以供程序使用或显示出来。这一过程称为反序列化。Python 本身没有这些内置功能,要靠一些序列化模块实现。常用的序列化模块有 pickle、struct、json、marshal、PyPerSyst 和 shelve 等。

2. pickle 模块

Python 的 pickle 实际上是一个对象永久化(object persistence)模块。对象序列和反序列化是其实现对象持久化的两个接口,分别用 pickle.dump()和 pickle.load()实现。

1) pickle.dump()

pickle.dump()的功能是将对象 obj 转换成字节串写到文件对象 file 中。为此,要求 file 必须有 write()接口,可以是一个以 wb 方式打开的文件、一个 StringIO 对象或者其他任何实现 write()接口的对象。pickle.dump()的语法如下:

```
pickle.dump(obj,file,[,protocol])
```

protocol 为序列化使用的协议版本,0 表示 ASCII 协议,所序列化的对象使用可打印的 ASCII 码表示;1 表示老式的二进制协议;2 表示 2.3 版本引入的新二进制协议,较以前的更高效。其中,协议 0 和 1 兼容老版本的 Python。protocol 默认值为 0。

代码 5.50 pickle.dump()应用示例。

```
>>> import pickle
>>> class Person:
....  def __init__(self, name, age):
...       self.name = name
...       self.age = age
...   def show(self):
...       print(self.name + "_" + str(self.age))
...
...
>>> aa = Person("Zhang", 20); aa.show()
    Zhang_20
```

2) pickle.load()

pickle.load()的功能是将文件中的数据解析为一个 Python 对象。其语法如下:

```
pickle.load(file)
```

代码 5.51 pickle.load()应用示例。

```
>>> import pickle
>>> with open('D:\\p.dat', 'rb') as f:
...     bb = pickle.load(f)
...
>>> bb.show()
    Zhang_20
```

显然,采用 pickle 模块,就不再需要 write()和 read()两个方法了,它的 dump()和 load()既完成了格式转换,又进行了读写。

3. struct 模块

1) struct 的概念

struct 是 C 语言提供的一种组合数据类型,用于把不同类型的数据组织成一种数据类型,有点类似于类实例的属性。Python 的 struct 模块就是按照这种模式把一个或几个数据组织起来进行打包(pack)变换再写入;相对而言,读出后,还要进行解包(unpack)处理才可以交程序使用。

2)标记一个 struct 的结构

为了解包时恢复原来组成 struct 的数据类型,必须用一个字符串记下它们原来的类型。为此要使用规定的类型标记符进行简洁标记。

表 5.19 为 struct 支持的类型标记符。

表 5.19 struct 支持的类型标记符(与 Python 有关部分)

类型标记符	Python 类型	字节数	类型标记符	Python 类型	字节数
x	None	1	Q	long	8
?	bool	1	f	float	4
i	integer	4	d	float	8
q	long	8	s	string	1

说明:

(1) q 和 Q 只在机器支持 64 位操作时有意义。

(2) 每个格式前可以有一个数字,表示个数。

(3) s 格式表示一定长度的字符串,4s 表示长度为 4 的字符串。

例如,一个职员的 struct 包含如下数据:

```
name = 'Zhang'
age = 35
wage = 3456.78
```

由于字符串可以直接写,因此只需对 struct 中的整型、浮点型标记为 empfmt='if'。

3)打包成字节串对象

打包用 struct.pack(fmt,v1,v2,…)。其第一个参数 fmt 是类型标记字符串,后面依次为各个数据。例如,对于上述职员数据,打包的语法格式如下:

```
empByteStr=struct.pack(empfmt,age,wage)
```

4)写入文件

打开文件,将打包后的字节串写入文件,然后关闭文件。写入时,按照顺序,先直接写入字符串 name,再写 empByteStr。

5)读文件

打开文件,从文件中读出一个字节串,然后解包,关闭文件。

注意:读出时要计算各个数据的存储长度,如上述 name 为 5,age 为 4,wage 为 4,即 age 与 wage 共用了 8B。

代码 5.52 用 struct 进行数据打包与解包示例。

```
>>> import struct
>>> #写入******************************************
>>> name = 'Zhang'; age = 35; wage = 3456.78
>>> empfmt = 'if'
>>> empByteStr = struct.pack(empfmt, age, wage)        #打包成字节流对象
>>> with open(r'D:\\mycode\test3.dat', 'wb') as f3:
...     f3.write(empByteStr)
...     f3.write(name.encode())                         #将 name 转换成字节串对象
...
    8
    5
>>> #读出******************************************
>>> with open(r'D:\\mycode\test3.dat', 'rb') as f4:
...     ebs = f4.read(8)                                #读出 8 字节
...     empTup = struct.unpack(empfmt, ebs)             #解包
...     n = f4.read(5)                                  #读出 5 字节
...
>>> nm = n.decode()                                     #将字节串对象解码为 str
>>> ag, wg = empTup                                     #拆分元组元素
>>> print(f'name:{nm}')
    name: Zhang
>>> print(f'age:{ag}')
    age: 35
>>> print(f'wage:{ wg }')
    wage: 3456.780029296875
```

说明：encode()函数用于将 str 对象转换为字节串对象，decode()函数用于将字节串对象解码为 str 对象。

Python 文件和目标管理

5.7.5 文件和目录管理

除了进行文件内容的操作，Python 还提供了从文件级和目录级进行管理的手段。在 Python 中有关文件及其目录的管理型操作函数主要包含在一些专用模块中，表 5.20 为可用于进行文件和目录管理操作的内置模块。

表 5.20 Python 中可用于文件和目录管理操作的内置模块

模块/函数名称	功能描述	模块/函数名称	功能描述
open()函数	文件读取或写入	tarfile 模块	文件归档压缩
os.path 模块	文件路径操作	shutil 模块	高级文件和目录处理及归档压缩
os 模块	文件和目录简单操作	fileinput 模块	读取一个或多个文件中的所有行
zipfile 模块	文件压缩	tempfile 模块	创建临时文件和目录

下面举例对其中常用情况进行介绍。

1. 文件重命名

文件重命名语法格式如下：

```
os.rename('currentFileName','newFileName')
```

文件重命名示例代码如下：

```
import os
os.rename("E:/Python36/test1.txt", "D:/Python36/test2.txt")
```

2. 删除文件

删除文件语法格式如下：

```
os.remove('aFileName')
```

删除文件示例代码如下：

```
import os
os.remove("E:/Python36/test1.txt")
```

3. 创建新目录

创建新目录语法格式如下：

```
os.mkdir('newDir')
```

创建新目录示例代码如下：

```
import os
os.mkdir("testDir")
```

4. 显示当前工作目录

显示当前工作目录语法格式如下：

```
os.getcwd()
```

显示当前工作目录示例代码如下：

```
import os
os.getcwd()
```

5. 更改现有目录

更改现有目录语法格式如下：

```
os.chdir('dirName)
```

更改目录示例代码如下：

```
import os
os.chdir("/myDir/testDir")
```

6. 删除目录

删除目录语法格式如下：

```
os.redir('directoryName')
```

删除目录示例代码如下：

```
import os
os.redir'/tmp/testDir')
```

习题 5.7

一、选择题

1. 函数 open()的作用不包括(　　)。

A. 读写对象是二进制文件或文本文件　　B. 读写模式是只读、读写、添加或修改

C. 建立程序与文件之间的通道　　D. 顺序读写或随机读写

2. 为进行写入，打开文本文件 file1.txt 的正确语句是(　　)。

A. f1＝open('file1.txt','a')　　B. f1＝open('file1','w')

C. f1＝open('file1','r＋')　　D. f1＝open('file1.txt','w＋')

3. 下列不是文件对象写方法的是(　　)。

A. write()　　B. writeline()　　C. writelines()　　D. writefile()

4. 文件是顺序读写还是随机读写，与(　　)无关。

A. 函数 open()　　B. 方法 seek()　　C. 方法 next()　　D. 方法 fell()

5. 为进行读操作，打开二进制文件 abc 的正确语句是(　　)。

A. open(abc,'b')　　B. open('abc','rb')

C. open('abc','r＋')　　D. open('abc','r')

6. 以下文件打开方式中，两种打开效果相同的是(　　)。

A. open(filename,'r')　　B. open(filename,"w＋")

C. open(filename,"rb")　　D. open(filename,"w")

7. 文件对象 f.week(0,0) 的含义是(　　)。

A. 清除文件 f　　B. 返回文件 f 开头内容

C. 移动文件指针到文件 f 开头　　D. 返回文件 f 尾部内容

8. open('file1',r).read(n)用于(　　)。

A. 从文件 file1 头部读取 n 字符　　B. 从文件 file1 的当前位置读取 n 字节

C. 从文件 file1 中读取 n 行　　D. 从文件 file1 的当前位置读取 n 个字符

二、判断题

1. 在 open()函数的打开方式中，有“＋”，表示文件对象创建后，将进行随机读写；无“＋”，表示文件对象创建后，将进行顺序读写。　　(　　)

2. close()函数的作用是关闭文件。　　(　　)

3. 在 Python 中，显式关闭文件没有实际意义。　　(　　)

4. 使用 print()函数无法将信息写入文件。　　(　　)

5. 用 read()方法可以设定一次要读出的字节数量。设计这个数量的合适原则：一次尽

可能多读;如果可能,最好全读;如一次不能读完,则可按缓冲区大小读取。（ ）

6. Python 标准库 os 中的方法 isfile()可以用来测试给定的路径是否为文件。（ ）

7. Python 标准库 os 中的方法 exists()可以用来测试给定路径的文件是否存在。（ ）

8. Python 标准库 os 中的方法 isdir()可以用来测试给定的路径是否为文件夹。（ ）

9. Python 标准库 os 中的方法 listdir()返回包含指定路径中所有文件和文件夹名称的列表。（ ）

10. 标准库 os 的 listdir()方法默认只能列出指定文件夹中当前层级的文件和文件夹列表,而不能列出其子文件夹中的文件。（ ）

三、代码分析题

阅读下列代码,指出输出结果。

1.

```
import os
for d in os.listdir('.'):
            print(d)
```

2.

```
def testABC():
    try:
        f1 = open('D:\\file1.text', 'w+')
        f1.write('abc')
        f1.writelines(['def\n', '123'])
        print f1.tell()
        f1.seek(0)
        content = f1.readlines()
        for con in content:
            print con
    except IOError, e:
        print (e)
    finally:
        f1.close()

testABC()
```

3.

```
def testDEF():
    try:
          f2 = open('D:\\file2.text', 'w+')
        f2.writelines(['abc\n', 'def\n', 'ghi'])
        f2.seek(-3,2)
        print f2.tell()
        content = f2.read()
        print content
        f2.seek(-6,1)
        f2.write('123')
        f2.seek(0, 0)
        content = f2.read()
```

```
            print (content)
        except IOError, e:
            print (e)
        finally:
            f2.close()
testDEF()
```

4.

```
import os
def print_dir():
    filepath = input("请输入一个路径:")
    if filepath == "":
        print("请输入正确的路径")
    else:
        for i in os.listdir(filepath):
            print(os.path.join(filepath,i))
print(print_dir())
```

5.

```
import os
def show_dir(filepath):
    for i in os.listdir(filepath):
        path = (os.path.join(filepath, i))
        print(path)
        if os.path.isdir(path):
            show_dir(path)

filepath = "C:Program FilesInternet Explorer"
show_dir(filepath)
```

6.

```
import os
def print_dir(filepath):
    for i in os.listdir(filepath):
        path = os.path.join(filepath, i)
        if os.path.isdir(path):
            print_dir(path)
        if path.endswith(".html"):
                print(path)

filepath = "E:PycharmProjects"
print_dir(filepath)
```

7.

```
import os
[d for d in os.listdir('.')]
```

四、程序设计题

1. 建立一个存储人名的文件，输入时不管大小写，但在文件中的每个名字都以首字母大写、其余字母小写的格式存放。

2. 检查一个文件,将其所有的字符串"Java" "java" "JAVA"都改写为"Python"。

3. 有两个文件 a.txt 和 b.txt,先将两个文件中的内容按照字母表顺序排序,然后创建一个文件 c.txt,存储为 a.txt 与 b.txt 按照字母表顺序合并后的内容。

4. 写一个比较两个文件的程序: 如果两个文件完全相同,则输出"文件 XXXX 与文件 YYYY 完全相同";否则给出两个文件第一个不同处的行号、列号和字符。

5. 编写 Python 代码,可以随心所欲地修改当前工作目录,也可以恢复到原来的当前工作目录。

6. 编写 Python 代码,可以进入任何一个目录中搜索其中包含哪些文件。

7. 编写 Python 代码,可以把一组文件压缩归档到一个归档文件中,也可从中展开一个或几个文件。

五、资料收集题

1. 尽可能多地收集可用于文件和目录管理的 Python 模块,并对它们进行比较。

2. 尽可能多地收集可用于文件压缩和归档的 Python 模块,并对它们进行比较。

第6章 Python应用开发举例

Python之所以广受青睐,一个优势在于它集命令式编程、函数式编程和面向对象编程于一体,使程序员可以博采众长,根据问题的性质自由发挥。另一个优势是它具有所有脚本语言中最丰富、最庞大的库,来扩展内核的功能。它的库分为两级:一级是标准库,另一级是第三方库。它们所包含的应用模块几乎覆盖了计算机所有的应用领域。因此,学习Python编程,一方面要学习并掌握其内核的基本语法知识,另一方面要学习其库模块的用法,扩展自己的应用开发能力。

Python常用库目录

实际上,Python基于库模块的应用开发并不复杂,关键就是以下3点。

(1) 要熟悉应用领域。没有专业领域的基础和一定程度的熟悉,是无法把需求说得清楚,理解得深刻的,也就无法开发出高质量的软件来。要知道,熟悉Python要比熟悉专业领域要容易得多。因此,专业领域的人进行自己专业领域的开发时,或许与计算机专业人士合作最为合适。

(2) 要能找到合适的模块。

(3) 熟悉所选模块的用法。

本章仅以数据库和GUI两个基本应用为例,抛砖引玉,向读者展示基于Python资源库模块,进行应用开发的思路。

6.1 Python数据库访问

6.1.1 数据库与SQL

1. 数据库技术的特点

数据库是以文件技术为基础,发展起来的一种数据大容器。它采取了三级模式、两级独立性和数据模型化技术,摒弃了文件系统的数据独立性差、数据共享性差、冗余大、一致性差等弊病,减少了数据管理和维护的工作量,是数据管理的重要技术。数据库出现后,先采用了网状模型和层次模型,后来演变为以关系模型为主流。

2. 关系数据库

现在应用极为广泛的是以数据关系模型为基础的关系数据库技术。关系模型由有着"关系数据库之父"之称的IBM公司研究员埃德加·弗兰克·科德(Edgar Frank Codd,1923—2003)于1970年提出,它用二维表来表示与存储实体及其之间的联系,每张二维表都称为一个关系,描述了一个实体集。表中每行在关系中称为元组(记录),每列在关系中称为属性(字段)。表中每张二维表都有一个名称,即该关系的关系名。表6.1为一个学生数据的关系模型。

表 6.1 学生数据的关系模型

学号	姓名	性别	出生日期	专业	所在学院
20123040158	张伞	女	2006-1-10	网络工程	信息工程学院
20123030101	王武	男	2005-12-26	国际经济与贸易	经济管理学院
20123010102	李斯	男	2006-6-18	德语	外国语学院
20123020103	程柳	女	2007-2-16	媒体传播	文化传播学院

3. 结构化查询语言

为了方便关系数据库的操作，1974 年由雷·波依斯(Ray Boyce)和唐·钱伯林(Don Chamberlin)提出的一种介于关系代数与关系演算之间的结构化查询语言(structured query language,SQL)。这是一个通用的、功能极强的关系数据库语言。它包含如下 6 部分。

(1) 数据查询语言(data query language,DQL)：用以从表中获得数据，确定数据怎样在应用程序中给出，使用最多的保留字是 SELECT，此外还有 WHERE、ORDER BY、GROUP BY 和 HAVING。

(2) 数据操作语言(data manipulation language,DML)：也称动作查询语言，其语句包括动词 INSERT、UPDATE 和 DELETE，分别用于添加、修改和删除表中的行。

(3) 事务处理语言(transaction process language,TPL)：其语句包括 BEGIN TRANSACTION、COMMIT 和 ROLLBACK，用于确保被 DML 语句影响的表的所有行及时得以更新。

(4) 数据控制语言(data control language,DCL)：用于确定单个用户和用户组对数据库对象的访问，或控制对表单各列的访问。

(5) 数据定义语言(data definition language,DDL)：其语句包括动词 CREATE 和 DROP，用于在数据库中创建新表或删除表等。

(6) 指针控制语言(cursor control language,CCL)：其语句包括 DECLARE CURSOR、FETCH INTO 和 UPDATE WHERE CURRENT，用于对一个或多个表单独行的操作。

1986 年 10 月，美国国家标准协会对 SQL 进行规范后，将其作为关系数据库管理系统的标准语言(ANSI X3.135—1986)。1987 年，SQL 在国际标准化组织的支持下成为国际标准。

目前，SQL 已经成为最重要的关系数据库操作语言，并且其影响已经超出数据库领域，得到其他领域的重视和采用。例如，人工智能领域的数据检索，第四代软件开发工具中嵌入 SQL 的语言等。

需要说明的是，尽管 SQL 成为了国际标准，但各种实际应用的数据库系统在其实践过程中都对 SQL 规范进行了某些改编和扩充。所以，实际上不同数据库系统之间的 SQL 不能完全相互通用。据统计，目前已有超过 100 种的 SQL 数据库产品遍布于从微机到大型机的各类计算机中，其中包括 DB2、SQL/DS、Oracle、Ingres、Sybase、SQL Server、DBASEⅣ、Paradox、Microsoft Office Access 等。

6.1.2 应用程序通过 ODBC 操作数据库

1. 应用程序访问数据库

任何数据库都有自己的访问渠道。对于关系数据库来说，其访问渠道是 SQL，一般高级语言程序是不能直接访问数据库的。为了访问数据库，必须有一个桥梁——采用专门的模块。这种作为应用程序访问数据库的桥梁模块有两大类。

（1）通用模块：开放式数据库连接（open database connectivity，ODBC）模块。

（2）专用模块：SQLite。

ODBC 是微软公司与 Sybase、Digital 于 1991 年 11 月共同提出的一组有关数据库连接的规范，目的在于使各种程序能以统一的方式处理所有的数据库访问，并于 1992 年 2 月推出了可用版本。ODBC 提供了一组对数据库访问的标准应用程序编程接口（application programming interface，API），利用 ODBC API，应用程序可以传送 SQL 语句给数据库管理系统（data base management system，DBMS）。

2. ODBC 组成

从用户的角度来说，ODBC 的核心部件是 ODBC API、ODBC 驱动程序（driver）和 ODBC 驱动程序管理器（driver manager）。ODBC 驱动程序是 ODBC 和数据库之间的接口。通过这种接口，可以把用户提交到 ODBC 的请求，转换为对数据源的操作，并接收数据源的操作结果。ODBC API 以一组函数的形式供应用程序调用。当应用程序调用一个 ODBC API 函数时，驱动程序管理器就会把命令传递给适当的驱动程序。然后，驱动程序再将命令传递给特定的后端数据库服务器，并用可理解的语言或代码对数据源进行操作，最后将结果或结果集通过 ODBC 传递给客户端。

不同的数据库有不同的驱动程序，例如，ODBC 驱动、SQL Sever 驱动、MySQL 驱动等。因此，想要 Python 应用程序连接一个数据库，首先要下载适合的数据库驱动程序。表 6.2 为常用数据库的 ODBC 驱动程序名。

表 6.2　常用数据库的 ODBC 驱动程序名

数　据　库	ODBC 驱动程序名
Oracle	oracle.jdbc.driver.OracleDriver
DB2	com.ibm.db2.jdbc.app.DB2Driver
SQL Server	com.microsoft.jdbc.sqlserver.SQLServerDriver
SQL Server 2000	sun.jdbc.odbc.JdbcOdbcDriver
SQL Server 2005	com.microsoft.sqlserver.jdbc.SQLServerDriver
Sybase	com.sybase.jdbc.SybDriver
Informix	com.informix.jdbc.IfxDriver
MySQL	org.gjt.mm.mysql.Driver
PostgreSQL	org.postgresql.Driver
SQLDB	org.hsqldb.jdbcDriver

3. Python 使用 ODBC 的工作过程

Python 使用 ODBC 的基本工作过程如图 6.1 所示。

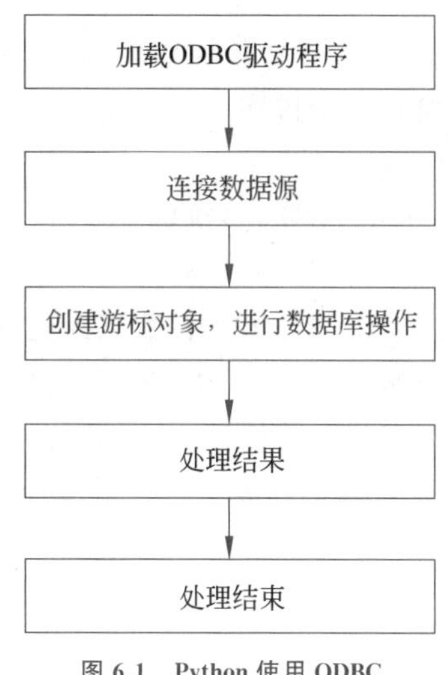

图 6.1 Python 使用 ODBC 的基本工作过程

1）加载 ODBC 驱动程序

每个 ODBC 驱动都是一个独立的可执行程序，它一般被保存在外存中。加载就是将其调入内存，以便随时执行。

2）连接数据源

连接数据源即建立 ODBC 驱动与特定数据源(库)之间的连接。由于数据源必须授权访问，因此连接数据源需要数据源定位信息和访问者的身份信息。这些信息用字符串表示，称为连接字符串，内容一般包括数据源类型、数据源名称、服务器 IP 地址、用户 ID、用户密码等，并且可以分为数据源名(data source name，DSN)和 DSN-LESS(非 DNS)两种方式。

DSN 方式就是采用数据源的连接字符串。在 Windows 系统中，这个数据源名可以在“控制面板”里面的 ODBC Data Sources 中进行设置，如 Test，则对应的连接字符串为“DSN=Test;UID=Admin;PWD=XXXX;”。

DSN-LESS 是非数据源方式的连接方法，使用方法是“Driver={Microsoft Access Driver (*.mdb)}; Dbq=\somepath\mydb.mdb;Uid=Admin;Pwd= XXXX;”。

访问不同的数据源(驱动程序)需要提供的连接字符串有所不同。表 6.3 为常用数据源对应的连接字符串。

表 6.3 常用数据源对应的连接字符串

数据源类型	连接字符串
SQL Server(远程)	"Driver={SQL Server}; Server = 130.120.110.001; Address = 130.120.110.001, 1052; Network= dbmssocn;Database = pubs;Uid=sa;Pwd=asdasd;" 注：Address 参数必须为 IP 地址、端口号和数据源名
SQL Server(本地)	"Driver={SQL Server};Database=数据库名;Server=数据库服务器名(localhost);UID=用户名(sa);PWD=用户口令;" 注：数据库服务器名(local)表示本地数据库
Oracle	"Driver={microsoft odbc for oracle};server=oraclesever.world;uid=admin;pwd=pass;"
Access	"Driver={microsoft access driver(*.mdb)};dbq=*.mdb;uid=admin;pwd=pass;"
SQLite	"Driver={SQLite3 ODBC Driver};Database=D:\SQLite*.db"
MySQL(Connector/Net)	Server=myServerAddress;Database=myDataBase;Uid=myUsername;Pwd=myPassword;"

3）创建游标对象，进行数据库操作

在数据库中，游标(cursor)是一个十分重要的处理数据的方法。用 SQL 从数据库中检索数据后，结果放在内存的一块区域中，且结果往往是一个含多个记录的集合。游标提供了在结果集中一次以单行或者多行前进或向后浏览数据的能力，使用户可以在 SQL Server 内逐行地访问这些记录，并按照用户自己的意愿来显示和处理这些记录。所以游标总是与一条 SQL 选择语句相关联。在 Python 中，游标一般由 connection 的 cursor()方法创建，也称打开游标。在当前连接中对游标所指位置由 ODBC 驱动传递 SQL，进行数据库的数据操作。

4）处理结果

将 ODBC 返回的结果数据，转换为 Python 程序可以使用的格式。

5）处理结束

依次关闭结果资源、语句资源和连接资源。

6.1.3 pyodbc

pyodbc 是 ODBC 的一个 Python 封装，它允许任何平台上的 Python 具有使用 ODBC API 的能力。这意味着，pyodbc 是 Python 语言与 ODBC 的一座桥梁。下面介绍 Python 应用程序使用 pyodbc 进行数据库操作的过程及其参考代码。

1. 加载 pyodbc

```
import pyodbc
```

2. 创建数据库连接对象（connection）

```
#创建数据库连接对象：Windows 系统，非 DSN 方式，使用微软 SQL Server 数据库驱动
cnxn = pyodbc.connect('DRIVER = {SQL Server}; SERVER = localhost; PORT = 1433; DATABASE = testdb; UID = me; PWD = pass')
#创建数据库连接对象：Linux 系统，非 DSN 方式，使用 FreeTDS 驱动
cnxn = pyodbc.connect('DRIVER = {FreeTDS}; SERVER = localhost; PORT = 1433; DATABASE = testdb; UID = me; PWD = pass; TDS_Version = 7.0')
#创建数据库连接对象：使用 DSN 方式
cnxn = pyodbc.connect('DSN = test;PWD=password')
```

3. 用 connection 的方法创建一个游标对象（cursor）

游标对象常用方法

```
cursor =cnxn.cursor()
```

4. 用 cursor 的有关方法进行数据库的访问

1）使用 cursor.execute()方法

```
cursor.fetchone                    #用于返回一个单行(row)对象
cursor.execute("select user_id, user_name from users")
row =cursor.fetchone()
if row:
  print(row)
```

2）使用 cursor.fetchone()方法生成类似元组（tuples）的 row 对象

```
cursor.execute("select user_id, user_name from users")
row =cursor.fetchone()
print('name: ',row[1])             #使用列索引号来访问数据
print('name: ',row.user_name)      #或者直接使用列名来访问数据
```

3）若所有行都已被检索，则用 fetchone()返回 None

```
while 1:
    row = cursor.fetchone()
    if not row:
        break
    print('id: ', row.user_id)
```

4）使用 cursor.fetchall()方法一次性将所有数据查询到本地，然后再遍历

```
cursor.execute("select user_id, user_name from users")
rows = cursor.fetchall()
for row in rows:
    print(row.user_id, row.user_name)
#由于 cursor.execute()总是返回游标(cursor),所以也可以简写
for row in cursor.execute("select user_id, user_name from users"):
    print(row.user_id, row.user_name)
```

5）插入数据：使用相同的函数——传入 Insert SQL 和相关占位参数执行插入数据

```
cursor.execute("insert into products(id, name) values ('pyodbc', 'awesome library')")
cnxn.commit()
cursor.execute("insert into products(id, name) values (?, ?)", 'pyodbc', 'awesome library')
cnxn.commit()
```

6.1.4 使用 SQLite 引擎操作数据库

1. SQLite 及其特点

SQLite 是一种开源的、嵌入式轻量级数据库引擎，它的主要特点如下。

（1）支持各种主流操作系统，包括 Windows、Linux、UNIX 等，能与多种程序设计语言（包括 Python）紧密结合。

（2）SQLite 称为轻量级数据库引擎。其在编程语言内直接调用 API 实现，不需要安装和配置服务器，具有内存消耗少、延迟时间短、整体结构简单的特点。

（3）SQLite 不进行数据类型检查。如表 6.4 所示，SQLite 与 Python 具有直接对应的数据类型，还可以使用适配器将更多的 Python 类型对象存储到 SQLite 数据库，甚至可以使用转换器将 SQLite 数据转换为 Python 中合适的数据类型对象。

表 6.4 SQLite 与 Python 直接对应的数据类型

SQLite 数据类型	NULL	INTEGER	REAL	TEXT	BLOB
与 Python 直接对应的数据类型	None	int	float	str	bytes

注意：由于定义为 INTEGER PRIMARY KEY 的字段只能存储 64 位整数，当向这种字段保存除整数以外的数据时，将会产生错误。

（4）SQLite 实现了多数 SQL92 标准，包括事务、触发器和多种复杂查询。

2. Python 程序连接与操作 SQLite 数据库的步骤

Python 的数据库模块一般都有统一的接口标准，所以数据库操作都有统一的模式，基本上包括如下步骤。

1）导入 sqlite3 模块

Python 自带的标准模块 sqlite3 包含了以下常量、函数和对象：

```
sqlite3.version                    #常量,版本号
sqlite3.connect(database)          #函数,连接数据库,返回 connect 对象
sqlite3.connect                    #对象,连接数据库对象
sqlite3.cusor                      #对象,游标对象
sqlite3.row                        #对象,行对象
```

因此，要使用 SQLite，必须先用如下命令导入 sqlite3：

```
import sqlite3
```

2）实例化 connection 对象，并操作数据库

sqlite3 的 connect ()以连接字符串（核心内容是数据库文件名）作参数，来实例化（创建）一个 connection 对象。这意味着，当数据库文件不存在时，就只会自动创建这个数据库文件名；如果已经存在这个数据库文件，则打开这个文件。语法如下：

```
conn = sqlite3.connect(连接字符串)
```

应用示例如下：

```
conn = sqlite3.connect("D:\\test.db")
```

这个数据库创建在外存。有时，也需要在内存创建一个临时数据库，语法如下：

```
conn = sqlite3.connect(':memory:')
```

数据库连接对象一经创建，数据库文件即被打开，就可以使用这个对象调用有关方法实现相应的操作，主要方法见表 6.5。

表 6.5　connection 对象的主要方法（由 sqlite.conn.调用）

方　法　名	说　　明
execute(SQL 语句[,参数])	执行一条 SQL 语句
executemany(SQL 语句[,参数序列])	对每个参数，执行一次 SQL 语句
executescript(SQL 脚本)	执行 SQL 脚本
commit()	事务提交
rollback()	撤销当前事务，事务回滚到上次调用 connect()处的状态
cursor()	实例化一个游标对象
close()	关闭一个数据库连接

代码 6.1　SQLite 数据库创建与 SQL 语句传送。

```
#导入 sqlite3
import sqlite3
```

```
#创建数据库
conn = sqlite3.connect(r"D:\code0516.db")
conn.execute("create table region(id primary key, name, age)")
<sqlite3.Cursor object at 0x0000020635E82B90>
#定义一个数据区块
regions = [('2017001', '张三', 20), ('2017002', '李四', 19), ('2017003', '王五', 21)]
#插入一行数据
conn.execute("insert into region(id, name, age)values('2017004', '陈六', 22)")
<sqlite3.Cursor object at 0x0000020635E82C00>
#以?作为占位符的插入
conn.execute("insert into region(id, name, age)values(?, ?, ?)", ('2017005', '郭七', 23))
<sqlite3.Cursor object at 0x0000020635E82B90>
#插入多行数据
conn.executemany("insert into region(id, name, age)values(?, ?, ?)", regions)
<sqlite3.Cursor object at 0x0000020635E82C00>
#修改用 ID 码指定的一行数据
conn.execute("update region set name = ? where id = ?", ('赵七', '2017005'))
<sqlite3.Cursor object at 0x0000020635E82B90>
#删除用 ID 码指定的一行数据
n = conn.execute("delete from region where id = ?", ('2017004', ))
#删除了 1 行记录
print('删除了', n.rowcount, '行记录')
#提交
conn.commit()
#关闭数据库
conn.close()
```

3）创建 cursor 对象并执行 SQL 语句

SQLite 游标对象，由 connection 对象使用它的 cursor()方法创建。创建示例如下：

```
cu = conn.cursor()
```

游标对象创建后，就可以由这个游标对象调用其有关方法进行数据库的读写等操作了，表 6.6 列出了游标对象的主要方法。

表 6.6 游标对象的主要方法(由 sqlite.cu.调用)

方法名	说明
execute(SQL 语句[,参数])	执行一条 SQL 语句
executemany(SQL 语句[,参数序列])	对每个参数，执行一次 SQL 语句
executescript(SQL 脚本)	执行 SQL 脚本
close()	关闭游标
fetchone()	从结果集中取一条记录，返回一个行(Row)对象
fetchmany()	从结果集中取多条记录，返回一个行(Row)对象列表
fetchall()	从结果集中取出剩余行记录，返回一个行(Row)对象列表
scroll()	游标滚动

说明：从表 6.5 和表 6.6 可以发现，两张表中都定义了 execute()、executemany()和 executescript()。也就是说，向 DBMS 传递 SQL 语句的操作，可以由 connection 对象承担，也可以由 cusor 对象承担。这时，两个对象的调用等效。因为实际上，使用 connection 对象调用这 3 个方法执行 SQL 语句时，系统会创建一个临时的 cursor 对象。

cursor 对象的主要职责是从结果集中取出记录,有 3 个方法:fetchone()、fetchmany()和 fetchall(),可以返回 Row 对象或 Row 对象列表。

代码 6.2 SQLite 数据库查询。

```
import sqlite3
conn = sqlite3.connect(r"D:\code0516.db")
#创建一个游标对象
cur = conn.execute("select id,name from region")
#迭代式查询指定列
for row in cur:
    print(row)

    ('2017005', '赵七')
    ('2017001', '张三')
    ('2017002', '李四')
    ('2017003', '王五')
#关闭游标对象
cur.close()
#关闭数据库
conn.close()
```

习题 6.1

一、填空题

1. 数据库系统主要由计算机系统、数据库、________、数据库应用系统及相关人员组成。

2. 根据数据结构的不同进行划分,常用的数据模型主要有________、________、________。

3. 数据库的________形成了其两级独立性:________之间的相互独立以及________之间的相互独立。

4. DBMS 中必须保证事物的 ACID 属性为________、________和________。

二、简答题

1. 什么是 DBMS?
2. 常用的数据模型有哪几种?
3. 什么是关系模型中的元组?
4. 数据库的三级模式结构分别是哪三级?
5. DBMS 包含哪些功能?
6. 收集 Python 连接数据库的形式。
7. 收集 SQL 常用语句。

三、代码设计题

1. 设计一个 SQLite 数据库,包含学生信息表、课程信息表和成绩信息表。写出各个表的数据结构的 SQL 语句,以 CREATE TABLE 开头。

2. 设计一个用 SQLite 存储通讯录的程序。

6.2 Python GUI 开发

计算机程序是为用户服务的，它不仅要能正确解题，还需要支持与用户交互，例如输入一些数据，进行某种选择等。好的用户界面，会使用户觉得方便、友好，减少输入错误。

早期的计算机以穿孔纸带为介质进行人机交互，后来使用电传打字机、键盘＋字符显示器。现在一般采用键盘＋鼠标＋图形显示器进行人机交互。人机交互的界面技术也由字符命令形式，发展到图形用户界面（graphical user interface，GUI）、多媒体（multimedia）、虚拟现实（virtual reality）等形式。界面技术越来越为人们关注，并已经成为一种独立的工作。

多数程序设计语言都是靠库函数或模块支持 GUI 开发的。自 Python 问世，就有不少热心者、爱好者为其设计 GUI 开发模块。迄今为止，已经有了不少这种模块。本节仅以 Python 配备的标准 GUI——tkinter——为蓝本介绍 Python GUI 开发方法。

6.2.1 GUI 三要素：组件、布局与事件处理

1. 组件和容器

组件（component，widget）也称控件（control），是用户同程序交互并把程序状态以视觉反馈的形式提供给用户的媒介。称其为组件是因为它们是组成 GUI 的最基本元素，是可以控制的。不同的组件，在人机交互时承担不同的交互形式和功能，通常每个组件都是一个类。应用时这些类要通过属性进行初始化，得到需要的组件对象。图 6.2 为常用组件形成的界面。

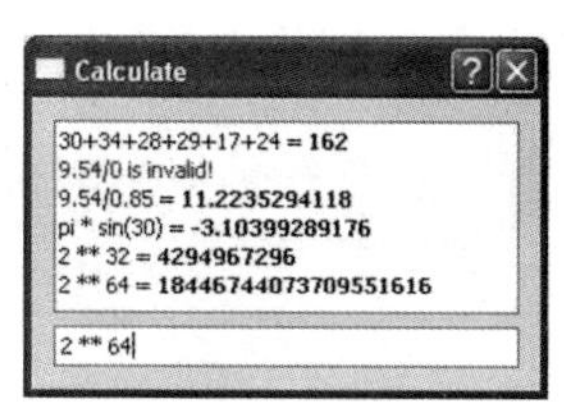

（a）多行文本框

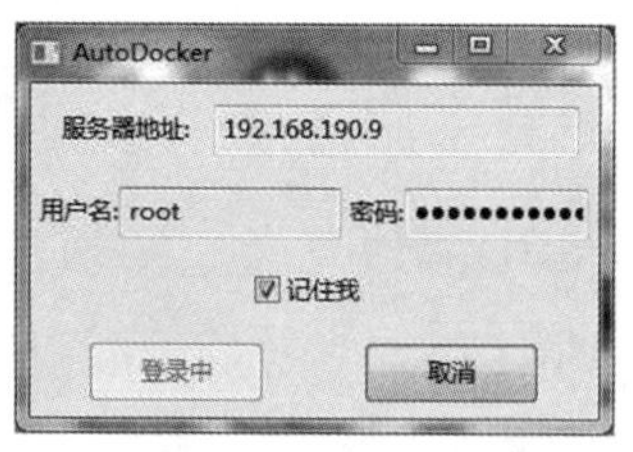

（b）标签、单行文本框与按钮

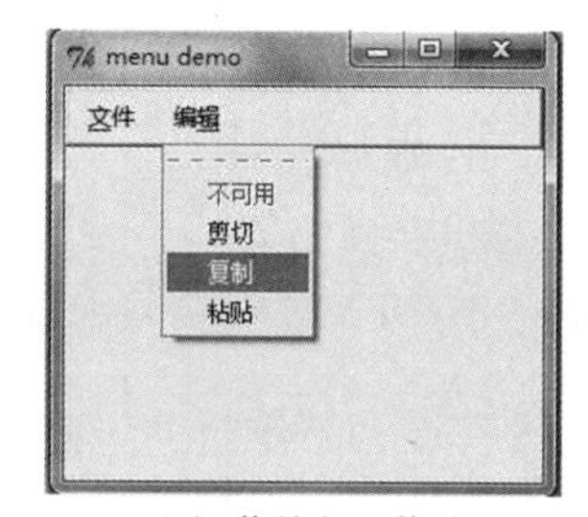

（c）菜单条与菜单

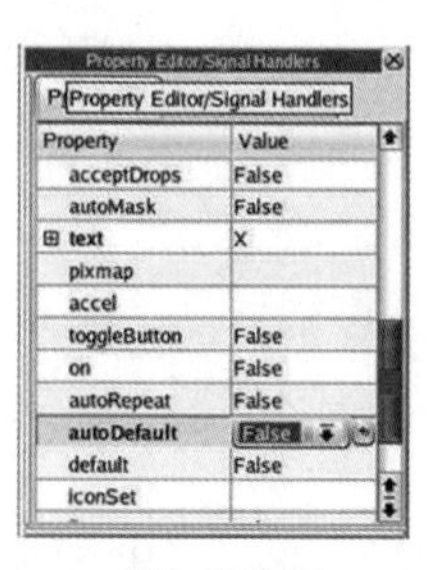

（d）列表框

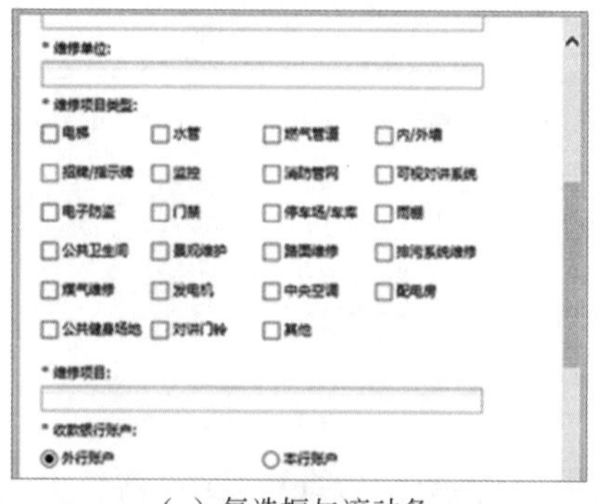
（e）复选框与滚动条

（f）画布

图 6.2 常用组件形成的界面

多数组件是不能独立地直接显示在屏幕上的，必须将其放置在一定的框架中才可以显示。这种用于容纳组件、显示组件的特殊组件称为容器(container)，也称框架(frame)或窗口(window)。

根据需要，GUI 的框架(窗口)可以是层次的，即一个窗口中可以包含另一些子窗口。在屏幕上最先创建的窗口称为主窗口，也称根(root)窗口或顶层窗口。每个 GUI 都需要一个并且仅有一个主窗口，而子窗口可以不限一个，所以创建一个 GUI 的首要工作是创建一个框架——主窗口。

2. 布局与布局管理器

布局就是指控制窗体容器中各个控件(组件)的位置关系。在容器中的布局，一般需要从两方面进行描述：一是组件在容器中的位置；二是容器中各组件之间的几何关系。组件在容器中的位置，可以采用坐标指定。坐标系由二维坐标组成，在默认状态下，原点(0,0)为屏幕的左上角。坐标的度量单位是像素点。负责布局管理的软件称为布局管理器。不同的图形用户软件中的布局管理器有不同的组件布局原则和方法。

3. 事件、事件处理函数及其事件绑定

在一个图形用户界面中，用户通过键盘、鼠标组件等操作组件，来与程序交互，如移动鼠标、按下鼠标键、单击或双击、用鼠标拖动滚动条、在文本框内输入文字、选择一个菜单项、关闭一个窗口、键入一个命令……每个针对组件的操作都会产生一个事件(event)。事件也是一类对象，由相应的事件类创建。事件出现后，程序需要对事件做出响应或处理。每个事件都有相应的处理方法。

事件关系到操作、组件和处理函数，为此必须建立三者之间的联系方式，称为事件绑定(binding)。

6.2.2 tkinter 概述

tkinter= Tk + interface，是 TCL/Tk 在 Python 上的移植。Tk 最初是为工具命令语言(tool command language，TCL)设计的一个 GUI 工具包，它应用方便，非常流行，而且是一款开放源代码的产品，可用于 Windows/Linux/UNIX/Macintosh 操作系统。tkinter 已经成为 Python 的一个标准库，Python 自带的 IDLE 就是用它写的。

1. tkinter 组件

1) tkinter 常用组件

如表 6.7 所示，tkinter 支持多种核心组件。每种组件都是一个类，可以用来创建相应的组件实例。

表 6.7 tkinter 提供的常用组件

控件类名	名 称	用 途
Frame	框架	在屏幕上显示一个矩形区域，多用来作为容器
Label	标签	在图形用户界面显示一些文字或图形信息，但用户不可对这些文字进行编辑

续表

控件类名	名　称	用　途
LabelFrame	容器组件	一个简单的容器组件，常用于复杂的窗口布局
Button	按钮	用于捕捉用户的单击操作，执行一个命令或操作
Checkbutton	选择按钮	用于在程序中提供复选框
Canvas	画布	提供图形元素（如线条、直线、椭圆、多边形、矩形）或文本，创建图形编辑器
Radiobutton	单选按钮	多中选一，并单选按钮状态
Entry	单行文本域	用来接收并显示用户输入的一行文字
Text	多行文本框	用来接收并显示用户输入的多行文字
Spinbox	输入组件	与 Entry 类似，但是可以指定输入范围值
Listbox	列表框	选项列表，供用户从中选择一项或多项，分别称为单选列表和多选列表
Menu	菜单条	显示菜单栏
Menubutton	菜单按钮	用来包含菜单的组件（有下拉式、层叠式等）
Message	消息组件	用来显示多行文本，与 Label 比较类似
messageBox	消息框	类似于标签，但可以显示多行文本
OptionMenu	可选菜单	允许用户在菜单中选择值
Scale	滑块	显示一个数值刻度，为输出限定范围的数字区间
Scrollbar	滚动条	多用在列表框和多行文本框中，供用户浏览和选择
Frame	框架组件	在屏幕上显示一个矩形区域，多用来作为容器
Toplevel	悬浮窗口	作为一个单独的、最上面的窗口显示

2）组件属性

组件属性是创建组件实例的依据。为了便于掌握与应用，tkinter 把组件属性分为两个层次：绝大部分组件共享属性（表 6.8）和多种组件共享属性（表 6.9）。

表 6.8　tkinter 绝大部分组件共享属性

选项（别名）	说　明	值类型	典　型　值	无此属性组件
background(bg)	当组件显示时，给出的正常颜色	color	'gray25'、'#ff4400'	
borderwidth(bd)	组件外围 3D 边界的宽度	pixel	3	
cursor	指定组件使用的鼠标光标	cursor	gumby	
font	指定组件内部文本的字体	font	'Helvetica'、('Verdana',8)	Canvas Frame、Scrollbar Toplevel
foreground(fg)	指定组件的前景色	color	'black'、'#ff2244'	
highlightbackground	指定经无输入焦点组件加亮区颜色	color	'gray30'	Menu
highlightcolor	指定经无输入焦点组件周围加亮区颜色	color	'royalblue'	Menu
highlightthickness	指定有输入焦点组件周围加亮区宽度	pixel	2.1m	Menu
relief	指出组件 3D 效果	constant	RAISED、GROOVE、SUNKEN、FLAT、RIDGE、SOLID	
takefocus	窗口在键盘遍历时是否接收焦点	boolean	1 YES	
width	设置组件宽度，组件字体的平均字符数	integer	32	Menu

表 6.9 多种组件共享属性

选　项	说　明	值类型	典　型　值	仅此类组件
activebackground	指定画活动元素的背景颜色	color	'red'、'# fa07a3'	Button、Checkbutton、Menu、Menubutton、Radiobutton、Scale、Scrollbar
activeforeground	指定画活动元素的前景颜色	color	'cadeblue'	Button、Checkbutton、Menu、Menubutton、Radiobutton
disabledforeground	指定绘画元素的前景色。如果选项为空串(单色显示器通常这样设置),禁止的元素用通常的前景色画,并采用点刻法填充模糊化	color	'gray50'	
anchor	如果小组件使用的空间大于它所需要的空间,那么这个选项将指定该小组件将在哪里放置	constant	N、NE、E、SE、S、SW、W、NW 或 CENTER(默认)	Button、Checkbutton、Label、Message、Menubutton、Radiobutton
text	指定组件中显示的文本,文本显示格式由特定组件和其他诸如锚和对齐选项决定	string	'Display'	
bitmap	指定一个位图以 tkinter(Tk_GetBitmap)接受的任何形式在组件中显示	bitmap		Button、Checkbutton、Label、Menubutton、Radiobutton
image	指定所在组件中显示用 create 方法产生的图像	image		
underline	指定组件中加入下画线字符的整数索引。此选项完成菜单按钮与菜单输入的键盘遍历缺省捆绑	integer	0 对应组件中显示的第一个字符,1 对应第二个,依此类推	
wraplength	指定行的最大字符数,超过最大字符数的行将转到下行显示	pixel	41、65	
command	指定一个与组件关联的命令,该命令通常在鼠标离开组件时被调用	command	setupData	Button、Checkbutton、Radiobutton、Scale、Scrollbar
height	指定窗口的高度,采用字体选项中给定字体的字符高度为单位,至少为 1	integer	14	Button、Canvas、Frame、Label、Listbox、Checkbutton、Radiobutton、Menubutton、Text、Toplevel
justify	当组件中显示多行文本时,该选项设置不同行之间是如何排列的	constant	LEFT、CENTER 或 RIGHT、LEFT 指每行向左对齐,CENTER 指每行居中对齐,RIGHT 指向右对齐	Button、Checkbutton、Entry、Label、Menubutton、Message、Radiobutton
padx	设置组件 X 方向需要的边距	pixels	2、10	Button、Checkbutton、Label、Menubutton、Message、Radiobutton、Text
pady	设置组件 Y 方向需要的边距	pixels	12、3	
selectbackground	指定显示选中项时的背景颜色	color	blue	Canvas、Listbox、Entry、Text
selectborderwidth	给出选中项的三维边界宽度	pixel	3	
selectforeground	指定显示选中项的前景颜色	color	yellow	

续表

选　　项	说　　明	值类型	典　型　值	仅此类组件
state	指定组件有如下 3 个状态之一： (1) 在 NORMAL 状态，有前景色和背景显示； (2) 在 ACTIVE 状态，按 activeforeground和 activebackground 选项显示； (3) 在 DISABLED 状态，不敏感，缺省捆绑将拒绝激活，并忽略鼠标行为，由 disabledforeground 和 background 选项决定如何显示	constant	NORMAL、ACTIVE、DISABLED	Button、Checkbutton、Entry、Menubutton、Scale、Radiobutton、Text
show	设置用于代替显示内容的符号	string		Entry、Label
textvariable	指定一个字符串变量名，其字符串值在组件上显示。若变量值改变，组件将自动更新，字符串显示格式由特定组件和其他诸如锚和对齐选项决定	variable	widgetConstant	Button、Checkbutton、Menubutton、Message、Radiobutton
xscrollcommand	当滚动条显示改变时，将把滚动命令作为前缀与两个分数连接起来产生一个命令。第一个分数代表窗口中第一个可见文档信息；第二个分数代表紧跟上一个可见部分后的信息 指定一个用来与水平滚动框进行信息交流的命令前缀	function	两个数分别为 0～1 的分数，代表文档中的一个位置：0 表示文档的开头；1.0 表示文档的结尾处；0.333 表示整个文档的 1/3 处……	Canvas、Entry、Listbox、Text
yscrollcommand	指定一个用来与垂直滚动框进行信息交流的命令前缀	function		Canvas、Entry

在这些属性中，有一些细节在后面的应用中再进一步介绍。

3）tkinter 窗口

每个 GUI 的主窗口都是 tkinter.Tk 类的一个实例。所以创建主窗口用 tkinter.Tk()。子窗口的创建应基于主窗口进行，一般用 Frame 类的构造函数创建，并以主窗口作为参数。

2. tkinter 布局管理设置

tkinter 共有 3 种几何布局管理器，分别是 pack 布局、grid 布局、place 布局。place 布局采用坐标指定组件位置。如图 6.3 所示，pack 布局和 grid 布局按照组件间几何关系进行布局。

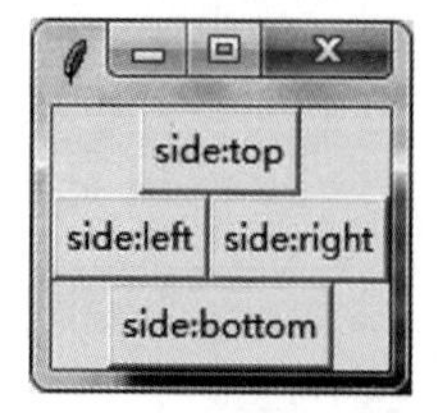

（a）pack布局

（b）grid布局

图 6.3　tkinter 的 pack 布局和 grid 布局

下面介绍 tkinter 3 种布局管理器的布局设置方法。

1）pack 布局设置

pack 布局像摆放纸牌一样顺序地向容器中添加子组件，可以设定按照垂直方向添加或是按照水平方向添加。按照垂直方向添加时，第一个添加的组件在最上方，然后依次向下添加。按照水平方向添加时，第一个添加的组件在最左方，然后是依次向右添加。

pack 布局器用 pack()方法向容器中添加子组件。pack()方法的格式如下：

```
pack(option = value,…)
```

表 6.10 为 pack()方法的常用选项。

表 6.10 pack()方法的常用选项

选项名	选项简析	取值说明
fill	设置组件添加方向	X(水平)、Y(垂直)、BOTH (水平和垂直)、NONE(不添加)
expand	设置组件是否展开。若 fill 选项为 BOTH，则填充父组件的剩余空间	YES(或 1，展开到整个空白区域)、NO(或 0，不展开，默认值)
side	设置组件在窗口的停靠位置，expand=YES 时无效	LEFT(左)、TOP(上)、RIGHT(右)、BOTTOM(下)
ipadx、ipady	子组件之间的 x(或 y)方向的内间距	数值，默认是 0，单位像素：c(cm)、m(mm)、i(inch)、p(像素)
padx、pady	子组件之间的 x(或 y)方向的外间距	
anchor	对齐方式，以 8 个方位和中为基准	N(北/上)、E(东/右)、S(南/下)、W(西/左)、NW(西北)、NE(东北)、SW(西南)、SE(东南)、CENTER(中，默认值)

注意：上表中取值都是常量，YES 等价于 yes，亦可以直接传入字符串值。另外当界面复杂度增加时，要实现某种布局效果，需要分层来实现。

2）grid 布局设置

grid 布局又称网格布局，它把容器划分为一个几行几列的网格(单元格，cell)，然后根据行号和列号，将子组件添加于网格中。每个网络都可以放置一个子组件。

grid 布局器用 grid ()方法向容器中添加子组件。grid()方法的格式如下：

```
grid(option = value,…)
```

表 6.11 为 grid()方法的常用选项。

表 6.11 grid()方法的常用选项

选项名	选项简析	取值说明
row、column	将组件放置于第 row 行第 column 列	row 为行序号，column 为列序号；都从 0 开始
sticky	设置组件在网格中的对齐方式	N、E、S、W、NW、NE、SW、SE、CENTER
rowspan	组件所跨越的行数	跨越的行数，不是序号
columnspan	组件所跨越的列数	跨越的列数，不是序号
ipadx、ipady、padx、pady	组件内、外部间距，该属性用法同 pack()	该属性用法同 pack()

3）place 布局设置

place 布局是最简单、最灵活的一种布局，它使用组件坐标来放置组件的位置。但是不推荐使用，因为在不同分辨率下，界面往往有较大差异。

place 布局器用 place()方法向容器中添加子组件。place()方法的格式如下：

```
place(option = value,…)
```

表 6.12 为 place()方法的常用选项。

表 6.12　place()方法的常用选项

选项名	选项简析	取值说明
anchor	对齐方式，同 pack 布局	默认值为 NW，同 pack 布局
x、y	组件左上角的 x、y 坐标	整数，绝对位置坐标，单位像素，默认值为 0
relx、rely	组件相对于父容器的 x、y 坐标	相对位置，0～1 的浮点数，0.0 表示左边缘(或上边缘)，1.0 表示右边缘(或下边缘)
width、height	组件的宽度、高度	非负整数，单位：像素
relwidth、relheight	组件相对于父容器的宽度、高度	0～1 浮点数，与 relx(rely)取值相似

在上述 3 种布局管理器设置时，还可以用方法 propagate(boolean)设置容器的几何大小是否由子组件决定。参数为 True(默认值)表示相关，反之则无关。

4）布局参数获取

对于已经存在的图形用户界面，可以用一组方法获取其布局参数。3 种布局管理器的布局参数获取方法基本相同。表 6.13 为 pack 布局的参数获取方法举例。其他两种的布局参数获取方法，只要用 grid 或 place 替换 pack 即可。

表 6.13　针对 pack 布局的参数获取方法举例

方法名	描述
pack_slaves()	以列表方式返回本组件的所有子组件对象
pack_configure(option=value)	给 pack 布局管理器设置属性，使用属性(option)=取值(value)方式设置
pack_info()	返回 pack 提供的选项所对应得值
location(x,y)	测试像素点(x,y)所在的单元格行列坐标，(−1,−1)表示不在其中
size()	返回组件所包含的单元格，揭示组件大小

3. tkinter 事件与事件处理

1）事件与事件源

表 6.14 为常见事件及其 tkinter 代码。

表 6.14　常见事件及其 tkinter 代码

事件	tkinter 代码	事件	tkinter 代码
鼠标左键单击按下	1/Button-1/ButtonPress-1	鼠标移动到区域	Enter
鼠标左键单击松开	ButtonRelease-1	鼠标离开区域	Leave
鼠标右键单击	3	获得键盘焦点	FocusIn
鼠标左键双击	Double-1/Double-Button-1	失去键盘焦点	FocusOut
鼠标右键双击	Double-3	键盘事件	Key
鼠标滚轮单击	2	回车键	Return

2）事件代码

tkinter 事件都用字符串描述，其特殊的语法规则如下：

```
<modifier-type-detail>
```

其中，modifier 称为事件前缀，type 为事件类型，detail 为事件细节。type 字段是最重要的，它指出了事件的种类，可以指定为 Button、Key 或者 Enter、Configure 等。modifier 和 detail 字段可以提供一些附加信息，在大多数情况下可以不指定。还有很多方法可以简化事件字符串，例如，为了匹配一个键盘键，可以省略角括号，直接用键，除非它是空格或本身就是角括号。表 6.15 为 tkinter 事件前缀。

表 6.15　tkinter 事件前缀

名　称	描　　述
Alt	当 Alt 键按下
Any	任何按键按下，例如<Any-KeyPress>
Control	当 Ctrl 键按下
Double	两个事件在短时间内发生，例如，双击鼠标左键<Double-Button-1>
Lock	当 Caps Lock 键按下
Shift	当 Shift 键按下

（1）键盘事件代码。表 6.16 为键盘事件基本类型代码。

表 6.16　键盘事件基本类型代码

名　　称	描　　述
<KeyPress>	按下键盘某键时触发，可以在 detail 部分指定是哪个键。简写为<Key>
<KeyRelease>	松开键盘某键时触发，可以在 detail 部分指定是哪个键
<KeyPress-key>、<KeyRelease-key>	按下或者松开 key。简写为<Key-key>
<Prefix-key>	在按住 Prefix(Alt，Shift，Control)的同时，按下 key。如<Control-key>和<Control-Alt-key>

说明：上述格式中的 Key 列描述了键盘上的按键名，即通用格式中的 detail 部分通常用 3 种方式命名按键。

① .keysym 列用字符串命名了按键，它可以从 Event 事件对象中的 keysym 属性中获得。

② .keycode 列用按键码命名了按键，但是它不能反映事件前缀：Alt、Control、Shift、Lock，并且它不区分大小写按键，即输入 a 和 A 是相同的键码。

③ .keysym_num 列用数字代码命名了按键。

（2）鼠标事件代码。表 6.17 为鼠标事件基本类型代码。

表 6.17　鼠标事件基本类型代码

名　　称	描　　述
<ButtonRelease-n>	鼠标按钮 n 被松开
<Bn-Motion>	在按住鼠标按钮 n 的同时，鼠标发生移动

续表

名　称	描　述
<prefix-Button-n>	对组件双击或者三击，prefix 选 Double 或 Triple，如<Double-Button-1>
<Enter>	当鼠标指针移进某组件时，该组件触发
<Leave>	当鼠标指针移出某组件时，该组件触发
<MouseWheel>	当鼠标滚轮滚动时触发

鼠标事件举例：

<Button-1>：鼠标左键单击。

<Button-3>：鼠标右键单击。

<B1-Motion>：鼠标左键拖曳。

<B3-Motion>：鼠标右键拖曳。

<ButtonRelease-1>：鼠标左键释放。

<ButtonRelease-3>：鼠标右键释放。

<Double-Button-1>：鼠标左键双击。

<Double-Button-3>：鼠标右键双击。

3）事件绑定

tkinter 给出 3 种绑定形式。

（1）实例绑定。实例绑定就是将事件与事件处理程序只与一个相关的组件实例绑定。绑定的方法是组件实例的 bind()。该方法有两个参数：事件编码与事件处理函数名。例如，声明了一个名为 cnvs 的 Canvas 组件对象，并且在按鼠标中键时在 canvas 上用函数 drawling()画一条线，则可以使用方法：

```
cnvs.bind("<Button-2>", drawline)
```

实例绑定的一种简单方法是在创建组件实例时，需将参数(属性)command 设定为事件处理程序名。

（2）类绑定。类绑定就是将事件与事件处理程序与一个组件类的所有已创建实例绑定。绑定的方法是 widget.bind_class()。该方法有 3 个参数：组件类名、事件编码与事件处理函数名。例如，想在按鼠标中键时，在所有已声明的 Canvas 实例上都画上一条线，则可以这样实现：

```
widget.bind_class("Canvas", "<Button-2>", drawline)
```

其中，Canvas 是组件类名；widget 代表 Canvas 类的任意一个组件；drawline 是画线函数名。

（3）程序界面绑定。程序界面绑定就是将事件与事件处理程序与一个程序界面上的所有组件实例绑定。绑定的方法是 widget.bind_all()。该方法有两个参数：事件编码与事件处理函数名。例如，调用方法：

```
widget.bind_all( "<Key-print>",PrintScreen)
```

就会将 PrintScreen 键与程序中的所有组件对象绑定，从而使整个程序界面都能处理打印屏幕的事件了。

6.2.3 GUI 程序结构

下面以实现图 6.4 所示的简单用户登录界面为例，介绍应用 tkinter 开发 GUI 的一般过程。

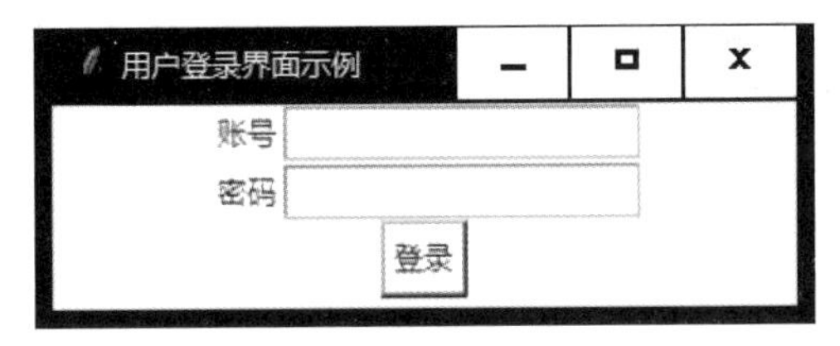

图 6.4 用户登录界面

1. 导入 tkinter 模块

这个操作可以使用如下代码实现：

```
from tkinterimport *
```

或

```
import tkinter as tk                #为 tkinter 起个简短的名字 tk
```

2. 创建主窗口并设置其属性

主窗口一般采用 Tk 类的无参构造方法创建。例如：

```
root = tk.Tk()                      #创建一个 Tk 主窗口组件 root
root.title('用户登录界面示例')       #设置窗口标题
root.geometry('300x80-0+0')         #设置窗口大小为 300×80,位于屏幕右上角
```

说明：函数 geometry()用于设置主窗口的大小和位置。其参数是一个字符串：'wxh±x±y'。w 为宽度像素数；h 为高度像素数；+x(+y)为主窗口左边(上边)距屏幕左边(上边)的像素数；-x(-y)为主窗口右边(下边)距屏幕右边(下边)的像素数。

上述代码顺序执行的效果如图 6.5 所示。

图 6.5 “主窗口示例”的中间结果

3. 创建需要的组件实例并将它们置入窗口

(1) 在这个 GUI 中有 5 个组件需要放置，而这 5 个组件分为 3 排安放。为了减少布局

时的复杂性，将主窗口分为 3 个子窗口。例如：

```
frm1 = tk.Frame(root);frm1.pack()
frm2 = tk.Frame(root);frm2.pack()
frm3 = tk.Frame(root);frm3.pack()
```

(2) 依次在 3 个子窗口中放入相应的组件，并分别采用 pack 布局。

代码 6.3 依次在 3 个子窗口中放入相应的组件。

```
#创建"账号"标签对象
lblName = tk.Label(frm1,text = '账号'); lblName.p ack(side = tk.LEFT)
#创建"账号"文本对象
entrName = tk.Entry(frm1,textvariable = tk.StringVar());entrName .pack(side = tk.LEFT)
#创建"密码"标签对象
lblPswd = tk.Label(frm2,text = '密码'); lblPswd.pack(side = tk.LEFT)
#创建"密码"文本对象
entrPswd = tk.Entry(frm2,show = ' * ',textvariable = tk.StringVar()); entrPswd.pack(side = tk.
LEFT)
#创建"登录"按钮对象
bttn = tk.Button(frm3,text = '登录');bttn.pack(side = tk.RIGHT)
```

说明：textvariable 是 Entry 等组件的一个属性，表示其中所显示的字符串；StringVar()用于输入可变字符串；show 用于设置代替显示内容的符号。

上述代码顺序执行的效果如图 6.4 所示。

4. 事件处理

事件处理的关键是设计需要的事件处理函数，再将之与事件绑定到相关组件。为了设计时间处理函数，需要分析本 GUI 中需要处理的事件。

(1) 两个标签(Label)一般不引发事件。

(2) 两个单行文本(Entry)对象就是接收用户键入的账号和密码数据值。一般也不需要特殊处理。

(3) "登录"是关键，或称主事件。用户单击这个按钮就意味着提交账号和密码两个数据，供系统鉴别是否合法。若是合法用户登录，则可以进入系统按照所分配的权限进行操作。这里用一个欢迎界面表示。若账号和密码中有一处错误，就给出警告，要求重新登录。为简单，这里给出一个出错界面。

代码 6.4 用户登录界面的事件处理函数。

```
>>> def handlerLogin():
...     #获取用户名和密码
...     name = entrName.get()
...     pswd = entrPswd.get()
...     #提交验证
...     if name == 'xyz' and pswd == 'abc123':
...         changeGUI('欢迎进入本系统！')
...     else:
...         changeGUI('对不起,不能进入本系统！')
```

这个函数中使用了一个改变 GUI 的函数 changeGUI()。它有一个参数用于传递"欢迎”还是“对不起”。

代码 6.5　用户登录界面的事件处理函数。

```
def changeGUI(textChange):
    #销毁 3 个子窗口
    frm1.destroy()
    frm2.destroy()
    frm3.destroy()
    #重新在主窗口安放组件
    tk.Label(root,text = textChange).pack()
```

要将事件、事件处理函数绑定到对应组件，首先要考虑进行哪一级绑定。由于这个界面只有一个按钮，因此进行类绑定，还是进行按钮实例绑定都没有关系。下面是进行实例绑定的代码。

```
bttn.bind('<Button-1>', handlerLogin)
```

如前所述，绑定事件处理函数的简洁办法是在创建可触发组件时，将属性 command 设置为事件处理函数名。在本例中就要修改“登录”按钮对象的创建代码为

```
bttn = tk.Button(frm3,text = '登录',command =  handlerLogin);bttn.pack(side = tk.RIGHT)
```

这样，当键入账号和密码后，就会显示如图 6.6 所示的登录界面。再单击“登录”按钮，就会根据账号和密码是否正确分两种情形显示界面，如图 6.7 所示。

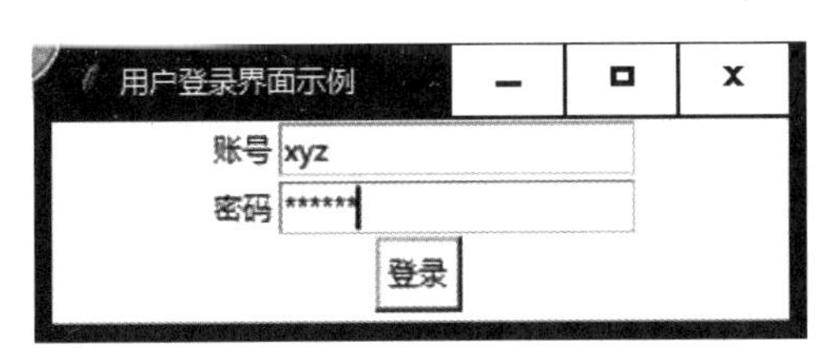

图 6.6　键入账号和密码后的登录界面

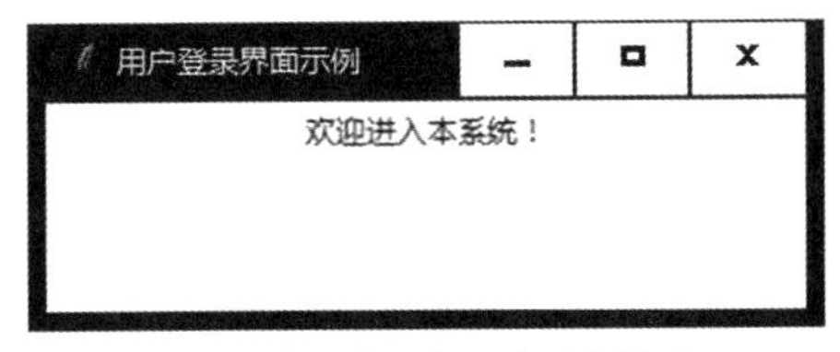

(a) 账户和密码都正确时的界面

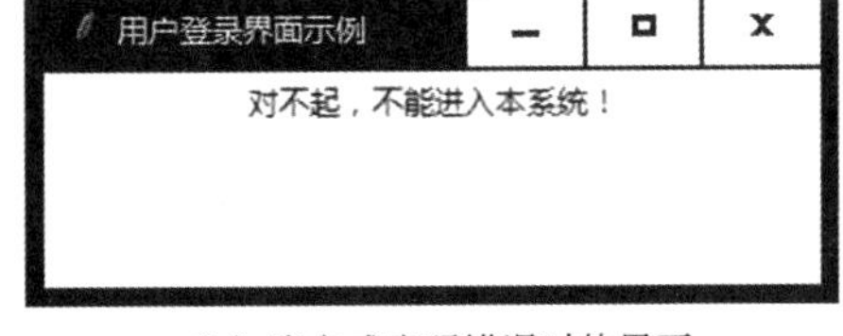

(b) 账户或密码错误时的界面

图 6.7　单击“登录”按钮后的界面

说明：这仅仅是一个用于介绍使用 tkinter 进行 GUI 设计过程的示例，还有许多缺陷，留给读者完善。

5. 事件循环

事件循环是在事件处理之后，使绑定事件处理程序的组件再处于监视状态，以等待下一次事件的发生。这个操作由 mainloop()函数承担。如对于本例可以用语句

```
bttn.mainloop()
```

但是,在本例事件处理程序执行时,将 3 个子窗口连同其内的组件都用方法 destroy()销毁了。因此,不可再使用对象 bttn,只能使用 root。但是这也没有意义,因为原来的组件都已经不存在,无法接收输入的账户名和密码,也没有"登录"按钮。所以本例可以忽略这一环节。

6.2.4 Label 与 Button

1. Label

Label(标签)是一种仅用于在指定的窗口中显示信息的组件,可以显示文本信息,也可以显示图像信息。创建 Label 小组件(widget)的基本语法如下:

```
label = tkinter.Label(master = None, option, …)
```

说明:

(1) 参数 master。用于指定设置此标签的父窗口。

(2) 选项 option。选项甚多,基本属于共享属性或大部分组件共享属性,在前面已经笼统介绍过。为了便于初学者理解,在后面的组件介绍中,还会进一步说明。

由于最终呈现出的 Label 是由背景和前景叠加显示而成,因此这些选项分别用于背景和前景的设置。其中,有关尺寸间的关系如图 6.8 所示。

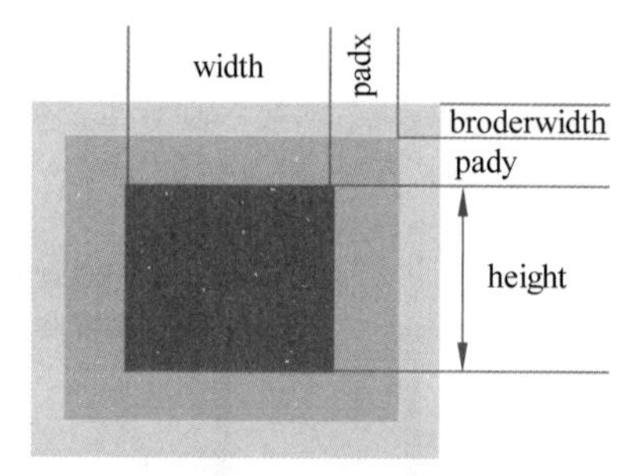

图 6.8 Label 的有关尺寸

1) 背景定义选项

表 6.18 为 tkinter.Label 主要背景选项。它们基本上由 3 部分构成:内容区+填充区+边框。

表 6.18 tkinter.Label 主要背景选项

选　　项	说　　明	前　　提	值类型	单位	默　认　值
Background(bg)	背景颜色		color		视系统而定
width、length	内容区域大小	内容为文本	int	字符	根据内容自动调整
		内容为图像		像素	

续表

选项	说明	前提	值类型	单位	默认值
padx、pady	填充区宽度		int	像素	
relief	边框样式		见表后“说明”		flat
borderwidth	边框宽度		int	像素	视系统而定(1 或 2)
highlightbackground	接收焦点时高亮背景	允许接收焦点，即 tackfocus=True	color		
highlightcolor	接收焦点时高亮边框颜色		color		
highlightthickness	接收焦点时高亮边框厚度		int	像素	

说明：

(1) relief(样式)的可选值为 flat(默认)、sunken、raised、groove、ridge。

(2) 颜色的取值，可以按 RGB 格式或英语名称。

2）前景定义选项

表 6.19 为 tkinter.Label 主要前景选项，按内容分为文本或图像两部分。

表 6.19 tkinter.Label 主要前景选项

选项	说明	取值说明
Foreground(fg)	前景色	color
anchor	文本或图像在内容区的位置	n、s、w、e、ne、nw、sw、se、center
compound	控制要显示的文本和图像	见表后“说明”
text	静态文本	str
cursor	指定当鼠标移动到窗口部件上时的鼠标光标	默认值为父窗口鼠标指针
textvariable	可变文本(动态)	str_obj
font	字体大小(内容为文本时)	像素
underline	加下画线的字符(内容为文本时)	
justify	指定多行对齐方式(内容为文本时)	left、center、right
wraplength	忽略换行符将给出每行字数	默认值为 0
bitmap	指定二进制位图	bitmap_image
image	位图	normal_image(仅支持 GIF、PNG、PPM/PGM 格式)

说明：

(1) compound 的取值：None 默认值，表示只显示图像，不显示文本；bottom、top、left、right 表示图片显示在文本的下、上、左、右；center 表示文本显示在图片中心上方。

(2) 所用到的图片对象 bitmap_image 和 normal_image 都是需要经过 tkinter 转换后的图像格式。如：

```
bitmap_image = tkinter.BitmapImage(file = "位图片路径")
normal_image = tkinter.PhotoImage(file = "gif 、ppm/pgm 图片路径")
```

代码 6.6 制作一个如图 6.9 所示标签的代码。

```
>>> if __name__ == "__main__":
...     import tkinter as tk
...     master = tk.Tk();master.title('标签制作示例')
...     str_obj = tk.StringVar()
...
...     normal_image = tk.PhotoImage(file = 'G:/myImg/gif/徐悲鸿的马.png')
...     w = tk.Label(master,
...           #背景选项
...           padx=10,
...           pady=20,
...           background="brown",
...           relief="ridge",
...           borderwidth=10,
...           #文本
...           text = "徐悲鸿画的马",
...           justify = "center",
...           foreground = "white",
...           underline = 4,
...           anchor = "ne",
...           #图像
...           image = normal_image,
...           compound = "top",
...           #接收焦点
...           takefocus = True,
...           highlightbackground = "yellow",
...           highlightcolor = "white",
...           highlightthickness = 5
...           )
...     w.pack()
...     master.mainloop()
```

运行结果如图 6.9 所示。

图 6.9 彩图

图 6.9 标签制作示例

3）Label 的其他参数

Label 的其他参数如下。

（1）activebackground/activeforground：分别用于设置 Label 处于活动(active)状态下的背景和前景颜色，默认由系统指定。

（2）disabledforeground：指定当 Label 不可用的状态(disable)下的前景颜色，默认由系统指定。

(3) cursor：指定鼠标经过 Label 时，鼠标的样式，默认由系统指定。

(4) state：指定 Label 的状态，用于控制 Label 如何显示。可选值有 normal(默认)、active、disable。

2. Button

Button(按钮)是一种最常用的图形组件之一，通过 Button 可以方便而快捷地与用户交互，通常用在工具条中或应用程序窗口中，表示要立即执行一条操作，例如，输入一个字符、输入一个符号，对于某种情况的确认或忽略，打开某一个工具或菜单，调用某一个函数等。

按钮组件虽然看起来简单，但样式变化多端。例如，按钮可以有大小、颜色上的不同；可以包含文本，也可以包含图像；包含的文本可以跨越一个以上的行，还可以有下画线，例如，标记的键盘快捷键；默认情况下，使用 Tab 键可以移动到一个按钮部件等。如此种种，作为 tkinter 的标准部件，都可以通过变换系统提供的属性进行设计与制作。

1) Button 的属性

Button 小组件(widget)的创建语法如下：

```
button = tkinter.Button(master = None, option,…)
```

表 6.20 给出了 Button 的主要选项(属性)。需要注意的是，有相当多属性与 Label 相同。

表 6.20　Button 的主要选项

选　项	说　明	取　值
activebackground	按钮按下时的背景颜色	默认系统指定的颜色
activeforeground	按钮按下时的前景颜色	默认系统指定的颜色
text	显示文本，仅 bitmaps 或 image 未指定时有效	文本可以是多行
bitmap	指定位图，仅未指定 image 时有效	
image	指定显示图像，并忽略 text 和 bitmap 选项	
font	按钮所使用的字体	按钮只能包含一种字体的文本
justify	多行文本的对齐方式	LEFT、CENTER 或 RIGHT
wraplength	确定一个按钮的文本何时调整为多行	以屏幕的单位为单位。默认不调整
underline	在文本中哪个字符加下画线	默认值为-1，意思是没有字符加下画线
textvariable	这个变量的值改变，则按钮上的文本相应更新	与按钮相关的 Tk 变量(通常是一个字符串变量)
height	组件的高度(所占行数)	若显示图像，以图像为单位(或屏幕的单位)。如果尺寸没指定，它将根据按钮的内容来计算
width	组件的宽度(所占字符个数)	
padx、pady	指定文本或图像与按钮边框的间距	空格数(默认为 1)
command	指定调用方法、函数或对象	
cursor	指定当鼠标移动到窗口部件上时的鼠标光标	默认值为父窗口鼠标指针
default	设置为默认按钮	这个语法在 Tk 8.0b2 中已改变
disabledforeground	当按钮无效时的颜色	按钮上的文字颜色
highlightcolor	指定窗口部件获得焦点时的边框颜色	默认值由系统所定

续表

选　项	说　明	取　值
highlightbackground	指定窗口部件未获得焦点时的边框颜色	显示按钮边框的高亮颜色
highlightthickness	控制焦点所在的高亮边框的宽度	默认值通常是1或2
state	按钮的状态	NORMAL(默认),ACTIVE或DISABLED
relief	边框的装饰	通常按钮按下时是凹陷的,否则凸起。另外的可能取值有GROOVE、RIDGE和FLAT
takefocus	若按钮有按键绑定,则可通过所绑定的按键来获得焦点,如可用Tab键将焦点移到按钮上	按键名,默认值是一个空字符串

2) Button 的常用方法

Button 窗口部件支持标准的 tkinter 窗口部件接口。此外还包括下面的方法。

flash():频繁重画按钮,使其在活动和普通样式下切换。

invoke():调用与按钮相关联的命令。

如果想改变背景,一个解决方案是使用 Checkbutton 方法,如

```
b=Checkbutton(master,image=bold,variable=var,indicatoron=0)
```

下面的方法与实现按钮定制事件绑定有关:tkButtonDown()、tkButtonEnter()、tkButtonInvoke()、tkButtonLeave()、tkButtonUp(),这些方法需要接收0个或多个形参。

代码 6.7　制作如图6.10所示按钮的代码。

```
>>> from tkinter import *
>>> buttonName=['红','黄','蓝','白','黑']                    #定义按键名列表
>>> colorName = ['red','yellow','blue','white','black']  #定义颜色名列表
>>> def button(root,side,text,bg,fg):                     #定义创建按钮及布局函数
...     bttn = Button(root,text = text ,bg = bg,fg = fg)
...     bttn.pack(side = side)
...     return bttn
...
>>> class App:
...     def __init__(self, master):
...         frame = Frame(master)
...         frame.pack()
...         for i in range(5):                            #重复生成相似按钮
...             self.b = button(frame,LEFT,buttonName[i],colorName[i],colorName[(i+3)%5])
...
>>> root = Tk()
>>> root.title('按钮制作示例')
...    ''
>>> app = App(root)
>>> root.mainloop()
```

运行结果如图6.10所示。

图6.10 彩图

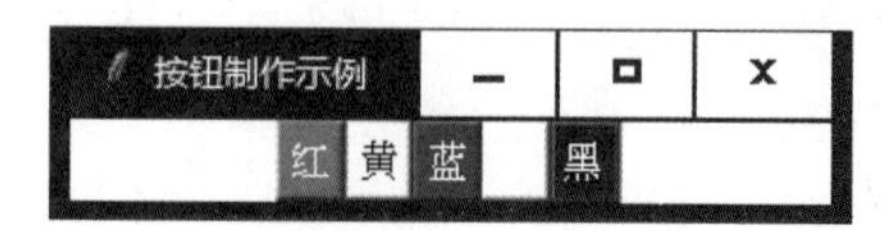

图6.10　代码6.7的运行结果

说明：在此例中，说明了按钮中选项的设置方法。其中，创建了5个按钮，它们的属性选项各不相同。本来可以一个一个地进行创建，但使用循环结构来创建一种组件的多个不同实例，代码简单，效率更高。这才是本例的真实意图。

3. Button与Label应用示例

代码6.8　简易图片浏览器。

```
>>> import tkinter as tk
>>> import os
>>> class App(tk.Frame):
...     def __init__(self,master = None):
...         self.files = os.listdir(r'G:\myImg\gif\三春晖')
...         self.index = 0
...         self.img = tk.PhotoImage(file = r'G:\myImg\gif\三春晖' + '\\' + self.files
                    [self.index])
...         tk.Frame. __init__(self,master)
...         self.pack()
...         self.createWidgets()
...         def createWidgets(self):
...         self.lblImage = tk.Label(self,width = 400,height = 600)
...         self.lblImage['image'] = self.img
...         self.lblImage.pack()
...         self.frm = tk.Frame()
...         self.frm.pack()
...         self.bttnPrev = tk.Button(self.frm,text = '上一张',command = self.prev)
...         self.bttnPrev.pack(side = tk.LEFT)
...         self.bttnNext = tk.Button(self.frm,text = '下一张',command = self.next)
...         self.bttnNext.pack(side = tk.LEFT)
...
...     def prev(self):
...         self.showfile(-1)
...     def next(self):
...         self.showfile(2)
...     def showfile(self,n):
...         self.index += n
...         if self.index < 0:
...                 self.index = len(self.files)
...         elif self.index > len(self.files) - 1:
...                 self.index = 0
...         self.img = tk.PhotoImage(file=r'G:\myImg\gif\三春晖'+'\\'+self.files[self.
                    index])
...         self.lblImage['image'] = self.img
...
>>> root = tk.Tk();root.title('三春晖图片浏览器')
>>> app = App(master = root)
>>> app.mainloop()
```

程序运行效果如图6.11所示。

图 6.11(a)
彩图

图 6.11(b)
彩图

(a) 运行效果(一)

(b) 运行效果(二)

图 6.11 三春晖图片浏览器运行效果示例

6.2.5 Entry 与 Message

Entry 是用于输入文本数据的组件,Message 是用于显示(输出)数据的组件。它们有许多相同的属性选项,如背景色、前景色、大小、字体、对齐方式等。

1. Entry

1) 实例创建与选项

Entry 小组件(widget)创建的基本语法如下:

```
entr = Entry(master, option, …)
```

其参数分为两部分: Master 代表了窗口,option 是选项。表 6.21 为 Entry 的常用选项,这些选项可以作为键-值对以逗号分隔。

表 6.21 Entry 的常用选项

参 数	描 述
cursor	指定当鼠标移动到窗口部件上时使用的鼠标光标。默认值为父窗口鼠标指针
font	文字字体。值是一个元组,font=('字体','字号','粗细')
highlightbackground	文本框未获取焦点时,高亮边框颜色
highlightcolor	文本框获取焦点时,高亮边框颜色
highlightthickness	文本框高亮边框宽度
insertbackground	文本框光标的颜色
insertborderwidth	文本框光标的宽度
insertofftime	文本框光标闪烁时,消失持续时间,单位: 毫秒
insertontime	文本框光标闪烁时,显示持续时间,单位: 毫秒

续表

参　数	描　述
insertwidth	文本框光标宽度
justify	多行文本的对齐方式：CENTER、LEFT 或 RIGHT
relief	文本框风格，如凹陷、凸起，值有 flat、sunken、raised、groove、ridge
selectbackground	选中文字的背景颜色
selectborderwidth	选中文字的背景边框宽度
selectforeground	选中文字的颜色
show	指定文本框内容显示为字符，值随意，满足字符即可。如密码可以将值设为 *
state	设置组件状态可设置为 normal(默认)、disabled(禁用)、readonly(只读)
takefocus	是否能用 Tab 键来获取焦点，默认是可以获得
textvariable	文本框的值，是一个 StringVar()对象
xscrollcommand	回调函数，链接进入一个滚动部件

2）常用方法

表 6.22 为 Entry 的常用方法。

表 6.22　Entry 的常用方法

方　法	描　述
delete(index),delete(from,to=None)	删除字符的部件，删除范围从第 from 到 to－1 个字符的字符串。delete(0,END)为删除整个字符串
get()	获取文件框的值
icursor (index)	将光标移动到指定索引位置，只有当文本框获取焦点后成立
index (index)	返回指定的索引值
insert(index,text)	向文本框中插入值，index 为插入位置，text 为插入值
select_adjust(index)	选中指定索引和光标所在位置之前的值
select_clear()	清空文本框
select_from(index)	返回选定索引位置的字符
select_present()	存在选择，返回 True，否则返回 False
select_range(start,end)	选中指定索引之前的值，start 必须比 end 小
select_to(index)	选中指定索引与光标之间的值

2. Message

Message 用于显示不可编辑的文本，可自动换行，并维持一个给定的宽度或长宽比。其创建小组件(widget)的语法如下：

```
mssg = Message ( master, option, …)
```

表 6.23 为 Message 比较有特点的一些选项。还有许多与 Label、Button、Entry 相同，就不再列出。

表 6.23　Message 需要说明的一些选项

选　项	说　　明
anchor	指示文字会被放在控件的什么位置，可选项有 N、NE、E、SE、S、SW、W、NW、CENTER，默认为 CENTER
aspect	控件的宽高比，即 width、height，以百分比形式表示。默认为 150，即 Message 控件宽度比其高度大 50%。注意，如果显式地指定了控件宽度，则该属性将被忽略
textvariable	关联一个 tkinter variable 对象，通常为 stringVar 对象。控件文本将在该对象改变时跟着改变

3. Message 与 Entry 应用示例

代码 6.9　简单四则计算器。

```
>>> if __name__ == '__main__':
...     from tkinter import *
...     def button(root, width ,text, bg, fg, row, column, padx, pady, command = None):
...         bttn =Button(root, width = width, text = text, bg = bg, fg = fg, command = command)
...         bttn.grid(row = row, column = column, padx = padx, pady = pady)
...         return bttn
...
...     def entry(root, width,textvariable, validate ,row, column, padx, pady, validatecommand):
...         entr = Entry(root, width = width, textvariable = textvariable, validate = \
                    validate, validatecommand = validatecommand)
...         entr.grid(row = row, column = column, padx = padx, pady = pady)
...         return entr
...
...     def label(root, row, column, padx, pady, textvariable,text):
...         lbl = Label(root, textvariable = textvariable,text = text)
...         lbl.grid(row = row, column = column, padx = padx, pady = pady)
...         return lbl
...
...     def clear():
...         v1.set("");v2.set("");v3.set("")
...
...     def calc():
...         print(v1.get(),v2.get())
...         print(v4.get())
...         if v4.get() == "+":
...             result = int(v1.get()) + int(v2.get())
...         elif v4.get() == "-":
...             result = int(v1.get()) - int(v2.get())
...         elif v4.get()=="×":
...             result = int(v1.get()) * int(v2.get())
...         else:
...             result = int(v1.get()) / int(v2.get())
...         v3.set(result)
...
...     def test(content):
...         return content.isdigit()
...
...     count=Tk();count.title("简易四则计算器")
...     frm = Frame(count); frm.pack(padx = 10,pady = 10)
...
...     v1 = StringVar(); v2 = StringVar(); v3 = StringVar()
```

```
...     testEnt = count.register(test)
...
...     entr1 = entry(frm, 10, v1, "key", 0, 0, 5, 5, (testEnt,"%P"))
...     v4 = StringVar(); v4.set("+")
...     lbl1 = label(frm, 0, 1, 5, 5, v4,None)
...     entr2 = entry(frm, 10, v2, "key", 0 ,2 , 5, 5, (testEnt,"%P"))
...     lbl2 = label(frm, 0, 3, 5, 5, None, "=")
...     mssg = Message (frm, textvariable = v3, bg = 'light blue', aspect = 800)
                                                                  #用消息框显示计算结果
...     mssg.grid(row = 0, column = 4, padx = 5, pady = 5)
...     display = StringVar()
...
...     i = 0
...     for op in ['+', '-', '×', '÷', '=', '清空']:
...         i += 1
...         if op == '=':
...             btn = button(frm, 8, '=', 'light yellow', 'black', 1, 6, 5, 5, calc)
...         elif op == '清空':
...             bttn=button(frm, 8, "清空", 'light yellow','brown', 1, 0, 5, 5, clear)
...         else:
...             btn = button(frm,5, op, 'light gray', 'black', 1, i, 5, 5, lambda c =op: v4.set(c))
...     count.mainloop()
```

运行情况如图 6.12 所示。

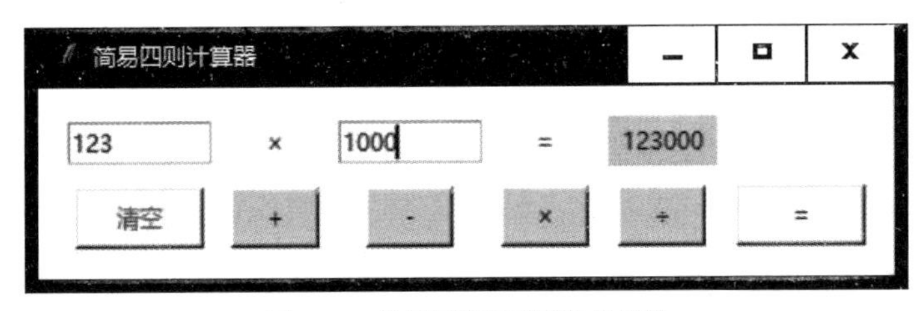

图 6.12　简易四则计算器运行情况

说明：这个例子的重点也在介绍用 for 结构创建多个同类型组件的方法。此外，要注意，用于消息框输出计算结果时，其背景会随输出字符串的长短而变化。

6.2.6　选择框

在许多情况下，让用户从所列多种可能性中选择，要比简短回答，不仅可以免去对问题范围的琢磨，也使用户操作省时省力。一般来说，选择有单选与多选两种。tkinter 分别用 Radiobutton（单选按钮）、Checkbutton（复选框）和 Listbox（列表框）实现，下面介绍前两种的制作。

1. Radiobutton

Radiobutton 是 Python tkinter 中的一种实现多选一的标准组件。它实际上具有按钮和列表两重性质，它所有的按钮都必须关联到同一个函数、方法或对象，所列内容可以包含文字或者图像。

1）语法与选项

Radiobutton 小组件的创建语法如下：

```
rdBttn = Radiobutton (master, option, …)
```

说明：master 代表父窗口，options 代表选项。其中，表 6.24 为 Radiobutton 组件需要说明的选项。还有许多选项是共享属性，无须再赘述。这些选项可以作为键-值对以逗号分隔。

表 6.24　Radiobutton 组件需要说明的选项

选　项	说　　明
image	要显示图形图像而不是用于此 Radiobutton 的文本，将此选项设置为 image 对象
justify	文本合理布局：CENTER(默认)、LEFT 或 RIGHT
relief	在标签周围指定装饰边框的外观。默认值为 FLAT
selectcolor	设置 Radiobutton 颜色。默认为红色
selectimage	如果使用 image 选项显示一个图形而不是文本，当 Radiobutton 被清除时，可以将 selectimage 选项设置为一个不同的图像，当这个按钮被设置时将显示
state	设置组件响应状态，默认为 state=NORMAL。但可以设置 state 为 DISABLED(禁用)，使其不响应。如果当前光标在 Radiobutton 上，state 是 ACTIVE(活动)的
text	在 Radiobutton 旁边显示的标签。使用 newlines("\n")来显示多行文本
textvariable	要将标签中显示的文本从一个字符串中显示到 StringVar 的控制变量，应将该选项设置为该变量
underline	在文本的第 n 个字母下面设置显示下画线(_)。n 从 0 开始。默认为下画线=－1，表示没有下画线
value	设置单选按钮选中时控制变量的值：如果控制变量是 anIntVar，则在组中给每个 Radiobutton 一个不同的整数值选项；如果控制变量是 StringVar，则在组中给每个 Radiobutton 一个不同的字符串值选项
variable	该 Radiobutton 组中的共享控制变量：IntVar 或 StringVar
wraplength	通过设置这个选项来限制每行字符的数量。默认值为 0，表示只在换行时断开行

2）常用方法

表 6.25 为需要说明的 Radiobutton 方法。

表 6.25　需要说明的 Radiobutton 方法

方　法	说　　明
deselect()	清除(关闭)Radiobutton 按钮
flash()	在组件的活跃和正常的颜色之间闪烁几次，以这样的方式启动
invoke()	执行与组件相关的操作，如用户单击到 Radiobutton 旁边改变其状态
select()	设置(打开)Radiobutton

3）应用示例

代码 6.10　单选按钮制作示例。

```
>>> if __name__ == '__main__':
...     from tkinter import *
...     master = Tk(); master.title('请选择您最喜欢的颜色')
```

```
...     COLOR = [
...                 ("Red", 1),
...                 ("Yellow", 2),
...                 ("Green", 3),
...                 ("Blue", 4),
...                 ("Purple", 5),
...               ]
...     v = StringVar()
...     v.set("L") #initialize
...     for color, clr in COLOR:
...         #创建单选按钮
...         rb = Radiobutton(master, width = 30, bg = color,text = color, variable = v, \
                           indicatoron = 0,value = color, anchor = CENTER)
...         rb.pack(anchor=CENTER)
...         #rb = Radiobutton(master, text = color, fg = color, font = '粗体',variable = v,
                             value = clr)
...         #rb.pack(anchor= W,side = LEFT)
...         mainloop()
```

这段代码的执行情况如图 6.13(a)所示。如果使用被注释的两条语句,并注释掉与之对应的两条语句,则执行情况如图 6.13(b)所示。

图 6.13(a)
彩图

图 6.13(b)
彩图

(a) 单选按钮样式(一)

(b) 单选按钮样式(二)

图 6.13 代码 6.10 执行情况

说明:Radiobutton 小组件实际上是一种特殊的按钮,可以一个一个创建,也可以用一个循环结构创建。

2. Checkbutton

Checkbutton 是 Python tkinter 中的一种实现 m 选 n 的标准组件,用户可以通过单击相应的按钮在一组选项中选择一个或多个选项。它实际上具有按钮和列表两重性质,它不要求其每个按钮一定要关联到同一个函数、方法或变量。其所列内容可以包含文字或者图像。

1) 语法与选项

创建 Checkbutton 小组件的语法如下:

```
chBttn = Checkbutton(master, option, …)
```

说明:master 代表父窗口,option 代表选项。表 6.26 为 Checkbutton 组件常用选项。此外,有一部分共享属性,还有一部分与 Radiobutton 相同,都无须再赘述。这些选项可以作为键-值对以逗号分隔。

表 6.26 Checkbutton 组件常用选项

选　项	说　明
disabledforeground	设置按钮禁用时的前景颜色。默认值由系统规定
offvalue	设置 Checkbutton 关联的控制变量被清零后的值，通常设置为 0
onvalue	设置 Checkbutton 相关的控制变量被关联时的值，通常设置为 1
selectcolor	设置 Checkbutton 的颜色，默认 selectcolor="红色"
selectimage	如果该选项被设置为一个 image，则已有图像就会在 Checkbutton 中呈现
onvalue	复选框选中(有效)时变量的值，默认值为 1
offvalue	复选框未选中(无效)时变量的值，默认值为 0
variable	复选框索引变量，以便确定哪些复选框被选中。通常该变量值是个整数，0 为清除，1 为设立

2）常用方法

表 6.27 为 checkbutton 常用方法。

表 6.27 checkbutton 常用方法

方　法	说　明
deselect()	清除(关闭)checkbutton 选中状态
flash()	刷新 checkbutton 组件
invoke()	在可用状态下，执行该组件 command 选项指定的函数或方法，并返回函数返回值
select()	设置(打开)checkbutton
toggle()	在 checkbutton 的选中/未选中状态中切换

3）应用示例

代码 **6.11**　复选框制作示例。

(1) 服务器端代码。

```
>>> #代码定义
>>> from tkinter import *
>>>
>>> color = ['red', 'brown', 'yellow','green','royal blue','blue','purple']
>>> pyType = ['面向对象', '动态数据类型', '解释型语言','面向过程', '高级语言', '脚本语言',
             '汇编语言']
>>>
>>> class Application(Frame):
...     #创建 7 个复选框部件
...     def createWidgets(self):
...         for i in range(7):
...             self.check = Checkbutton(self, text = pyType[i],fg = color[i])
...             self.check.select()
...             self.check.pack(side = LEFT)
...
...     def __init__(self, master=None):
...             Frame.__init__(self, master)
...             self.pack()
...             self.createWidgets()
...
>>> def main():
...     color = ['red', 'brown', 'yellow','green','royal blue','blue','purple']
```

```
...     pyType = ['面向对象', '动态数据类型', '解释型语言', '面向过程', '高级语言', '脚本语言',
                '汇编语言']
...     root = Tk();root.title('Python 多选题')
...
...     #创建两个子窗口
...     frm1 = Frame(root);frm1.pack();frm2 = Frame(root);frm2.pack()
...
...     #在子窗口 frm1 中创建一个标签
...     lb1 = Label(frm1, text = "在下列可选项中选择适合 Python 的描述",
...             height = 3, width = 70,
...             font=("Arial", 12),bg = 'beige', fg = 'maroon');
...     lb1.pack()
...
...     Application(master=frm2).mainloop()
```

(2) 客户端代码如下：

```
>>> if __name__=='__main__':
...     main()
```

(3) 代码执行情况如图 6.14 所示。

图 6.14　代码 6.11 执行情况

图 6.14
彩图

6.2.7　菜单

这个小工具的目标是，通过使用各种菜单来创建应用程序。核心功能是可创建 3 个菜单类型：弹出式、顶层和下拉。

1. 语法与选项

创建 Menu 小组件的语法如下：

```
menu = Menu(master, option, …)
```

说明：master 代表父窗口，option 代表选项。表 6.28 为 Menu 组件中需要说明的选项。此外，有一部分共享属性。这些选项可以作为键-值对以逗号分隔。

表 6.28　Menu 组件需要说明的选项

选　　项	说　　明
Activebackground、activeforeground activeborderwidth	当鼠标按下时的背景色、前景色和边界宽度(默认 1 像素)
bg、fg、bd	项目不在鼠标下时的背景颜色、前景颜色与所有项的边界宽度(默认值为 1)
cursor	当鼠标经过选择时，光标会出现，但只有在菜单被悬浮时才会出现

续表

选　　项	说　　明
disabledforeground	DISABLED(禁用)状态的项的文本颜色
font	文本选择的默认字体
postcommand	此选项可以设置为一个过程,每当打开这个菜单时,这个过程就会被调用
relief	菜单默认的 3D 效果是 RAISED(凸起)
image	此 Menubutton 显示一个图像
selectcolor	指定用 Checkbutton 和 Radiobutton 选择时的显示颜色
tearoff	设置悬浮菜单,在选择列表中位于第一个位置(位置 0),其余选项从位置 1 开始。tearoff = 0,则不会有一个悬浮功能,其他选项将从位置 0 开始添加
title	菜单标题

2. 常用方法

表 6.29 为 Menu 组件需要说明的方法。

表 6.29　Menu 组件需要说明的方法

方　　法	说　　明
add_command (options)	在菜单中添加一个菜单项
add_radiobutton(options)	创建一个单选按钮菜单项
add_checkbutton(options)	创建一个复选框菜单项
add_cascade(options)	通过将给定的菜单与父菜单关联,创建一个新的分层菜单
add_separator()	在菜单中添加分隔线
add(type,options)	在菜单中添加一种特定类型的菜单项
delete(startindex [,endindex])	删除从 starindext 索引到 endindex 索引的菜单项
entryconfig(index,options)	允许修改由索引标识的菜单项,并更改它的选项
index(item)	返回给定菜单项标签的索引号
insert_separator(index)	在索引指定的位置插入新的分隔符
invoke(index)	执行与该组件位置索引选择相关的操作
type(index)	返回索引指定的项目类型：cascade(级联)、checkbutton(单选)、command(命令)、radiobutton(多选)、separator(分离)及 tearoff(悬浮)

3. 应用示例

代码 6.12　菜单制作示例。

(1) 服务器端代码如下：

```
>>> import tkinter as tk
>>> def main():
...     root = Tk()
...     menubar = Menu(root)
...
...     filemenu = Menu(menubar, tearoff=0, bg = 'yellow', fg = 'brown')
```

```
...     filemenu.add_command(label="新建", command="donothing")
...     filemenu.add_command(label="打开", command="donothing")
...     filemenu.add_command(label="保存", command="donothing")
...     filemenu.add_command(label="保存为…", command="donothing")
...     filemenu.add_command(label="关闭", command="donothing")
...     filemenu.add_separator()
...     filemenu.add_command(label="退出", command=root.quit)
...     menubar.add_cascade(label="文件", menu=filemenu)
...     editmenu = Menu(menubar, tearoff=0)
...     editmenu.add_command(label="撤销", command="donothing")
...     editmenu.add_separator()
...     editmenu.add_command(label="剪切", command="donothing")
...     editmenu.add_command(label="复制", command="donothing")
...     editmenu.add_command(label="粘贴", command="donothing")
...     editmenu.add_command(label="删除", command="donothing")
...     editmenu.add_command(label="全部删除", command="donothing")
...     menubar.add_cascade(label="编辑", menu=editmenu)
...     helpmenu = Menu(menubar, tearoff=0)
...     helpmenu.add_command(label="索引", command="donothing")
...     helpmenu.add_command(label="关于...", command="donothing")
...     menubar.add_cascade(label="帮助", menu=helpmenu)
...     root.config(menu=menubar)
...     root.mainloop()
```

(2) 客户端代码如下：

```
>>> if __name__=='__main__':
...     main()
```

(3) 运行情况如图 6.15 所示。

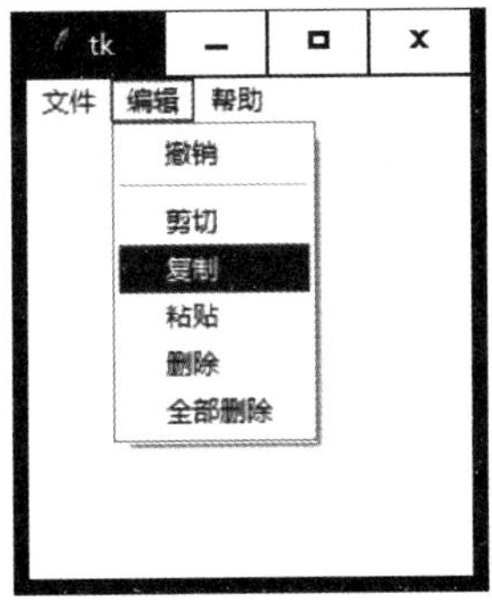

图 6.15　代码 6.12 运行情况

习题 6.2

一、填空题

1. GUI 的三要素是________、________和________。
2. ________是用户同程序交互并把程序状态以视觉反馈形式提供给用户的媒介。
3. tkinter 支持________种核心组件。
4. 为了便于掌握与应用，tkinter 把组件属性分为两个层次：________和________。

5. 按照组件间几何关系，tkinter 将组件布局分为________布局和________布局。
6. tkinter 的事件代码由________、________和________3 部分组成。

二、选择题

1. 每种 tkinter 组件是(　　)。
   A. 一个类　　B. 一个实例　　C. 一个方法　　D. 一个数据
2. 下列关于布局类型的说法中，错误的是(　　)。
   A. 在 tkinter 中，采用坐标指定组件位置的布局，称为 place 布局
   B. 在 tkinter 中，按照顺序方式向容器中添加组件的布局方式，称为 pack 布局
   C. 在 tkinter 中，按照网格的行号和列号安放组件的布局方式，称为 grid 布局
   D. 在 tkinter 中，采用坐标指定组件位置的布局，称为 grid 布局
3. 在 tkinter 中，布局是通过(　　)实现的。
   A. 类　　B. 组件实例　　C. 函数参数　　D. 组件对象方法
4. 下列关于事件的说法中，正确的是(　　)。
   A. 事件也是一类对象，由相应的事件类创建
   B. 事件也是一类方法，由相应的事件类调用
   C. 事件也是一种类，由相应的组件方法创建
   D. 事件也是一类对象，由相应的组件方法创建
5. 下列关于事件类绑定的说法中，正确的是(　　)。
   A. 类绑定就是将事件与一特定的组件实例绑定
   B. 如果某一类组件已经创建了多个实例，并且不管哪个实例上触发了某一事件，都希望程序做出相应处理，就可以将事件绑定到这个类上。这称为类绑定。
   C. 如果无论在哪一组件实例上触发某一事件，都希望程序做出相应的处理，则可以将该事件绑定到程序界面上，称为类绑定
   D. 以上说法都有道理
6. 下列关于程序界面类绑定的说法中，正确的是(　　)。
   A. 程序界面绑定就是将事件与一特定的组件实例绑定
   B. 如果某一类组件已经创建了多个实例，并且不管哪个实例上触发了某一事件，都希望程序做出相应处理，就可以将事件绑定到这个类上。这称为程序界面绑定。
   C. 如果无论在哪一组件实例上触发某一事件，都希望程序做出相应的处理，则可以将该事件绑定到程序界面上。这称为程序界面绑定
   D. 以上说法都有道理

三、程序设计题

1. 设计一个用户登录界面，要求如下。

(1) 用户账号限定 6～20 位字符。用户输入字符数不对，应立即给予提示，允许用户重新输入。

(2) 用户密码限定 6 位字符。用户输入字符数不对，应立即给予提示，允许用户重新输入。

(3) 按登录键后，若账户名或密码错误，应提示用户重新输入。输入超过 3 次，就不允许再进行登录操作。

2. 设计一个用户登录界面，要求如上题并且要求账户与密码标签采用图形，而不是文字。

3. 按照自己的想法设计一个用户登录界面。

(1) 简单的可连续计算计算器。

(2) 电子商务客户服务窗口

(3) 一个可以浏览大文本的文本框，并设置垂直和水平两个滑动条。

(4) 一个创建悬浮菜单的 Python 代码。

四、思考题

1. Python 中，有几种导入 tkinter 的方式？

2. 何为父组件？何为子组件？说明二者的关系。

3. 用面向对象的代码和面向过程的代码描写一个 GUI，各有什么优缺点？

4. 尽可能收集有关 Python 的 GUI 工具模块的资料，例如：

- 模块名；
- 下载地址；
- 特点；
- 可以实现的功能。

5. 尽可能收集有关 tkinter 可以用于创建哪些 GUI 组件。

参考文献

[1] CHUN W J.Python核心编程[M]. 宋吉广,译. 2版. 北京:人民邮电出版社,2008.

[2] 周伟,宗杰. Python开发技术详解[M]. 北京:机械工业出版社,2009.

[3] SNEEINGER L. Python高级编程[M]. 宋沄剑,刘磊,译. 北京:清华大学出版社,2016.

[4] 张基温. Python大学教程[M]. 北京:清华大学出版社,2018.

[5] 张基温. Python经典教程[M]. 北京:机械工业出版社,2021.

图书资源支持

感谢您一直以来对清华版图书的支持和爱护。为了配合本书的使用，本书提供配套的资源，有需求的读者请扫描下方的“书圈”微信公众号二维码，在图书专区下载，也可以拨打电话或发送电子邮件咨询。

如果您在使用本书的过程中遇到了什么问题，或者有相关图书出版计划，也请您发邮件告诉我们，以便我们更好地为您服务。

我们的联系方式：

清华大学出版社计算机与信息分社网站：https://www.shuimushuhui.com/

地　　址：北京市海淀区双清路学研大厦 A 座 714

邮　　编：100084

电　　话：010-83470236　010-83470237

客服邮箱：2301891038@qq.com

QQ：2301891038（请写明您的单位和姓名）

资源下载：关注公众号“书圈”下载配套资源。

资源下载、样书申请

书圈

图书案例

清华计算机学堂

观看课程直播